高职高专"十二五"规划教材

矿山提升与运输

（第2版）

主　编　陈国山

北　京

冶金工业出版社

2015

内 容 提 要

本书主要讲述露天开采汽车与铁路运输、地下开采汽车与铁路运输、矿井提升设备与技术、矿山其他运输设备（包括架空索道运输、带式输送机、露天用前端装载机、露天铲运机运输）等内容。

本书可作为高职高专金属矿开采技术专业、矿山机电专业、矿井建设专业、矿井通风与安全专业、矿井运输与提升专业的教材，也可作为矿山工程技术人员、管理人员、矿山建设人员、矿山机电生产设计人员的参考用书。

图书在版编目(CIP)数据

矿山提升与运输/陈国山主编. —2 版. —北京：冶金工业出版社，2015.2

高职高专"十二五"规划教材

ISBN 978-7-5024-6834-7

Ⅰ.①矿… Ⅱ.①陈… Ⅲ.①矿山运输—高等职业教育—教材 ②矿井提升—高等职业教育—教材 Ⅳ.①TD5

中国版本图书馆 CIP 数据核字(2015)第 004462 号

出 版 人 谭学余
地　　址　北京市东城区嵩祝院北巷 39 号　邮编　100009　电话　(010)64027926
网　　址　www. cnmip. com. cn　电子信箱　yjcbs@ cnmip. com. cn
责任编辑　陈慰萍　美术编辑　杨　帆　版式设计　葛新霞
责任校对　禹　蕊　责任印制　牛晓波
ISBN 978-7-5024-6834-7
冶金工业出版社出版发行；各地新华书店经销；北京印刷一厂印刷
2009 年 3 月第 1 版，2015 年 2 月第 2 版，2015 年 2 月第 1 次印刷
787mm×1092mm　1/16；17 印张；408 千字；260 页
39.00 元

冶金工业出版社　投稿电话　(010)64027932　投稿信箱　tougao@ cnmip. com. cn
冶金工业出版社营销中心　电话　(010)64044283　传真　(010)64027893
冶金书店　地址　北京市东四西大街 46 号(100010)　电话　(010)65289081(兼传真)
冶金工业出版社天猫旗舰店　yjgy. tmall. com
(本书如有印装质量问题，本社营销中心负责退换)

第2版前言

《矿山提升与运输》一书自 2009 年出版以来，经过三次重印，得到广大师生的肯定。由于近年来矿山提升与运输设备及其技术有所发展，因此编者在总结使用经验和听取读者建议的基础上，根据高职高专的教学特色，对原教材进行了修订。本次修订，在保留原教材的特点、基本内容与风格的基础上，主要对以下内容进行了修订：

（1）根据采矿设备更新发展情况，调整了井下运输设备等内容，使教材更加贴近生产设备的发展。

（2）增加了矿井提升设备选型计算内容，以利于读者学习。

（3）调整了斜井提升设备设施部分内容，使本部分内容更加紧凑，容易理解。

（4）增加了斜井提升实例，使读者更加容易理解斜井提升选型设计部分内容。

（5）删除了与提升运输关系不大的压气设备、排水设备、通风设备内容。

值此书再版之际，编者对提出过意见和建议的读者深表谢意，并在此恳请读者能继续提出宝贵意见。

参加本书修订工作的有吉林电子信息职业技术学院陈国山、毕俊召、季德静、魏明贺、韩佩津、张爱军、吕国成、包丽明、陈西林。

编　者
2014 年 10 月

第1版前言

随着采矿业的迅速发展，金属矿地下开采的技术水平发展很快，采矿设备由无轨化、液压化逐渐向设备的智能化、大型化发展，采矿技术向工艺连续化方向发展。为了适应这种发展趋势，使学生毕业后能迅速适应工作要求，我们编写了本书。

根据高职高专办学理念和人才培养目标，根据采矿专业的特点，在编写过程中注重基本理论和基本知识的表述，特别加强了对新设备的介绍，编写中力求做到深入浅出，理论联系实际；侧重生产设备的实际应用，注重学生职业技能和动手能力的培养，本着"够用"的原则，重点放在提升运输机械设备的选型、应用、维护与管理上。

参加本书编写工作的有吉林电子信息职业技术学院陈国山、张爱军、李文韬、季德静、毕俊召、韩佩津、魏明贺。其中陈国山编写第1、2、3、5、6章，张爱军、魏明贺编写第7章，李文韬编写第4章，季德静、毕俊召、韩佩津分别编写第8章排水、空压、通风部分。全书由陈国山教授担任主编，李文韬、季德静、毕俊召担任副主编。

在编写过程中，得到许多同行和矿山企业工程技术人员的支持和帮助，在此表示衷心的感谢。

由于编者水平所限，书中不妥之处，欢迎读者批评指正。

编　者
2008 年 11 月

目　录

1 露天开采汽车运输

露天矿运输工作所担负的任务，是将露天采场内采出的矿石运至选矿厂、破碎厂或储矿场，将剥离的废石运至排土场，把材料、设备、人员运送至所需的工作地点。因此，露天矿运输系统是由采场运输、采矿场至地面的堑沟运输和地面运输（指工业场地、排土场、破碎厂或选矿厂之间的运输）组成，也称作露天矿内部运输。而破碎厂或选矿厂、铁路装车站、转运站至精矿粉或矿石的用户之间的运输称作外部运输。如果选矿厂或破碎厂等距矿山较远，则矿山至它们之间的运输也属于外部运输的范围。本章主要介绍露天矿内部运输。

露天矿运输是一种专业性运输，与一般的运输工作比较，有如下一些特点：

(1) 冶金露天矿山运输量较大，剥离岩石量常是采出矿石量的数倍，无论是矿石还是岩石，它们的体重大、硬度高、块度不一。

(2) 露天采矿范围不大、运输距离小、运输线路坡度大、行车速度低、行车密度大。

(3) 露天矿运输与装卸工作有密切的联系，采场和排土场中的运输线路需随采掘工作线的推进而经常移设，运输线路质量较低。

(4) 露天矿运输工作复杂，由山坡露天转入深凹露天后，运输工作条件发生很大变化。为了适应各种不同的工作条件，需要采用不同类型的运输设备。也就是说，运输方式的改变，会给运输组织工作带来许多新的问题。

根据以上特点，露天矿运输应满足下列要求：

(1) 运输线路要简单，避免反向运输，尽量减少分段运输。因此，在决定开拓系统时，必须保证有合理的运输系统。

(2) 运输设备要有足够的坚固性，但不能过分笨重和复杂。要有较高的制造质量，以保证安全可靠地运转。

(3) 运输设备的能力要有一定的备用量，以适应超产的需要。设备数量也应有一定的备用量，特别是易损零件和部件，以便运转中损坏时能及时更换。

(4) 要进行经常和有计划的维护和检修，以确保运输设备技术状态良好。

(5) 要有合理的调度管理和组织工作，使运输工作与矿山生产各工艺过程紧密配合，确保采掘工作正常进行。

露天矿运输方式可分为铁路运输、汽车运输、带式运输机运输、提升机运输、架空索道运输、无极绳运输、自溜运输和水力运输等。其中以铁路运输、汽车运输和带式运输机应用广泛，特别是前两者使用最多。提升机运输和自溜运输只能在一定条件下作为露天矿整个运输过程的一环，常常需要和其他运输方式相配合。水力运输用于水力冲采细粒软质土岩中，工艺简单，效率很高，但受运输货载条件的严格限制，应用的局限性很大。近年来，露天矿运输除了在上述各类常用的运输方式中向大型和自动化发展外，还创造了一些新的方式，如胶轮驱动运输机等。

　　铁路运输曾经是我国露天矿最广泛应用的一种运输方式,但近年来,汽车运输的应用有了较大的增加。目前,绝大多数有色金属露天矿都采用汽车运输,露天铁矿汽车运输量占铁矿石总量的30%左右。可以预料,随着我国石油工业、汽车制造工业和橡胶工业的进一步发展,汽车运输比重增大的趋势必将继续下去。

　　国外露天矿运输中,汽车运输已占压倒优势,特别是加拿大、澳大利亚等国的金属露天矿几乎全部采用汽车运输。据对国外128个金属露天矿采用的运输方式统计,汽车运输103个,占80.5%;铁路运输2个,占1.5%;其余为汽车-铁路联合运输和汽车-皮带运输机联合运输,分别占9.4%和8.6%。由此可见,汽车运输是当前国内外露天矿运输中最主要的运输方式。

　　应当指出,随着露天开采技术的发展和机械化装备水平的提高,露天开采的经济深度将继续增大,国内外深凹露天矿也必然不断增多。由于露天开采向深部的发展,采用单一的运输方式已不尽合理,这就需要发挥各种运输方式的优点,找出最佳配合,以适应深凹露天矿生产上的需要并取得较好的经济效果。因此,联合运输已成为深凹露天矿运输方式的发展方向。目前采用较多的有铁路-汽车联合运输、汽车-运输机联合运输和汽车-溜井联合运输等。

1.1　矿用自卸汽车

1.1.1　自卸汽车运输的特点

1.1.1.1　汽车运输优缺点

　　(1) 主要优点。

　　1) 汽车运输具有较小的弯道半径和较陡的坡度,灵活性大,特别是对采场范围小、矿体埋藏复杂而分散、需要分采的露天矿更为有利。

　　2) 机动灵活,可缩短挖掘机停歇时间和作业循环时间,能充分发挥挖掘机的生产能力,与铁路运输比较可使挖掘机效率提高10%~20%。

　　3) 公路与铁路运输相比,线路铺设和移动的劳动力消耗可减少30%~50%。

　　4) 排土简单。采用推土机辅助排土,所用劳动力少,排土成本较铁路运输可降低20%~25%。

　　5) 便于采用移动坑线开拓,因而更有利于中间开沟向两边推进的开拓方式,缩短露天开矿基建时间,提前投产和合理安排采矿计划。

　　6) 缩短新水平的准备时间,提高采矿工作下降速度,汽车运输每年可达15~20m,铁路运输的下降速度只能达4~7m。

　　7) 汽车运输能较方便地采用横向剥离,挖掘机工作线长度比铁路运输短30%~50%。

　　8) 采场最终边坡角比铁路运输大,因此可减少剥离量,降低剥采比,基建工程量可减少20%~25%,从而减少基建投资和缩短基建时间。

　　(2) 主要缺点。

　　1) 司机及修理人员较多,为铁路运输的2~3倍;保养和修理费用较高,因而运输成本高。

2）燃油和轮胎耗量大，轮胎费用占运营费的 1/5～1/4，汽车排出废气污染环境。

3）合理经济运输距离较短，一般在 3～5km 以内。

4）路面结构随着汽车重量的增加而需加厚，道路保养工作量大。

5）运输受气候影响大，汽车寿命短，出车率较低。

1.1.1.2　汽车运输的适用条件

选择合理的运输方式是露天矿设计工作的重要内容。因为汽车运输具有很多优点，所以在露天矿山运输中占有很重要的地位。汽车运输可作为露天矿山的主要运输方式之一，也可以与其他运输设备联合使用。随着露天矿山和汽车工业的不断发展，汽车运输必将得到更加广泛的应用。

A　汽车运输的适用条件

（1）矿点分散的矿床。

（2）山坡露天矿的高差或凹陷露天矿深度在 100～200m 范围内，矿体赋存条件和地形条件复杂。

（3）矿石品种多，需分采分运。

（4）矿岩运距小于 3km，采用大型汽车时，应小于 5km。

（5）陡帮开采。

（6）与胶带运输机等组成联合开拓运输方案。

B　汽车运输对汽车的要求

矿用汽车的工作条件不同于其他一般汽车的工作条件。矿用自卸汽车的工作特点是运输距离短，启动、停车、转变和调车十分频繁，行走的坡道陡，道路的曲率半径小，有时还要在土路上行走。另外，电铲装车时对汽车冲击很大。因此，矿用自卸汽车在结构上应满足下列要求：

（1）由于电铲装车和颠簸行驶时，冲击载荷剧烈，因此，车体和底盘结构应具有足够的坚固性，并有减振性能良好的悬挂装置。

（2）运输硬岩的车体必须采用耐磨而坚固的金属结构。

（3）卸载时应机械化，并且动作迅速。

（4）驾驶棚顶上应有防护板，以保证司机的安全；对于含有害矿尘的矿山，司机室要密闭。

（5）制动装置要可靠，起步加速性能和通过性能应该良好。

（6）司机劳动条件要好，驾驶操纵轻便，视野开阔。矿用自卸汽车使用柴油机作为原动机，因为柴油机比汽油机有许多突出优点，更适用于矿山条件。

1.1.2　矿用自卸汽车的分类

1.1.2.1　按卸载方式分类

露天矿山使用的自卸汽车分为后卸式、底卸式和自卸式汽车系列，其中后卸式汽车使用最为广泛。

（1）后卸式汽车。后卸式汽车有双轴式和三轴式两种结构形式。双轴汽车虽可以四轮驱动，但通常为后桥驱动，前桥转向。三轴式汽车由两个后桥驱动，它用于特重型汽车或比较小的铰接式汽车。本节主要论述后卸式汽车（以下简称自卸汽车）。

（2）底卸式汽车。底卸式汽车可分为双轴式和三轴式两种结构形式，可以采用整体车架，也可采用铰接车架。底卸式汽车使用很少。

（3）自卸式汽车系列。自卸式汽车系列是由一个人驾驶两节或两节以上的挂车组。自卸式汽车列车主要由鞍式牵引车和单轴挂车组成。因为它的装卸部分可以分离，所以无需整套的备用设备。极其复杂的矿山条件决定了汽车列车的比功率变化范围很大。一般汽车列车的组成是主车后带有几个挂车，每一个挂车上都装有独立操纵的发动机和一根驱动轴。美国 MRS 公司（生产牵引车）和切林其库克公司（生产挂车）就生产这种汽车列车。挂车是由半挂车和前面的两轴小车组成，在每个两轴小车上各装一个独立操纵的发动机。两轴小车中的一根轴是驱动轴。半挂车和每个挂车的载重量都是 75t，车厢最大堆装容积为 50m³。由牵引车、半挂车和三辆挂车组成的这种汽车列车，其总的载重量为 300t，车厢总的堆装容积是 200m³，发动机总功率为 1029.7kW。

1.1.2.2　按动力传动形式分类

矿用自卸汽车分为机械传动式、液力机械传动式、静液压传动式和电传动式。矿用自卸汽车根据用途不同，采用不同形式的传动系统。

（1）机械传动式汽车：采用人工操作的常规齿轮变速箱，通常在离合器上装有气压助推器。这是使用最早的一种传动形式，设计使用经验多，加工制造工艺成熟，传动效率可达 90%，性能好。但是，随着车辆载重量的增加，变速箱挡数增多，结构复杂，要求操纵熟练，驾驶员也易疲劳。机械传动仅用于小型矿用汽车上。

（2）液力机械传动式汽车：在传动系统中增加液力变矩器，减少了变速箱挡数，省去主离合器，操纵容易，维修工作量小，消除了柴油机波及传动系统的扭振，可延长零件寿命；不足之处是液力传动效率低。为了综合利用液力传动和机械传动的优点，某些矿用汽车在低挡时采用液力传动，起步后正常运转时使用机械传动。世界上 30～100t 的矿用自卸汽车大多数采用液力机械传动形式。20 世纪 80 年代以来，随着液力变矩器传递效率和自动适应性的提高，液力机械传动已可完全有效地用于 100t 以上乃至 327t 的矿用汽车，车辆性能完全可与同级的电动轮汽车相媲美。

（3）静液压传动式汽车：由发动机带动的液压泵使高压油驱动装于主动车轮的液压马达，省去了复杂的机械传动件，自重系数小，操纵比较轻便；但液压元件要求制造精度高，易损件的修复比较困难，主要用于中小型汽车。20 世纪 70 年代以来，在一些国家得到发展，如载重量分别为 77t、104t、135t、154t 等型矿用自卸汽车均采用这种传动形式。

（4）电传动式汽车（又称电动轮汽车）：以柴油机为动力，带动主发电机产生电能，通过电缆将电能送到与汽车驱动轮轮边减速器结合在一起的驱动电动机，驱动车轮转动，调节发电机和电动机的励磁电路和改变电路的连接方式来实现汽车的前进、后退及变速、制动等多种工况。电传动汽车省去了机械变速系统，便于总体设计布置，还具有减少维修量、操纵方便、运输成本低等特点，但制造成本高。采用架线辅助系统双能源矿用自卸车是电传动汽车的一种发展产品，它用于深凹露天矿。这种电传动汽车分别采用柴油机，架空输电作为动力，爬坡能力可达18%；在大坡度的固定段上采用架空电源驱动时汽车牵引电机的功率可达柴油机额定功率的2倍以上，在临时路段上，则由本身的柴油机驱动。这种双能源汽车兼有汽车和无轨电车的优点，牵引功率大，可提高运输车辆的平均行驶速度；在临时的经常变化的路段上，不用架空线，可使在装载点和排土场上作业的组织工作简化。

1.1.2.3 按驱动桥形式和车身结构特点分类

矿用汽车按驱动桥（轴）形式可分为后轴驱动、中后轴驱动（三轴车）和全轴驱动等形式；按车身结构特点分为铰接式和整体式两种。

1.1.3 矿用自卸汽车的结构

自卸汽车主要由车体、发动机和底盘三部分组成。底盘包括传动系统、行走部分、操纵机构（转向系和制动系）和卸载机构，具体可以分为动力系统装置、传动系统装置、悬挂系统装置、转向系统装置、制动系统装置。

1.1.3.1 基本结构

露天矿山使用的自卸汽车，一般为双轴式或三轴式结构（见图1-1）。双轴式可分为单轴驱动和双轴驱动，常用车型多为后轴驱动，前轴转向。三轴式自卸汽车由两个后轴驱动，一般为大型自卸汽车所采用。从其外形看，矿用自卸汽车与一般载重汽车的不同点是驾驶室上面有一个保护棚，它与车厢焊接成一体，可以保护司机室及其中的司机不被散落的矿岩砸伤。自卸汽车的外形结构如图1-2所示。重型矿用自卸汽车主要构件的外形特征及相互安装位置如图1-3所示。

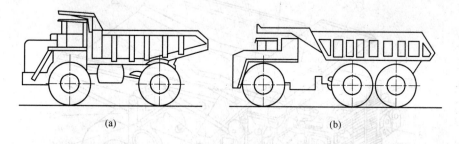

(a)　　　　　　　　　　　　　　(b)

图1-1　自卸汽车轴式结构

（a）双轴式；（b）三轴式

我国多数露天矿山所用自卸载重汽车的吨级为30~80t，其中以LN392型（见图1-4）和Terex33-07型（见图1-5）自卸汽车为典型代表。

近年来引进一批国外大型电动轮汽车，其中以Caterpillar789C型和730E型为代表。730E型电动轮汽车由日本小松德莱赛生产，其外形尺寸如图1-6所示，其发动机为Komatsu SSA16V159，4冲程16缸，电传动，轮胎为37.00R57，空车质量为138t，车厢容积111m^3，最大车速55.7km/h，最大功率1492kW。

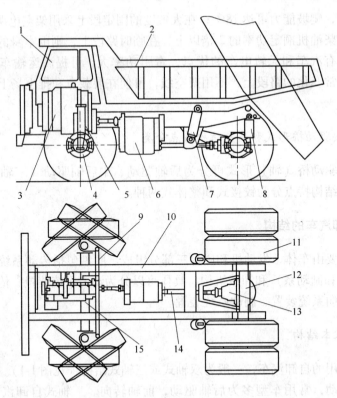

图 1-2　自卸载重汽车外形

1—驾驶室；2—货箱；3—发动机；4—制动系统；5—前悬挂；6—传动系统；7—举升缸；8—后悬挂；9—转向系统；
10—车架；11—车轮；12—后桥（驱动桥）；13—差速器；14—转动轴；15—前桥（转向桥）

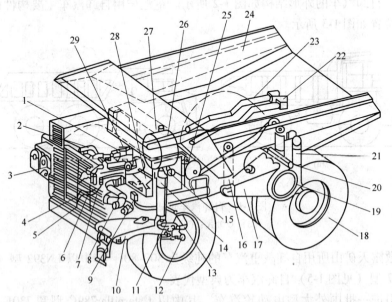

图 1-3　矿用自卸汽车的主要构件及安装位置

1—发动机；2—回水箱；3—空气滤清器；4—水泵进水管；5—水箱；6，7—滤清器；8—进气管总成；9—预热器；
10—牵引臂；11—主销；12—羊角；13—横拉杆；14—前悬挂油缸；15—燃油泵；16—倾斜油缸；17—后桥壳；
18—行走车轮；19—车架；20—系杆；21—后悬挂油缸；22—进气室转油箱；23—排气管；24—车厢；
25—燃油粗滤器；26—单向阀；27—燃油箱；28—减速器踏板阀；29—加速器踏板阀

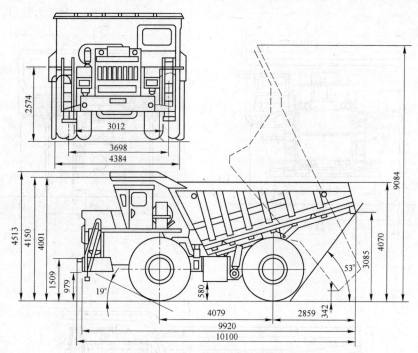

图 1-4 LN392 型矿用自卸汽车

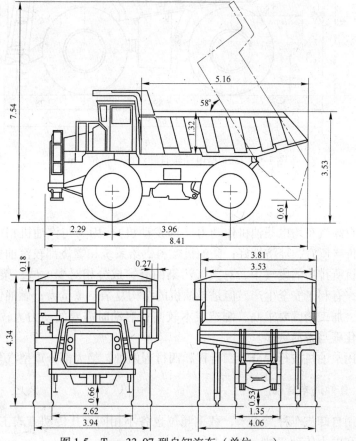

图 1-5 Terex33-07 型自卸汽车（单位：m）

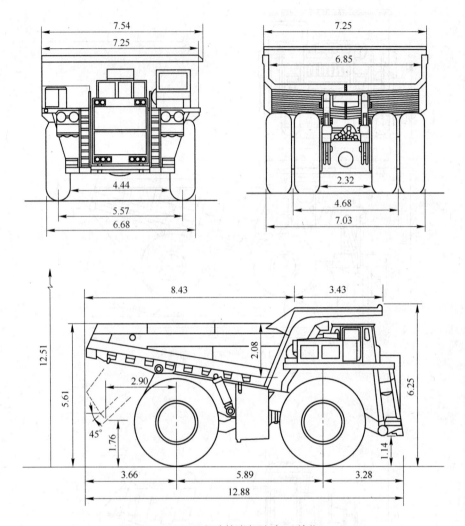

图 1-6　730E 型电动轮自卸汽车（单位：m）

1.1.3.2　动力装置

目前重型自卸汽车均以柴油机作动力（即发动机），因为与汽油机相比，柴油机的热效率高，柴油价格便宜，经济性好；柴油机燃料供给系统和燃烧都较汽油机可靠，不易出现故障；柴油机所排出的废气中，对大气污染的有害成分相对少一些；柴油的引火点高，不易引起火灾，有利于安全生产。但是柴油机的结构复杂、重量大；燃油供给系统主要装置要求材质好、加工精度要求高，制造成本较高；启动时需要的动力大；柴油机噪声大，排气中含二氧化碳与游离碳多。

重型汽车用柴油机按行程分为二行程和四行程两种，绝大部分重型汽车采用四行程。

1.1.3.3　自卸汽车传动

国内外矿用自卸汽车种类很多，载重吨位也各不相同，其传动方式主要有机械传动、液力机械传动和电力传动三种。

（1）机械传动。由发动机发出的动力，通过离合器、机械变速器、传动轴及驱动轴等传给主动车轮的传动方式称为机械传动。一般载重量在30t以下的重型汽车多采用机械传动，因为机械传动具有结构简单、制造容易、使用可靠和传动效率高等优点。例如，交通SH361型、克拉斯256B型和北京BJ370型汽车均采用机械传动形式。

随着汽车载重量的增加，大型离合器和变速器的旋转质量也增大，给换挡造成了困难。踩离合器换挡时间长，变速器的齿轮有强烈的撞击声，使齿轮的轴承受到严重的磨损，因而要求驾驶员有较高的操作技巧。另外，由于机械变速器改变转矩是有级的，因此当道路阻力发生变化时，要求必须及时换挡，否则发动机工作不稳定、容易熄火，尤其是在矿区使用的汽车，道路条件较差，换挡频繁，驾驶员易于疲劳，离合器磨损极其严重，故对大吨位重型自卸汽车，机械传动难以满足要求。

（2）液力机械传动。由发动机发出的动力，通过液力变矩器和机械变速器，再通过传动轴、变速器和半轴把动力传给主动车轮的传动方式称为液力机械传动。目前，世界上30~100t的矿用自卸汽车基本上均采用这种传动方式。

由于液力变矩器的传递效率和自适应性能的提高，它可自动地随着道路阻力的变化而改变输出扭矩，使驾驶员操作简单。液力变矩器能够衰减传动系统的扭转振动，防止传动过载，能够延长发动机和传动系统的使用寿命，因此，近20年来，液力机械传动已完全有效地应用于100t以上乃至160t的矿用自卸汽车上。车辆的性能完全可与同级电动轮汽车相媲美，而且它的造价又比电动轮汽车低，从发展趋势看，它有取代同吨位电动轮汽车的可能。

上海产的SH380型、俄国产的别拉斯540型和美国产的豪拜35C型和75B型汽车都采用液力机械传动系统。

（3）电力传动。发动机直接带动发电机，发电机发出的电直接供给发动机，电动机再驱动车轮的传动形式称为电力传动。根据发电机和电动机形式不同，电力传动可分为四种：

1）直流发电机-直流电动机驱动系统。直流发电机发出的电能直接供给直流电动机。这种传动装置的优点就是不通过任何转换装置，因此系统结构简单。其缺点是直流体积大、重量大、成本高，转速有可能很高。所以，这种传动系统很少应用。

2）交流发电机-直流电动机驱动系统。交流发电机发出的三相交流电，经过大功率硅整流器整流成直流电，再供给直流电动机。目前国内外大吨位矿用自卸汽车均采用这种传动形式。

3）交流发电机-整流变频装置-交流电动机驱动系统。交流发电机发出的交流电经过整流和变频装置以后，输送给交流电动机，也就是逆变后的三相交流电的频率根据调速需要是可控制的。这种传动的优点是结构简单，电机外形尺寸小，可以设计制造大功率电动机，运行可靠，维护方便。

4）交流发电机-交流电动机驱动系统。同步交流发电机发出的电能送给变频器，变频器再向交流电动机输送频率可控的交流电。这种传动系统对变频技术和电动机结构都有较高的要求。目前尚未推广使用。

电力传动的汽车结构简单可靠，制动和停车准确，能自动调速，没有机械传动的离合器、变速器、液力变矩器、万向联轴节、传动轴、后桥差速器等部件，因而维修量小。

其次，电力传动牵引性能好，爬坡能力强，可以实现无级调速，运行平稳，发动机可以稳定在经济工况下运转，操作简单，行车安全可靠，经济效果也比较好。但电力传动的汽车自重较大、造价较高，又由于电机尺寸和重量的限制，载重量在100t以上的自卸汽车才适合采用电力传动。例如，别拉斯549型，豪拜120C、200B型和特雷克斯33-15B型矿用自卸汽车均采用电力传动系统。

1.1.3.4　悬挂装置

悬挂装置是汽车的一个重要部件。悬挂的作用是将车架与车桥弹性连接起来，以减轻和消除由于道路不平给车身带来的动载荷，保证汽车的行驶平稳性。

悬挂装置主要由弹性元件、减振器和导向装置三部分组成。这三部分分别起缓冲、减振和导向作用，三者共同的任务是传递动力。

汽车悬挂装置的结构形式很多。按其导向装置的形式，悬挂可分为独立悬挂和非独立悬挂，前者与断开式车桥连用，而后者与非断开桥连用。载重汽车的驱动桥和转向桥大都采用非独立悬挂。按悬挂采用的弹性元件种类可分为叶片弹簧悬挂、螺旋弹簧悬挂、扭杆弹簧悬挂和油气弹簧悬挂等多种形式。目前，大多数载重汽车采用叶片弹簧悬挂。近年来由于矿用重型汽车向大吨位发展，同时为了提高整车的平顺性及轮胎使用寿命，减轻驾驶人员的疲劳，现已广泛应用油气悬挂，少量汽车开始采用橡胶弹簧悬挂。

（1）钢板弹簧悬挂结构。钢板弹簧通常是纵向安置的，一般用滑板结构来代替活动吊耳的连接，如图1-7所示。它的主要优点是结构简单、重量轻、制造工艺简单、拆卸方便，减少了润滑点，减小了主片附加应力，延长了弹簧寿命。滑板结构是近年来的一种发展趋势，钢板弹簧用两个U形螺栓固定在前桥上。为加速振动的衰减，在载重汽车的前悬挂中一般都装有减振器，而载重汽车后悬挂则不一定装减振器。

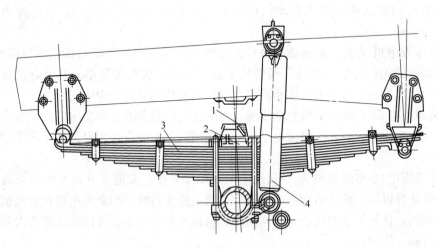

图1-7　钢板弹簧悬挂结构
1—缓冲块；2—衬铁；3—钢板弹簧；4—减振器

（2）油气悬挂结构。从悬挂的类型来看，目前30t以下的载重汽车仍多采用钢板弹簧和橡胶空心簧。载重在30t以上的重型载重汽车，越来越多地采用油气悬挂。采用油气悬挂的目的就是为了改善驾驶员的作业条件，提高平均车速，适应矿山的恶劣道路条件和装载条件。

　　油气悬挂一般都由悬挂缸和导向机构两部分组成。悬挂缸是气体弹簧和液力减振器的组合体。注气簧的种类有简单式油气弹簧、带反压气室的油气弹簧、高度调整式油气弹簧等。油气悬挂中主要的弹性元件就是油气弹簧及其组成的悬挂缸，而悬挂中的导向机构比较简单。

　　现在以上海 SH380A 型油气悬挂缸（见图 1-8）为例介绍油气悬挂装置的结构。SH380A 型油气悬挂缸包括两部分：球形气室和液力缸。球形气室固定在液力缸上，其内部用油气隔膜 13 隔开，一侧充工业氮气，另一侧充满油液并与液力缸内油液相通。氮气是惰性气体，对金属没有腐蚀作用，在球形气室上装有充气阀接头 14。当桥与车架相对运动时，活塞 4 与缸筒 3 上下滑动，缸筒盖上装有一个减振阀、两个加油阀、两个压缩阀和两个复原阀 8。

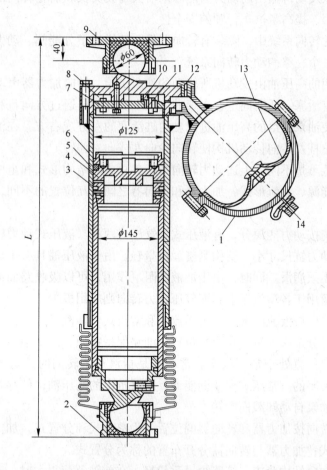

图 1-8　油气悬挂缸结构

1—球形气室；2—下端球铰链接盘；3—液力缸筒；4—活塞；5—密封圈；6—密封圈调整螺母；7—减振阀；
8—复原阀；9—上端球铰链接盘；10—压缩阀；11—加油阀；12—加油塞；13—油气隔膜；14—充气阀

　　当载荷增加时，车架与车桥间距缩短，活塞 4 上移，使充油内腔容积缩小，迫使油压升高。这时液力缸内的油经减振阀 7、压缩阀 10 和复原阀 8 进入球形气室 1 内压迫油气隔膜 13，使氮气室内压力升高，直至与活塞压力相等时，活塞就停止移动。这时，车架与车桥的相对位置就不再变化。当载荷减小时高压氮气推动油气隔膜 13 把油液压回液力缸 3 内。使活塞 4 向下移动，车架与车桥间距变长。当活塞上压力与气室内压力相等时，活塞即停止移动，从而达到新的平衡。就这样随着外载荷的增加与减少自动适应。

减振阀、压缩阀和复原阀都在缸筒上开一些小孔起阻尼作用，当压力差为 0.5MPa 时压缩阀开启；当压力差为 1MPa 时，复原阀开启，这样振动衰减效果较好。

1.1.3.5　动力转向装置

转向系统是用来改变汽车的行驶方向和保持汽车直线行驶的。普通汽车的转向系统由转向器和转向传动装置两部分组成。重型汽车转向阻力很大，为使转向轻便，一般均采用动力转向。

动力转向是以发动机输出的动力为能源来增大驾驶员操纵前轮转向的力量。这样，使转向操纵十分省力，提高了汽车行驶的安全性。

在重型汽车的转向系统中，除装有转向器外，还增加了分配阀、动力缸、油泵、油箱和管路，组成了一个完整的动力转向系统。

动力转向所用的高压油由发动机所驱动的油泵供给。转向加力器由动力缸和分配阀组成。动力缸内装有活塞，活塞固定在车架的支架上。驾驶员通过方向盘和转向器，控制加力器的分配阀，使油泵供给的高压油进入动力缸活塞的左方或右方。在油压作用下，动力缸移动，通过纵拉杆及转向传动机构使转向轮左或向右偏转。

由于车型和载重量不同，上述动力转向系统各总成的结构形式和组成也有差异。动力转向系统按动力能源、液流形式、加力器和转向器之间相互位置的不同，可分为以下几种类型。

动力转向系统按动力能源分，有液压式和气压式两种。液压式动力转向油压比气压式高。所以液压式动力缸尺寸小、结构紧凑、重量轻。由于液压油具有不可压缩的特性，故转向灵敏度高，无须润滑。同时，由于油液的阻尼作用，可以吸收路面冲击。所以目前液压式动力转向广泛用于各型汽车上，而气压动力转向则应用极少。

液压式动力转向按液流的形式分为常流式和常压式。常流式是指汽车不转向时，系统内工作油是低压，分配阀中滑阀在中间位置，油路保持畅通，即从油泵输出的工作油，经分配阀回到油箱，一直处于常流状态。常压式是指汽车不转向时，系统内工作油也是高压，分配阀总是关闭的。常压式需要储能器，油泵排出的高压油，储存在储能器中，达到一定的压力后，油泵自动卸载而空转。

液压式动力转向按加力器和转向器的位置分为整体式和分置式。加力器与转向器合为一体的称为整体式；加力器与转向器分开布置的称为分置式。

整体式动力转向结构紧凑，管路少，重量轻。在前轴负荷很大时，若用整体式，则动力缸尺寸大，结构与布置都较困难。因此，整体式多用于前桥负荷在 20t 以下的重型汽车上。

分置式结构布置比较灵活，可以采用现有的转向器。尤其对超重型汽车，可以按需要增加动力缸的数目，增加缸径，以满足转向力矩增大的需要，如上海 SH380 型、别拉斯 540 型及豪拜 120C 型自卸汽车都采用分置式。

1.1.3.6　制动装置

制动系统的功用是迫使汽车减速或停车，控制下坡时的车速，并保持汽车能停放在斜坡上。汽车具有良好的制动性能对保证安全行车和提高运输生产率起着极其重要的作用。

重型汽车，尤其是超重型矿用自卸汽车，由于吨位大，行驶时车辆的惯性也大，需要的制动力也就大，同时由于其特殊的使用条件，对汽车制动性能的要求与一般载重汽车有所不同。重型汽车除装设有行车制动、停车制动装置外，一般还设有紧急制动和安全制动装置。紧急制动是在行车制动失效时，作为紧急制动之用。安全制动是当制动系统气压不足时起制动作用的。

为确保汽车行驶安全并且操纵轻便省力，重型汽车一般均采用气压式制动驱动机构；超重型矿用自卸汽车一般采用气液综合式（即气推油式）制动驱动机构。

矿山使用的重型汽车，经常行驶在弯曲而且坡度很大的路面上。长期而又频繁地使用行车制动器，势必造成制动鼓内的温度急剧上升，使摩擦片迅速磨损，引起"衰退现象"和"气封现象"，影响行车安全。"衰退现象"是指摩擦片由于温度升高引起摩擦系数降低，从而制动力矩也相应减小。"气封现象"是指由于制动鼓过热，轮制动油缸内制动液蒸发而产生气泡，使油压降低，导致制动性能下降，甚至失效。为此，重型汽车的制动系统还增设有各种不同形式的辅助制动装置，如排气制动、液力减速、电力减速等辅助制动装置，以减轻常用的行车制动装置的负担。

汽车在制动过程中，作用于车轮上有效制动力的最大值受轮胎与路面间附着力的限制。如有效制动力等于附着力，车轮将停止转动而产生滑移（即所谓车轮"抱死"或拖印子）。此时，汽车行驶操纵稳定性将受到破坏。如前轮抱死，则前轮对侧向力失去抵抗能力，汽车转向将失去操纵；如后轮抱死，由于后轮丧失承受侧向力的能力，后轮则侧滑而发生甩尾现象。为避免制动时前轮或后轮抱死，有的重型汽车装有前后轮制动力分配的调节装置。

如果制动器的旋转元件是固定在车轮上的，其制动力矩直接作用于车轮，称为车轮制动器。如果旋转元件装在传动系的传动轴上或主减速器的主动齿轮轴上，则称为中央制动器。车轮制动器一般是由脚操纵作行车制动用，但也有的兼起停车制动的作用；而中央制动器一般用手操纵作停车制动用。车轮制动器和中央制动器的结构原理基本相同，只是车轮制动器的结构更为紧凑。

制动器的一般工作原理如图1-9所示。一个以内圆面为工作面的金属制动鼓8固定在车轮轮毂上，随车轮一起旋转。制动底板11用螺钉固定在后桥凸缘上，它是固定不动

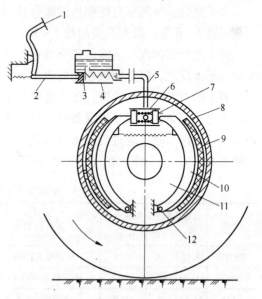

图1-9　制动器的工作原理

1—制动踏板；2—推杆；3—主缸活塞；4—制动主缸；5—油管；6—制动轮缸；7—轮缸活塞；8—制动鼓；9—摩擦片；10—制动蹄；11—制动底板；12—支撑销

的。在制动底板 11 下端有两个销轴孔，其上装有制动蹄 10，在制动蹄外圆表面上固定有摩擦片 9。当制动器不工作时，制动鼓 8 与制动蹄 10 上的摩擦片 9 有一定的间隙，这时车轮可以自由旋转。当汽车需要减速时，驾驶员踩下制动踏板 1，通过推杆 2 和主缸活塞 3，使主缸内的油液在一定压力下流入制动轮缸 6，并通过两个轮缸活塞 7 使制动蹄 10 绕支撑销 12 向外摆动，使摩擦片 9 与制动鼓 8 压紧而产生摩擦制动。当要消除制动时，驾驶员不踩制动踏板 1，制动油缸中的液压油自动卸荷。制动蹄 10 在制动蹄回位弹簧的作用下，恢复到非制动状态。

1.1.4　矿用自卸汽车的选型

1.1.4.1　选型原则

露天矿采场运输设备的选择主要取决于开拓运输方式，而影响开拓运输方式的因素又很多，因此，选择开拓运输方式必须通过技术经济比较综合确定。影响开拓运输方式选择的主要因素是矿山自然地质条件、开采技术条件（如矿山规模、采场尺寸、生产工艺流程、技术装备水平及设备匹配）、经济因素等。

影响露天矿自卸汽车选型的因素很多，其中最主要的是矿岩的年运量、运距、挖掘机等装载设备斗容的规格及道路技术条件等。

在露天矿汽车运输设备中，普遍采用后卸式自卸汽车。载重量小于 7t 的柴油自卸汽车常与斗容 1m³ 的挖掘机匹配，用以运送松软土岩和碎石；中小型露天矿广泛使用 10 ~ 20t 的机械传动的柴油自卸汽车；大型露天矿使用载重量大于 20t 的具有液压传动系统的柴油机自卸汽车和载重量大于 75t 的具有电力传动系统的电动轮自卸汽车。

为了充分发挥汽车与挖掘机的综合效率，汽车车厢容量与挖掘机的斗容量之比一般为一车应装 4 ~ 6 斗，最大不要超过 7 ~ 8 斗。

为了充分发挥汽车运输的经济效益，对于年运量大、运距短的矿山，一般应选择载重大的汽车；反之，应选择载重小的汽车。

露天矿自卸汽车的选型，还应考虑汽车本身工作可靠、结构合理、技术先进、质量稳定、能耗低等条件，以及确保备品备件的供应，车厢强度应适应大块矿石的冲砸。当有多种车型可供选择时，应进行技术经济比较，推荐最优车型。矿山常用自卸汽车的主要技术性能见表 1-1。一个露天矿应尽可能选用同一型号的汽车。

表 1-1　矿山常用自卸汽车的主要技术性能

类型	自重 /t	载重 /t	车厢容积 /m³	发动机型号	发动机排量/L	转弯半径/m	缸数/形式	生产厂家	轮胎规格
TR100	68.60	100	41.6	康明斯 KTA38-C	37.7		12/V 型	北方股份	27.00-49
TR60	41.30	60	26	康明斯 QSK19-C650	18.9		6/直列	北方股份	24.00-35
TA25	20.87	25	10.0	康明斯 QSC8.3	8.3		6/直列	北方股份	25.00-19.50
TA27	21.90	27	12.5	康明斯 QSL9	8.9		6/直列	北方股份	25.00-19.50
MT5500B		326	158	MTU/DDV4000 QSK60(78)		16.2	16,18,20	北方股份	55/80R63 子午胎

续表1-1

类型	自重/t	载重/t	车厢容积/m³	发动机型号	发动机排量/L	转弯半径/m	缸数/形式	生产厂家	轮胎规格
MT4400		236	100	QSK60 MTU/DDV4000		15.2	16	北方股份	46/90R57 子午胎
BZKD20	16	20	10.7	康明斯 NT855-C250		8.5		中环	14.00-24
BZKD25	18.2	25	12	康明斯 M-11-C290		8.5		中环	16.00-25
BZQ31470	61.22	86.2		康明斯 KT38C				本溪北方	27.00-49
BZQ31120	54.5	68		康明斯 VTA-28C				本溪北方	24.00-35
SGA3550	23	32		康明斯 M-11-C350		10		首钢重汽	
SGA3722	30	42		康明斯 KTA19		10		首钢重汽	
SF32601	106	154		康明斯 K1800E				湘潭电机	
SF31904	85	108		康明斯 KTA38C				湘潭电机	
775D		69.9	41.5	CAT3142E				卡特皮勒	24.00-R35
777D		100	60.1	CAT3508B				卡特皮勒	27.00-R49
T252	129	181	107.8	MTU/DDV12V4000,QSK45		13.6	16	利勃海尔	37G57,40R57
T262	152	281	119	MTU/DDV12V4000,QSK60		14.25	16	利勃海尔	40R57
R130B	226.8	128.2	78.4	康明斯 KTTA-38-C				尤克利德-日立	
R170C	278.9	156.9	101.95	康明斯 K1800E				尤克利德-日立	
TM-3000		108.8	46~67	底特律 12V-149TIB 康明斯 KAT-38-C		12.2		尤尼特-瑞格	
TM-3300		136	61~87	底特律 12V-149TIB 康明斯 KAT-38-C		12.19		尤尼特-瑞格	
75131	107	130	70	KTA-50C		13		白俄罗斯-别拉斯	33.00-51
7514	95	120	61	8DM-21AM		13		白俄罗斯-别拉斯	33.00-51

1.1.4.2 选型注意事项

(1) 对于矿用汽车, 由于运距较短, 道路曲折, 坡道较多, 其行车速度受行车安全的限定, 因此, 厂家定的最大车速不是反映运输效率的性能指标。

(2) 最大爬坡度与爬坡的耐久性指标。若矿山坡度较大, 坡道较长, 就应设法了解清楚, 才能决策。

(3) 汽车的质量利用系数小, 说明汽车的空车质量大, 这在一定程度上反映了汽车的强度和过载能力好。但由于过载能力还涉及很多因素, 如发动机的储备功率、车架、轮胎和悬架的强度等, 因此, 仅凭质量利用系数很难做出准确的判断。另外, 空车质量较大, 汽车的燃油经济性必然较差, 故需要进行综合考虑。

(4) 汽车的比功率 (即发动机功率与汽车总质量的比值) 一般能表明汽车动力性的好坏。但动力性涉及总传动比和传动效率等其他因素, 仅凭比功率也难以做出准确判断。而且, 增大比功率, 虽能改善动力性, 但由于储备功率过大, 汽车经常不在发动机的经济工矿下工作，汽车的经济性能较差。

（5）从理论上说，车厢的举升和降落时间将会影响整个循环作业时间，影响运输效率。但是不同车型的举升与降落的时间相差不过几秒最多几十秒，因此对总的效率影响不大，可以不做重点考虑。但选型时却要注意车厢的强度能否适应大块岩石的冲砸。

（6）短轴距的 4×2 驱动的矿用汽车的最小转弯半径为 7～12m，并与吨位的大小成正比关系。同吨位不同车型的矿用汽车的转弯半径差异不大，一般都能够适应矿山道路规范的要求。由于三轴自卸汽车的转弯半径比上述数值要大得多，往往很难适应矿山的道路，因此，小型矿山若选于 20t 的公路用三轴自卸汽车，而矿山的弯道又较多，就应慎重地考察其适应性。

（7）一般情况下，矿用汽车的最小离地间隙能够满足露天矿山道路上的通过性要求。但若矿山爆破后矿岩的块度较大，汽车又装得很满，加之道路坑洼较多，容易掉石，就应注意使最小离地间隙的大小能够适应，或在实际使用中采取防护措施，以防止前车掉石撞坏后车的底部（一般是发动机油底壳，变速器底部或后桥壳）。

（8）制动性能的好坏，对矿用汽车至关重要。它不仅是安全行车的保证，而且也是下坡行车车速的主要制约因素，直接影响生产效率的高低，因此应做重点考察。对于以重载下坡为主的山坡露天矿，一定要选用具有辅助减速装置（如电动轮汽车的动力制动，液力机械减速器中的下坡减速器）的汽车；对采用机械变速器的汽车，应尽量增设发动机排气制动装置。

（9）燃油消耗即燃油经济性是一个重要指标。但实际上厂家资料往往差别不大，而实地考察得到的数据由于矿业条件各异，缺少可比性，加之管理上的因素，真实的油耗数据很难获得，必须具体分析。

（10）汽车的可靠性、保养维修的方便性、各种油管的防火安全措施以及技术服务或供应零配件的保证性等，虽然较难用具体的数值表示，而且也较难获得，但却是十分重要的因素，应充分考虑。为此，在矿用汽车选型时，除广泛收集各种汽车的性能指标，进行比较筛选外，还要通过各种渠道（实地考察、访问用户等），收集一般资料上未能反映出的使用寿命、可靠性和维修性等情况。

（11）对备件供应问题，必须在购车时就给予重视。对厂商的售后服务的实际情况，应做切实的考察，对常用备件的国内供应保证，应在购车时就同步地具体落实。对于主要总成和重要的零配件近期内无法落实供应或质量不能保证的车型，即使整车购置价格便宜，购置时还应十分慎重。

（12）对进口车型样本所载指标，应择其重要的，经过国内使用核实。

（13）注意主要总成及任选件的选用。矿用汽车的很多总成，如发动机型号、车厢容积、制动方式和启动方式等，均有多种可供用户选择。此外，还有一些任选件，如驾驶室空调、冷却系统散热器的自动百叶窗、排气制动装置、自动润滑装置和轮胎自动充气等，供用户选装。因此，在选定基本车型后，应在签订合同时给以落实。

1.1.5　自卸汽车的日常维护

1.1.5.1　自卸汽车的保养

自卸汽车的保养工作分为例行保养、一级保养和二级保养三种制度。

（1）例行保养。例行保养是指汽车在每班作业前后及行驶过程中，为及时发现隐患、保持良好的工作条件所进行的以清洁、紧固、调整、润滑和防腐为主的检查和预防性的保养，每天进行一次。

（2）一级保养。一级保养是在例行保养的基础上以紧固和润滑为主的保养工作，消除在运行过程中发现的故障和某些薄弱环节，做一些必要的调整，一般行驶 1000 ~ 1500km 进行一次。

（3）二级保养。二级保养的主要任务是以检查和调整为主，对全车进行一次较为深入细致的检查和调整，使车辆能在一个二级保养周期内保持良好的运行性能。一般行驶 4000 ~ 6000km 进行一次。

1.1.5.2　自卸汽车的检修工作制度

自卸汽车的修理工作分为小修、中修和大修三种制度。

（1）小修工作。小修工作不定期进行。小修是指汽车发生零星故障时，为及时排除并恢复正常性能所进行的修理工作。这种修理工作通常无预定计划，根据汽车的具体技术状况，临时确定修理或更换项目。

（2）中修工作。中修工作（总成检修）每行驶 50000 ~ 60000km 进行一次。中修是指汽车在大修理间隔中期，为消除各总成之间技术状况不平衡所进行的一次有计划的平衡性修理，以保证汽车在整个大修理间隔期内具有良好的技术状况和正常的工作性能。

（3）大修工作。大修工作每行驶 90000 ~ 100000km 进行一次。大修是指汽车在寿命期内，周期性的彻底检查和恢复性修理，使汽车基本上达到原有的动力性能、经济性能、安全可靠性能和良好的操作性能。

1.1.6　自卸汽车的发展

随着露天开采方式的迅速发展，自卸汽车在矿山中的使用也越来越多。20 世纪 90 年代以来，我国采矿事业飞速发展，广泛引进国外先进技术，以全新的重型汽车产品来代替传统机型，特别是定型的系列产品，重点消化引进的发动机技术，提高已有发动机的可靠性和使用寿命；研制电传动系统和电子控制自动变速器等，陆续试制成功液力机械综合式 45t 和 60t 自卸汽车，以及电传动 108t 和 154t 大型自卸汽车，在结构和性能方面达到或接近国外同级车型的水平。

内蒙古北方重型汽车股份有限公司 2002 年成功引进了具有世界先进水平的 Terex 矿用汽车系列产品，并且投入批量生产，从而拉开了国内矿用汽车新一轮发展的序幕。2004 年新加坡科技动力公司与北京重型汽车制造厂在北京通州成立了中环动力（北京）重型汽车有限公司。2004 年利勃海尔还在大连正式成立了利勃海尔机械（大连）有限公司。北京首钢重型汽车制造股份公司与白俄罗斯合作生产 755B 矿用汽车。

矿用汽车的新产品不断推出，吨位明显加大，载重量为 110 ~ 218t。传动方式不断创新，传动效率不断提高。目前大型电动轮矿用汽车一般采用直流电动机驱动系统，具有低速度高扭矩特性，对长距离的稳定坡度运输有利，传动效率较高。最近开发的大型电动轮载重汽车改用交流驱动系统，柴油机直接驱动交流发电机，微处理机控制系统的采用，大大地减少了机械式继电器，简化系统，减少故障，便于维修，改善了发动机特性曲线，既能提高传动效率，又能减少燃油消耗和运营费用。与此同时，制动系统、轴承设计与工艺的改进以及微电子技术的渗入，实现了节油控制、废气排放控制、离合器调节和换挡减速控制，使发动机扭矩匹配更加合理，促进了大型机械传动汽车的发展。微电子技术的发展，使微电子机械系统（MEMS）把信息获取、处理和执行集成在一起形成系统；信息化技术已走向多媒体、网络化以及智能化，都为汽车自动化和无人驾驶技术的进步创造了条件。微机的突破性进展，全球卫星定位系统（GPS）的扩大应用，将使无人驾驶汽车进入实用阶段。电动轮汽车广泛应用于大型露天矿山。由于电动轮汽车的驱动马达在轮内，它的能量利用率大大提高，载重量增大，调速范围大，爬坡能力强（可达33%的坡度），并能延长制动装置和轮胎的使用寿命，同时还省去了机械变速系统，减少了维修费用。

　　矿用自卸汽车的组件化与通用化也是现代汽车制造业的发展方向之一。汽车的组件化与通用化，可缩短从设计到生产的时间周期，有利于提高汽车各部构件的性能和质量，减少产品品种，提高生产效率，降低生产成本，并使各部件匹配更好，能够加速产品的更新换代。车体箱斗是矿用自卸汽车的重要部件，其重量为全车自重的 1/4 ~ 1/3。为减低自卸汽车的重量，提高箱斗寿命，各国普遍采用合金钢和铝合金。

1.2　汽车运输公路

　　当前汽车运输在国内外金属露天矿运输中占据着最为重要的地位。汽车运输的经济效果，在很大程度上取决于矿山线路的布置、公路的质量和状态、自卸汽车的性能以及维护管理水平。下面仅就露天矿公路运输的道路、设备和运输计算分别予以简述。

　　露天矿的汽车公路与一般公路及工厂道路不同，它的应用特点是运距短、行车密度大、传至路面轴压力大。因此汽车公路应保证：

　　（1）道路坚固，能承受较大荷载。

　　（2）路面平坦而不滑，以保证与轮胎有足够的黏着力。

　　（3）不因降雨、冰冻等而改变质量。

　　（4）有合理的坡度和曲线半径，以保证行车安全。

　　露天矿公路按生产性质可分为运输干线、运输支线和联络线；按服务年限可分为固定公路、半固定公路和临时公路。运输干线是指采矿场出入沟和通往卸矿点及废石场的道路，通常都是服务年限在三年以上的固定公路。固定公路按行车密度和车速可分为三级，对各级公路有不同的技术要求。

1.2.1　公路线路建筑

　　公路的基本结构是路基和路面，它们共同承受行车的作用。

1.2.1.1　路基

　　路基是路面的基础。行车条件的好坏，不仅取决于路面的质量，而且也取决于路基的强度和稳定性。若路基强度不够，路面会发生沉陷而被破坏，从而影响行车速度和加速汽车的磨损。因此公路路基应根据使用要求、当地自然条件以及修建公路的材料、施工和养护方法进行设计，使其具有足够的强度和稳定性，并兼顾经济适用。

　　路基材料一般是就地取材，根据露天矿有利条件，常采用整体或碎块岩石修筑路基，这种石质路基坚固而稳定，水稳定性也较好。

　　路基的布置随地形而异，其横断面的基本形式如图 1-10 所示。由图可见，路基横断面设计中的主要参数有路基宽度、横坡及边坡等。其中路基宽度应包括路面和路肩两部分宽度。路面宽度主要取决于汽车宽度、行车密度以及车速等，可按式（1-1）计算，亦可参考有关资料直接选取。

$$b = xA + (x-1)m + 2n \qquad (1-1)$$

式中　b——路面宽度，m；

　　　　x——行车线数；

　　　　A——汽车宽度，m；

　　　　m——两汽车之间互错距离，一般为 0.7 ~ 1.7m；

　　　　n——路带宽度，一般为 0.4 ~ 0.1m。

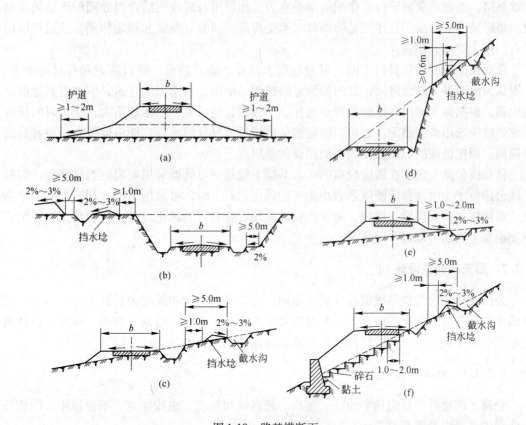

图 1-10　路基横断面

（a）填方路基；（b）挖方路基；（c）半填半挖山坡路基；（d）挖方山坡路基；

（e）缓坡路基；（f）陡坡路基

　　为了便于排水，行车部分表面形状通常修筑成路拱，路面和路肩都应有一定横坡。路面横坡值视路面类型而异，一般为 1% ~ 4%。路肩横坡一般比路面横坡大 1% ~ 2%，在少雨地区可减至 0.5% 或与路面横坡相同。

　　路基边坡坡度取决于土壤种类和填挖高度，必要时，应进行边坡稳定性计算。当路基很高（大于 6m）时，下部路基的边坡应减缓为 1：1.75。为使路基稳固，还应有排水设施。

1.2.1.2 路面

路面是路基上用坚硬材料铺成的结构层，用以加固行车部分，为汽车通行提供坚固而平整的表面。路面条件的好坏直接影响轮胎的磨损、燃料和润滑材料的消耗、行车安全以及汽车的寿命。因此对路面要有以下基本要求：

（1）要有足够的强度和稳定性。

（2）具有一定的平整性和粗糙度，能保证在一定行车速度下，不发生冲击和车辆振动，并保证车轮与路面之间具有必要的黏着系数。

（3）行车过程中产生的灰尘尽量少。

路面由面层、基层和垫层构成。面层又称磨耗层，是路面直接承受车轮和大气因素作用的部分，一般用强度较高的石料和具有结合料的混合料（如沥青混合料）做成。基层又称取重层，主要承受由于行车作用的动垂直力，此层用石料或用结合料处理的土壤铺筑而成。垫层又称辅助层，其作用是协助基层承受荷载，同时对路面起稳定作用。该层可以用砾石、砂、炉渣等铺筑。

路面按采用的建筑材料不同，可分混凝土路面、沥青路面、碎石路面和石材路面等，一般认为前两种为高级路面，后两种为低级路面。矿山公路路面的建筑，应本着就地取材的原则，根据露天矿汽车运输的特点选择。一般说，运量大、汽车载重大、使用时间长的干线公路应选用高级路面，也可以随运输量的增长情况分期建设，即由低级路面过渡到高级路面，而把低级的旧路面作为高级路面的基层。

移动线公路一般多在强度较高的矿岩基础上修筑，可就地采用矿岩碎石做路面。当移动线公路位于土壤及普氏硬度系数小于4的风化岩石上时，可采用装配式预应力混凝土路面，以便根据需要移设。例如，铜录山铜矿采场底板岩石为风化高岭土，曾使用过装配式钢筋混凝土路面，取得一定效果。

1.2.2 露天矿公路设计

公路设计要求与铁路线路设计基本相同，包括平面设计和纵断面设计两部分。平面设计的主要任务就是根据矿山地形、车型以及生产作业的需要，绘制平面图。纵断面设计则是根据公路平面图，沿所定线路绘制公路纵断面图。

1.2.2.1 线路平面

公路平面设计参数包括平曲线、超高、超高缓和长度、曲线加宽、平面视距、两相邻平曲线的连接以及错车道等。

各级公路的平曲线依据车型、行车速度、路面类型而定，原则上应采用较大的半径，只有当受地形或其他条件限制时，方可采用允许的最小半径。露天矿各级公路平面曲线最小半径如表1-3所示。

为了克服汽车在曲线上运行时的横向离心力，公路曲线段在曲线半径小于100m时，一般要设超高。由于直线行车道部分为双斜坡断面而曲线段要设置超高，因此要求从邻近曲线的直线外侧开始逐渐升高，使双面坡过渡到超高所要求的单向坡面，该坡面称为超高横坡，用以表示曲线超高值。超高横坡按设计车速、曲线半径、路面种类及气候条件等因素考虑，一般规定在2%~6%之间，最大不超过10%。

当汽车沿曲线运行时，其车轮所占路面的宽度要比在直线段时大，此增大部分称为加宽。加宽量可按式（1-2）计算，也可按表1-2所列数值直接选取。

$$e = \frac{L^2}{R} + \frac{0.1v}{\sqrt{R}} \tag{1-2}$$

式中　e——双车道弯道的加宽值，m；

　　　L——汽车后轴至缓冲器间的距离，m；

　　　R——平曲线半径，m；

　　　v——行车速度，km/h。

表 1-2　曲线加宽值

汽车轴距/m	平曲线半径/m										
	15	20	25	30	35	40	50	75	100	150	200
≤4	2.5	2.1	1.7	1.6	1.5	1.3	1.1	0.8	0.7	0.5	0.4
4<轴距≤4.8		2.9	2.3	2.0	1.9	1.7	1.4	1.0	0.8	0.6	0.5

直线段与曲线段间应设置缓和曲线。通常采用放射螺旋线作为缓和曲线，其长度按式（1-3）计算。

$$L = \frac{0.035v^3}{R} \tag{1-3}$$

式中　v——行车速度，km/h；

　　　R——平曲线半径，m。

两相邻同向平曲线均不设超高或设超高相同时，可直接连接，当所设超高值不同时，两曲线间需按超高横坡差设置超高缓和长度，其长度应插入较大半径的平曲线之内。两相邻反向曲线均不设超高时，中间宜设不小于汽车长度的直线段，在困难条件下可不设，但车辆必须减速运行。

1.2.2.2　公路纵断面

公路纵断面的主要要素包括最大纵向坡度、竖曲线半径和坡道的限制长度等。

露天矿公路的最大允许纵坡，应根据采掘工艺要求、地形条件、道路等级、汽车类型以及空重车运行方向等因素合理确定。在条件允许时，应尽量采用较缓坡度。干线长度超过1km时，其平均坡度一般不宜大于5.5%。各级公路最大允许纵坡见表1-3。

表 1-3　回头曲线的技术要求

项　　目		单　位	车速为15km/h的规定值
主曲线半径	轴距≤4.0m	m	12
	4m<轴距≤4.8m	m	15
辅助曲线最小半径	Ⅰ级	m	35
	Ⅱ级，Ⅲ级	m	20

项　目		单　位	车速为 15km/h 的规定值
主曲线超高横坡		%	6
最小超高缓和长度	一　般	m	20
	困　难	m	10
最小计算视距	停　车	m	25
	会　车	m	45
最小竖曲线半径	凸　形	m	200
	凹　形	m	100
最大纵坡	Ⅰ级	%	4
	Ⅱ级	%	4.5
	Ⅲ级	%	5
路面加宽	$R = 15\text{m}$（4m < 轴距≤4.8m）	m	3.6
	$R = 12\text{m}$（轴距≤4m）	m	3.0

当坡度位于平曲线处时，该坡段的最大纵坡应按平曲线半径的大小进行折减。对露天矿公路而言，平面曲线半径一般在 50m 以下时才折减，其折减值可参阅有关资料按规定进行。

为防止汽车在长大坡段上运行时发动机过热，对坡长应有所限制（见表 1-3）。当坡长超过限制坡长时，应在限制坡段间，插入坡度不大于 3% 的缓和坡段，其最小长度不应小于 40 ~ 60m。

为了使汽车在通过变坡点时减少冲击振动，当公路相邻坡度代数差 Δi 不小于 2%（凸形变坡点）或 3%（凹形变坡点）时，应设置圆形竖曲线，其最小半径不应小于表 1-3 所列数值。

1.2.2.3　视距

为了行车安全，汽车司机应能看到前方相当距离的道路，以便能及时采取措施，防止撞上前方的车辆或障碍物。由于汽车在遮蔽地段的弯道上或在坡线急剧转折处时，常会发生视距障碍，因此，在设计线路时，必须有视距要求。视距，即汽车司机能看到的前方道路或道路上障碍物的最短距离。视距的确定，应保证以设计车速运行的汽车在到达障碍物以前能完全停住或绕过障碍物。

视距包括反应距离、制动距离及安全距离。反应距离是从司机看到障碍物到开始刹车经过的反应时间内汽车所运行的距离。制动距离是从汽车开始刹车到完全停止时所经过的距离。安全距离是为防止汽车万一到障碍物前不能停住而考虑的距离。根据对上述三段距离的计算，可得出行车视距值。露天矿常用的行车视距为停车视距和会车视距，其最小规定值如表 1-4 所示。

表1-4 公路线路技术参数

项 目		单 位	公路等级		
			I	II	III
单向行车密度		车/h	>75	75～30	<30
设计行车速度		km/h	35	25	20
最大纵向坡度		%	6	8	10
最大纵坡时的坡段限制长度		m	≤800	≤350	≤250
最小竖曲线半径	凸 形	m	750	500	250
	凹 形	m	250	200	100
最小平曲线半径	一般自卸汽车，轴距不大于4.0m	m	35	20	15
	一般自卸汽车，轴距不大于4.8m	m	35	25	20
	100t 电动轮自卸汽车	m	50	35	20
最小视距	停 车	m	50	40	30
	会 车	m	80	60	50

1.2.2.4 回头曲线

在山区或深凹露天矿布置线路时，由于地形条件及采场帮坡的限制，迂回修筑公路时必须选用锐角转折，这种弯道称为回头曲线。

回头曲线（见图1-11a）由主曲线 *AB*、两条直线 *AE* 及 *BC* 和两条辅助曲线 *CD* 和 *EF* 组成。在个别情况下，主辅曲线间可不插入直线。若两条辅助曲线的半径和插入直线段的长度相等时称对称回头曲线（见图1-11a、b），否则称非对称回头曲线（见图1-11c、d）。回头曲线的各种形状可根据具体地形条件选用。

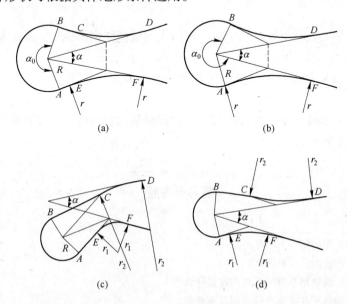

图1-11 回头曲线平面布线形式
（a）有插入直线段对称回头曲线；（b）无插入直线段对称回头曲线；（c），（d）不对称回头曲线

设计回头曲线时，首先确定各要素：主曲线半径 R，线路转角 α，回头曲线间最窄距离 L 及辅助曲线半径 r。

回头曲线间最窄处的距离 L，即高处和低处路基中心线的最短距离，可根据边坡的实际情况和路基要求决定（见图 1-12）。

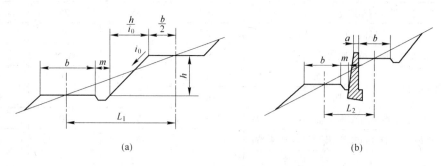

$$(a) \qquad\qquad\qquad\qquad (b)$$

图 1-12　回头曲线路基宽度计算图

（a）不设挡土墙时；（b）中间设挡土墙时

不设挡土墙时 $$L_1 = b + m + \frac{h}{i_0}$$

中间设挡土墙时 $$L_2 = b + m + a$$

式中　b——公路路基宽度，m；

$\quad\quad m$——排水沟宽度，m；

$\quad\quad h$——高处和低处路基的高差，m；

$\quad\quad i_0$——路基边坡的坡度，%；

$\quad\quad a$——挡土墙的厚度，m。

回头曲线的技术要求见表 1-3。各要素可参考表中所列数值确定。但设计时尚应注意以下几个问题：

（1）为使汽车上坡时不致剧烈发热，在回头曲线范围内的纵坡，应尽量设计为具有同一坡度的缓坡。

（2）两相邻回头曲线的辅助曲线起点之间的距离应尽可能设计得长一些，以改善行车条件。

（3）为防止山水破坏回头曲线的路基，保持路基的稳固性，应注意排水设计，一般采用截水沟和边沟排水。

复习思考题

1-1　露天开采运输工作的特点有哪些？

1-2　露天开采公路运输的特点有哪些？

1-3　露天开采公路运输线路布置的主要内容是什么？

1-4　阐述电动轮自卸汽车在露天矿的应用及重要性。

1-5　如何提高电动轮自卸汽车的工作效率？

1-6　简述电动轮自卸汽车的传动方式。

露天开采铁路运输

铁路运输是一种通用性较强的运输方式。在运量大、运距长、地形坡度缓、比高不大的矿山采用铁路运输方式有着明显的优越性。其主要优点是：

(1) 运输能力大，能满足大中型矿山矿岩量运输要求，运输成本较低。

(2) 能和国营铁路直接办理行车业务，简化装、卸工作。

(3) 设备结构坚固，备件供应可靠，维修、养护较容易。

(4) 线路和设备的通用性强，必要时可拆移至其他地方使用。

铁路运输的缺点是：

(1) 基建投资大，建设速度慢，线路工程和辅助工作量大。

(2) 受地形和矿床赋存条件影响较大，对线路坡度、曲线半径要求较严，爬坡能力小，灵活性较差。

(3) 线路系统、运输组织、调度工作较复杂。

(4) 随着露天开采深度的增加，运输效率显著降低，铁路运输的合理运输深度在120~150m范围内。

上述缺点限制了铁路在露天矿的应用范围，当前已很少采用这种单一的运输方式。但由于技术经济条件所限，目前这种运输方式在露天矿运输中仍占一定的比重。

铁路运输工作分有车务、机务、工务、电务等四项内容。其中车务是指列车运行组织工作；机务是机车车辆的出乘、维护及检修；工务是指线路的维修和拆铺；电务则负责一切信号、架线、供电及通讯联络等。

2.1 矿用运输机车车辆

铁路运输是露天矿山主要开拓运输方式之一，大型矿山一般情况下采用准轨铁路运输，中小型矿山一般采用窄轨铁路运输。铁路运输的牵引采用电力机车和内燃机车，而且逐渐以电力机车为主。

2.1.1 牵引电机车

2.1.1.1 电机车分类

工矿电力机车一般按使用场所、供电制式、电压等级和轨距等不同进行分类。

(1) 按使用场所分为露天电力机车、地下电力机车和特殊用途（如隔爆、防水等）电力机车。

(2) 大型电机车按供电制式的不同，分为直流电机车和交流电机车两大类。这两类电机车在国内外工矿企业都有应用。国外大型露天矿山广泛采用交流电机车，其供电电压有6kV、10kV工频交流制的，也有采用与干线通用的15kV、25kV单相工频交流制的。少数露天矿山采用直流电机车，供电电压为 1.5kV 和 3kV。在我国工矿铁路的运输中，一般采用直流电机车，其供电电压为 1.5kV 直流电。现阶段国内露天矿多使用大吨位准轨 80~200t 黏重的架线式工矿电机车，少数露天矿采用窄轨架线式电机车。

交流电机车与直流电机车相比，有较多优点：1）由于交流电机车的电气设备可以不受架线电压限制，选用理想的参数，因此各项技术经济指标都较直流电机车高；2）交流电机车的牵引特性较直流电机车平坦，空转稳定性比直流电机车高；3）交流电机车不需要启动电阻，实现平滑调节技术成熟。

（3）按电源取得方式分为架线式电机车和蓄电池式电机车。

（4）按电压等级分为 250V、550V、660V 电机车和 1.5kV（高压）电机车。

（5）按黏着重量大小分为小型（2~20t）、中型（40~60t）和大型（80~150t 及以上）电机车。

（6）按轨距尺寸分为窄轨电机车、标准轨电机车。窄轨电机车运输的轨距有 1067mm、1000mm、900mm、762mm 和 600mm，其中轨距为 1000mm 的轨距称米轨。标准轨距为 1435mm（国际轨距）。大型露天矿电机车运输采用的都是标准轨距电机车（俗称准轨），小型露天矿和井下电机车采用的都是窄轨电机车。

（7）按机车轴数分为二轴、三轴、四轴、五轴、六轴和八轴机车。

2.1.1.2　电机车的特点

（1）运量大，在 1000 万吨/a 以上，服务年限较长，生产持续时间足以偿还巨额基建投资的矿山，运输距离长，铁路运输平均运距在 3km 以上。

（2）运输范围广，可以运输任何性质的矿岩，不受气候条件的影响，节能清洁，环保性好，维修简便。

（3）运输成本低，运行阻力不大，动能消耗小。

（4）基建工程量较大，初期投资较大。

（5）线路坡度小，受矿体埋藏条件的影响大。受开采深度的限制，采用机车运输的大型露天矿随着开采深度的不断下降，露天采场的垂直高度越来越大，采场的作业面积越来越小，从而要求机车线路的坡度增大，线路的曲率半径减小。

（6）机动灵活性差，在工作面移动线路比较困难，工作复杂且费时间。

2.1.1.3　电机车的结构

国产准轨直流架线式电机车有 ZG80-1500，ZG100-1500 和 ZG150-1500 等型号。图 2-1 为 ZG100-1500 型电机车外形图。该车的机械部分由车体和转向架两部分构成。其两端前后转向架结构完全相同，车体为整体式，车体的底架是由两个中心承和四个旁承支撑在转向架上。每个转向架有两个轮对，每一轮对都由一台牵引电动机驱动。为缓和冲击，轮对和牵引电动机都用弹簧装于转向架上。车体的中部为司机室，每端有一个高压室，用以安装高压电器。高压室旁边有一个辅机室，用以安装空压机、通风机等，两端最外边还有一个电阻室。

图 2-2 为 ZG150-1500 型电机车外形图。该车机械部分由两节车体和三个转向架组成。两端转向架的结构完全相同。每节车体通过两个中心承和四个旁承支撑在中间转向架和牵

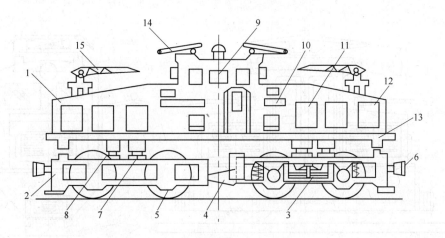

图 2-1 ZG100-1500 型电机车外形

1—车体；2—转向构架；3—弹簧悬挂装置；4—中间回转平衡装置；5—轮对；6—车钩；7—中心承；8—旁承；
9—司机室；10—高压室；11—辅机室；12—电阻室；13—底架；14—正弓集电器；15—旁弓集电器

引电动机向机车中部悬挂，而中间转向架的牵引电动机则向该转向架的外部悬挂。每节车体都设有司机室、高压室、辅机室和电阻室等。

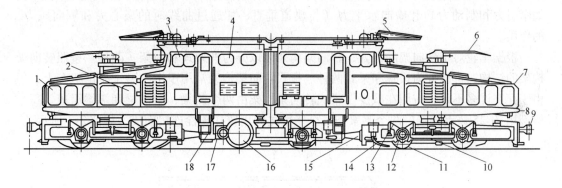

图 2-2 ZG150-1500 型电机车外形

1—电阻室；2—辅机室；3—司机室；4—高压室；5—正受电器；6—旁受电器；7—车体；8—底架；
9—车钩；10—转向架构架；11—轮对；12—轴箱；13—弹簧悬挂装置；14—撒砂装置；
15—基础制动装置；16—齿轮传动装置；17—牵引电动机；18—牵引电机悬挂装置

露天窄轨电机车的外形结构如图 2-3 所示。

国产准轨电机车的机械结构分成机车下部的转向架和机车上部的车体两部分。转向架包括转向架构架、弹簧悬挂装置、轮对、轴箱、齿轮传动装置、牵引电动机悬挂装置、制动装置、牵引缓冲装置、支承装置、中间回转平衡装置和撒砂装置等。车体包括车体底架、司机室、高压室、辅机室和电阻室等。

（1）转向架构架。转向架构架是电机车的主要部件。车体的重量通过支承装置（中心支承和旁承）传至转向架构架。而转向架构架通过弹簧悬挂装置支撑在轮对的轴箱上。牵引电动机、传动装置、制动装置以及牵引缓冲装置等部分都安装在转向架构架上。转向

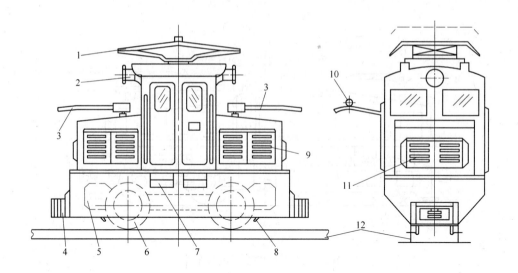

图 2-3　露天窄轨电机车外形

1—主集电弓；2—照明灯；3—副集电弓；4—联结器；5—电动机；6—车轮；7—人梯；

8—撒砂器；9—电阻箱；10—滑触架线；11—风挡板；12—轨道

架构架除承受垂直载荷外，还受振动和冲击时的附加垂直力、纵向水平力（与轨面平行，如牵引力和制动力）和横向水平力（与轨道垂直，如通过曲线时的离心力和侧向风力）的作用。

根据车轮对于转向架的布置，转向架构架可以分为外架式和内架式两种。按照转向架构架的结构，可以分为板式和梁式两种。板式转向架构架常用于中小型工矿电机车上，但由于存在许多不足，应用在减少。梁式转向架构架由两个侧梁、牵引梁和端梁组成。每个梁都用 ZG25 铸钢铸造。两个侧梁与三个横梁之间用铰孔螺栓连接而成，如图 2-4 所示。

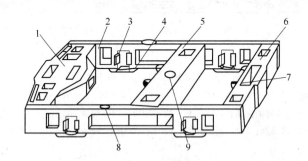

图 2-4　梁式转向架构架

1—牵引梁；2—侧梁；3—轴箱导框；4—轴箱托板；5—枕梁；6—端梁；

7—牵引电动机吊挂机孔；8—旁承座；9—中心支承座

（2）弹簧装置。弹簧装置包括缓冲元件（板弹簧或螺旋弹簧）、均衡梁和吊杆等。其作用是将电机车重量均匀分配到轮对上，并弹性地传递给钢轨。当电机车通过轨缝、道岔和不平整线路引起冲击和振动时，弹簧装置可以缓冲铁道对电机车的冲击。

ZG100 和 ZG150 型电机车都采用梁式转向架构架，且两端转向架结构完全相同。在转向架的两侧梁上各有两个螺旋弹簧、两个均衡梁和一个板弹簧，如图2-5所示。由两块板件组成的均衡梁夹跨在侧梁的两侧，并支承于轴箱上。板弹簧倒支于侧梁上弦条的下面，螺旋弹簧也支于上弦条的下面。均衡梁的两端通过吊杆与板弹簧和螺旋弹簧相连接，在板弹簧的两端和螺纹弹簧座的下面均有螺栓以调整弹簧的松紧。

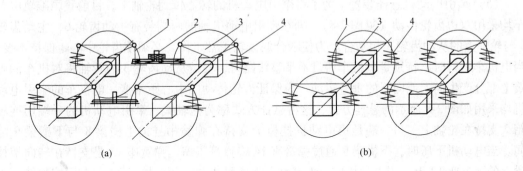

图2-5 弹簧装置

（a）独立悬挂；（b）纵向均衡

1—弹簧吊杆；2—板弹簧；3—均衡梁；4—螺旋弹簧

（3）轮对。轮对是由一根车轴和两个车轮按规定的压力和规定的尺寸紧压配合组装成一体的。轮对是机车行走的主要部件，它刚性地承受由于线路不平整而产生的所有垂直与水平方向上的冲击载荷，并引导机车在轨道上运行。轮对的质量直接影响机车运行的安全，因此轮对必须有足够的强度和刚度。

在露天矿准轨电机车上，各台牵引电动机分别传动轮对，且采用外架式转向架构架。轮对是用外轴颈式，如图2-6所示。

（4）轴箱。轴箱的主要作用是把车辆的重量传给轴颈，并在运行中不断把润滑油供给轴颈，以减小车辆运行阻力。目前我国露天矿准轨电机车都采用滑动轴承，如图2-7所示。由于转向架为外架式，轴箱制成封闭式的。轴箱两侧面有导槽，槽内装导板，使导板与转向架侧梁的轴箱导框配合，以便轴箱能沿导框上下运动。轴箱顶部有均衡梁座，车辆的垂直载荷经均衡梁座从轴箱

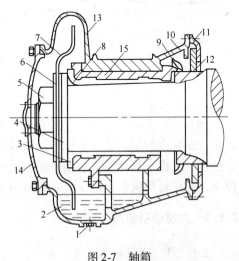

图2-7 轴箱

1—放油螺塞；2—润滑油；3—下轴瓦；4—固定环；
5—轴端螺帽；6—止动环；7—甩油器；8—上轴瓦；
9—反射环；10—防尘装置；11—后盖；12—扣环；
13—箱体；14—前盖；15—轴瓦垫

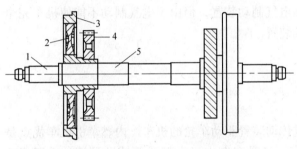

图2-6 轮对

1—轮轴；2—轮心；3—轮箍；4—轮轴齿轮；5—轴颈

的顶部压在轴瓦上，再由轴瓦传至轴颈。轴箱采用离心润滑，由轴端固定的甩油器7将润滑油甩到轴箱的上部且经上轴瓦8的油沟落到轴颈上。固定环4和扣环12的作用是将侧向力由轮对传至车架上。在轴颈的后端装有反射环9，以防止油喷到轴箱的后面。为防止灰尘侵袭装有防尘装置10。

（5）牵引电动机悬挂装置。为了将牵引电动机的转矩传到轮轴上，目前我国准轨电机车均采用双边齿轮传动（见图2-8），即在牵引电动机轴的两端装有主动齿轮6，主动齿轮6与轮轴上的从动齿轮3相啮合。为使啮合的齿轮正常工作，必须使齿轮中心距保持不变。当电机车运行时，特别是电机车通过不平整线路时，安装从动齿轮3的轮轴将对机车的弹簧上部分产生向上或向下的垂直运动。为保证齿轮传动的中心距不变，电机车的牵引电动机均采用如图2-8所示的悬挂方式，这种悬挂方式称为抱轴式。牵引电动机的一端用抱轴箱2支持在轮轴上，另一端是由电动机挂鼻7支持在弹簧吊挂的上横梁8与下横梁9之间。当电动机下压时，下横梁9通过弹簧座14将弹簧压缩。弹簧座15是支持在转向架枕梁上的下支座12上。当电动机向上振动时，下横梁9牵引两根拉杆13向上压缩弹簧而支持于转向架横梁的上支座11上。

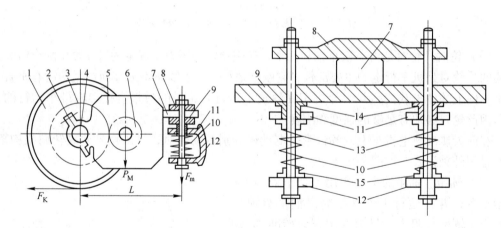

图2-8　牵引电动机的安装悬挂

1—车轮；2—抱轴箱；3—从动齿轮；4—轮轴；5—牵引电动机；6—主动齿轮；7—挂鼻；8—上横梁；
9—下横梁；10—弹簧；11—上支座；12—下支座；13—拉杆；14，15—弹簧座

（6）电机车制动装置。为使电机车在运行中能随时减速和停车，电机车必须设置制动装置。强有力的制动装置不仅可以提高运行的安全性，缩短制动距离，而且还可以加大行车速度。电机车制动装置包括机械制动和电气制动装置，但由于电气制动不能使机车完全停止，因此每台机车上都应装有机械制动装置。

2.1.2　内燃牵引机车

2.1.2.1　内燃机车分类

内燃机车是以内燃机为原动力，通过传动装置驱动车轮的机车。内燃牵引机车优点是运行方便，机动灵活，运输距离长短均宜，又没有电力机车架线等辅助设施，投资相对较少。

（1）按动力系统组成分类。

1）以内燃机（汽油）为原动机的机械传动牵引机车。这种内燃机车多为中小型，匹配功率较少（20～100kW），窄轨型（600mm、762mm、900mm）较多，准轨型（1435mm）较少，多数用在中小型露天矿山。

2）以柴油机为原动机的电力传动牵引机车。这种机车功率大（可达5000kW），单位功率的体积小，牵引性能好，工作安全可靠；许多零部件可与电力牵引机车通用，便于采用先进的电子技术；多数用于大中型露天矿山。按内燃机车的牵引发电机和电动机所用电流制度的不同又分为直-直流电力传动、交-直流电力传动、交-交流电力传动三种。

（2）按传动系统组成分类。根据发动机对驱动轮对传动的形式，内燃机车可分为直接传动式、液力传动式、机械传动式和电气传动式四种。电气传动式用得较多，因为它在牵引力的调节方面具有较大的伸缩范围。直接传动装置和机械传动装置多用于中小型内燃机车中。液力传动和电气传动多用于大型内燃机车中。

（3）按轨距分类。内燃机车的使用地点和用途不同，所采用的轨距也不相同，目前世界上约有30多种轨距，对应的机车分窄轨机车、准轨机车和宽轨机车三类。我国直线轨距标准是1435mm，这也是国际标准轨距。直线轨距小于1435mm的称为窄轨，其中使用最多的是600mm、762mm、900mm、1000mm和1067mm，个别国家还有使用1200mm的。南部非洲国家使用1067mm窄轨轨距。直线轨距大于1435mm的称为宽轨，最多的是1524mm，最宽者为2133mm。我国内燃机车常用轨距为762mm、900mm和1435mm。

2.1.2.2　内燃机车的结构

准轨内燃机车的车体前后两端是对称布置的司机室。中部安装柴油机、牵引发电机组及其附属设备的动力室，以及装有变速箱、启动发电机、电气控制装置、电阻制动器、整流设备、牵引电动机附属通风机等的设备室。车体下部为行走装置，它一般为4～8根驱动轴。因机车长度较大，为便于通过曲线段轨路，将动轴分为2～3组。每组的动轴、牵引电动机、传动装置、制动装置、支承装置、牵引力传递机构、撒砂装置和其他有关辅助设备等均装在转向架上，组成一个可以相对车体转动的转向架。每根动轴均由一台牵引电动机传动，机车上装有实施减速和停车的压气制动、电气制动和声光信号等装置；在车架两个端头靠近轨道下方装有推板，以除掉轨面上的障碍物。

在司机室内机车前方左侧设有司机操纵台，一般操纵台上装有控制器、空气制动机阀、操纵按钮、仪表和信号显示装置。司机室内设有手制动机、司机座椅、暖风机、侧壁暖气、电风扇及衣物箱等装置和设备。此外，司机室侧壁板及顶板喷涂消声隔热漆，并填有超细玻璃棉。用多孔铝板做司机室内壁，司机室各门也采用同样措施，从而达到降低噪声、隔热、防水的目的。为便于进出司机室，设有三个门与外走廊相通。司机室后壁中部设有小门可进入电器室。为便于观察，司机室前、后两侧均设有玻璃窗。为确保制动安全可靠，便于紧急采取措施，手制动装置的摇臂设在司机室的前端墙壁上，齿轮箱和传动箱设在主发电机间，齿轮箱传动轴穿过司机室隔墙与摇臂安装在一起，通过滑轮和钢丝绳能对机车的第六位轮对实施手制动。

内燃机车的电器室包括高压电器柜和低压电器柜，高压电器柜内布置着主电路的控制电器，主要包括2台换向开关（分别控制前、后两台转向架牵引电动机的换向）、6台主接触器（分别控制每台牵引电动机电路的通、断）、接线盒 A、主电路接地保护继电器、主电路过流保护继电器及电子恒功用的牵引电动机电流检测霍尔元件、主发电机功率检测霍尔元件等。低压电器柜内布置着各种低压电器，主要有电子恒功励磁装置、无级调速驱动器、电压调整器、辅助发电过流器、3 个时间继电器、接线盒 B、10 个中间继电器以及用来控制小电机、头灯等电流较大的电路用的 9 台接触器等。

燃油供给系统的任务是定时、定量地向柴油机供油，保证燃油在燃烧室里雾化良好、燃烧完全，使柴油机正常工作。燃油系统包括燃油箱、粗滤器、燃油泵、燃油预热器、燃油精滤器及管路等。

机油系统的机外部分主要由辅助机油泵组、机油热交换器、机油滤清器和机油管路等组成。按工作性质分，机油管路由主机油回路、冷却机油回路、辅助机油回路（启机前打机油的回路）及放油排污系统等组成。

冷却水系统的任务是对柴油机进行适当的冷却，以保证柴油机正常工作。冷却水系统主要由冷却室、散热器、冷却风扇、活动百叶窗、机油热交换器、预热锅炉、司机室采暖装置等组成。

空气制动系统是为完成机车的制动、鸣笛、撒砂、刮雨和风动自动控制等作用而设的装置，由空气制动装置、撒砂装置、风笛、刮雨装置及控制管路组成。

一般型内燃机车的辅助传动装置主要由启动变速箱，辅助传动变速箱，高、低温风扇传动装置和万向轴等组成。机车上还配备有四氯化碳灭火器等消防器材。

2.1.3　露天牵引机车的日常维护

2.1.3.1　准轨电机车的检修

准轨电机车的检修工作分为小修、中修和大修三种制度。

（1）小修工作。小修每 3 个月进行一次，可以在现场实施。修理工作主要内容包括：

1）彻底清扫和擦拭机车各部位的灰尘、油垢及散落杂物。

2）检查各处的扶手、栏杆及梯子等，并焊补已损裂处。

3）检查内牵引电动机、空气压缩机等动力设备的外观状况，补装坚固连接件。

4）检查全部操作装置、阀门和仪表的安全可靠性及工作状况，并进行整定。

5）检查和调整保护装置、闭锁装置及报警装置，并进行校验。

6）检查和更换紧固件、连接件、警示件、集电主弓及旁弓等易损件。

7）检查车轴、齿轮、牵引电动机吊挂装置及抱轴瓦的润滑状况，并加足润滑剂。

8）检查车轮踏面及轮缘的磨损情况，对可修复者进行适当焊补。

9）检查和调整制动系统，更换磨损超限的闸瓦及附件。

10）检查线路、电器及绝缘件的紧固情况，补装连接紧固件；检查牵引电动机及辅助电机的炭刷、刷架及弹簧等，更换已损元件；检查换向器、控制器及分配器等的引线和接点，整修触指和脱线。

（2）中修工作。中修每 8~10 个月进行一次，必须在专门的修理厂进行，完成的修理内容是在小修基础上：

1）拆卸部分机车（如转向器、制动系统等），检查和清洗零部件。

2）更换磨损严重的轴承、轴瓦、传动带、闸衬、弹簧及保持架等。

3）抽芯检查、清扫和调整牵引电动机。

4）拆检部分和调整空气压缩机和通风机，更换已损零件。

5）检查和更换牵引电动机的抱轴瓦、轴瓦及轴头箱盘根。

6）对变形和损坏的撒砂器进行整修和修补，更换已废构件。

7）拆检和清扫全部水管、风管、风道，并修补已损和泄漏处。

8）对换向器、控制器和分配器进行彻底拆修，更换全部失效零件。

（3）大修工作。大修每 24 个月进行一次。必须在专门的修理厂进行。除完成中修任务外还应完成：

1）拆卸全部机车部件，彻底检查、清洗、修复或更换全部零件。

2）对变形或损坏的车架、构件、箱体及杆件等进行整形、修复、加固或换装新件。

3）更换行走系统的传动轴、齿轮、轴承座和动力机座等。

4）彻底拆卸转向架、轮对，更换轮轴、轮毂及轴头附件等。

5）彻底拆卸牵引电动机，修理机械构件和绕线。

6）彻底拆检空气压缩机、油泵和水泵，修理构件并更换轴承。

7）彻底拆检水冷却器、油冷却器及高低压容器，焊补泄漏处。

8）更换换向器、控制器、分配器附属线路及元件。

9）对各部进行调节、整定、检验、测试、刷漆、标记及试运转。

2.1.3.2　窄轨架线式电机车检修工作

窄轨架线式电机车的检修工作也分为小修、中修和大修三种制度。小修工作每 6 个月进行一次，中修工作每 12 个月进行一次，大修工作每 24 个月进行一次。

（1）小修的主要工作内容：

1）检查传动齿轮的啮合状态和磨损情况。

2）检查各部件轴承并调整间隙。

3）检查并紧固各部分连接螺栓。

4）调整制动装置并更换闸瓦及其附件。

5）修理或更换滑触集电装置。

6）检查控制器，修理或更换已损坏的触头。

7）检查和修理炭刷架，更换已损的炭刷。

8）检查和调整电阻器、过流保护开关及整流子的磨损情况。

9）检查和完善音响信号和信号灯。

10）检查和修整各部分电线、电缆及接头。

（2）中修的主要工作内容：

1）完成小修工作的全部内容。

2）检修或更换传动齿轮。

3）检修或更换电机的支撑轴瓦。

4）检查或更换各部滚动轴承。

5）修复或更换车轮轮箍。

6）调整制动装置，更换已损坏的构件。

7）修理电机整流子，更换已损坏的定子线圈。

8）更换电阻器烧损的构件。

（3）大修的主要工作内容：

1）完成中修工作的全部内容。

2）更换车轮轮对总成。

3）修理或更换电机及支撑轴瓦。

4）修理或更换控制器及电线电缆。

5）更换已损坏的缓冲弹簧组。

6）修理或更换缓冲器及附件。

7）整修车架体及驾驶室，补焊损坏处。

8）进行列车牵引试验。

2.1.3.3　露天内燃机车的日常维护

准轨内燃机车的检修工作分为小修、中修和大修三种制度。小修每3个月进行一次，可以在现场实施。中修每8~10个月进行一次，大修每24个月进行一次。中修和大修必须在专门的修理厂进行。各种检修工作的具体内容分述如下。

（1）小修的主要工作内容：

1）彻底清扫和擦拭机车各部位的灰尘、油垢及散落杂物。

2）检查各处的扶手、栏杆及梯子等，并焊补已损裂处。

3）检查内燃机、发电机、牵引电动机、空气压缩机等动力设备的外观状况，补装紧固连接件。

4）检查全部操作装置、阀门和仪表的安全可靠性及工作状况，并进行整定。

5）检查和调整保护装置、闭锁装置及报警装置，并进行校验。

6）检查和更换紧固件、连接件、警示件、集电主弓及旁弓等易损件。

7）检查车轴、齿轮、牵引电动机吊挂装及抱轴瓦的润滑状况，并加足润滑剂。

8）检查车轮踏面及轮缘的磨损情况，对可修复者进行适当焊补。

9）检查和调整制动系统，更换磨损超限的闸瓦及附件。

10）检查线路、电器及绝缘件的紧固情况，补装连接紧固件。

11）检查发电机、牵引电动机、启动发电机及励磁电机的炭刷、刷架及弹簧等，更换已损元件。

12）检查换向器、控制器、启动器及分配器等的引线和接点，整修触指和脱线。

（2）中修的主要内容：

1）完成小修的全部工作内容。

2）部分拆卸机车（如转向器、制动系统等），检查和清洗零部件。

3）更换磨损严重的轴承、轴瓦、传送带、闸衬、弹簧及保持架等。

4）抽芯检查、清扫和调整发电机、牵引电动机及励磁电动机。

5）部分拆检和调整内燃机、空气压缩机和预热锅炉，更换已损零件。

6）检查和更换牵引电动机的抱轴瓦、轴瓦及轴头箱盘根。

7）对变形和损坏的撒砂器进行整修和修补，更换已废构件。

8）拆检并清扫全部水管、风管、风道，并修补已损和泄漏处。

9）对换向器、控制器和分配器进行彻底拆修，更换全部已损失效零件。

（3）大修的主要工作内容：

1）完成中修的全部工作内容。

2）拆卸全部机车部件，彻底检查、清洗、修复或更换全部零件。

3）对变形或损坏的车架、构件、箱体及杆件等进行整形、修复、加固或换装新件。

4）更换行走系统的传动轴、齿轮、轴承座和动力机座等。

5）彻底拆卸转向架、轮对，更换轮轴、轮箍及轴头附件等。

6）彻底拆卸发电机及牵引电动机，修理机械构件和绕线。

7）彻底拆检空气压缩机、油泵、水泵和预热锅炉。

8）彻底拆检水冷却器、油冷却器及高低压容器，焊补泄漏处。

9）更换换向器、控制器、启动器、分配器、附属线路及元件。

10）对各部进行调节、整定、检验、测试、刷漆、标记及试运转。

2.1.3.4　内燃机车维护验收

内燃机车维护及验收步骤如下：

（1）进行机车检查作业前必须首先确认机车已经制动，应打开牵引电动机检查盖，摇臂箱盖，凸轮轴检查孔盖和曲轴检查孔盖；使用试灯查找故障时，应小心谨慎，防止短路及烧伤。

（2）各脚梯和手扶杆应牢固并且无开焊及裂纹，脚踏木板应有防滑沟。车顶盖各部应严密，螺栓无松动，无开焊及裂损处。各端灯、汽笛及消音器等安装牢固。

（3）闸缸安装应牢固且无漏风处，活塞行程符合标准，制动缓解时应能回至零位，各杆件无损伤，各连接件完好无缺。

（4）砂箱安装牢固，无破损漏砂处；砂子干燥且量足，封盖严密；撒砂器及砂管状况良好，高度符合要求且无堵塞。

（5）轮箍、轮心和轮辐弛缓性良好，无松裂透锈现象；踏面应无擦伤和剥离，轮缘磨损不超限。

（6）制动组件及传动装置良好，闸瓦无裂纹及偏磨状况，闸瓦间隙符合标准，闸瓦厚度符合要求；制动软管无裂损，卡子无松缓，胶圈良好。

（7）轴箱盖及拉杆的紧固螺栓无松动，轴箱前后无开裂或漏油处；内外弹簧无损伤、无倾斜，胶垫无变形及龟裂，通气孔无堵塞，轴温正常。

（8）车架牵引座及牵引杆无裂损，焊缝完好，紧固件无松动；风管卡子完好稳固，转向架侧挡牢固并无磨损，所有标牌表可清楚识别。

（9）挂车钩体无裂损，左右摆动量符合要求；吊杆无弯曲及裂纹，托板无磨损，钩舌及附件无折损，各连接螺栓无松动状态；车钩各部尺寸符合标准。

（10）排障器、扫石器及其风管头插座应完好无损，安装高度符合规定；排障器距轨面高度、扫石器距轨面高度符合要求。

（11）蓄电池箱盖及其附件应完好无损，箱盖无腐蚀损漏，导轨滑轮动作自如，排水孔和通气孔畅通，液面高度、密度和单节电压均应正常，接线盒无脱落。

（12）牵引电动机电线无破损且卡子紧固，悬挂杆件完好，盖板严密无损，进风网无堵塞，轴承不甩油；电刷无破裂卡滞，与整流子接触良好，刷杆、刷架、刷握、刷座圈无烧损，安装牢固。

（13）空气压缩机及防护罩牢固完好，电风扇、皮带及联轴节无松动和破损；轴盖无松漏，通气孔、吸风筒、排水堵及安全阀良好，各仪表准确有效。

（14）空压机的滤气器、冷却器和油水分离器安装应牢固，散热片及各连接处无开焊及渗漏情况，排水阀和灭火器作用良好，开关位置准确。

（15）冷却室门压条严密，冷却风扇、机油热交换器和油温散热器安装牢固，叶片灵活无裂损，各管路无老化和泄漏，气孔和油孔无堵塞，连接螺栓无松动，油位正常，仪表准确清晰。

（16）膨胀水箱安装应牢固，箱体无开焊漏水处；水位不低于规定值且显示清楚，水表排水阀开关灵活，各水温继电器和温度传感器安装牢固，作用良好有效。

（17）电器室门及侧窗开关应灵活，压条完整且严密，高压柜、低压柜和控制柜应安装稳固，按线完好无松脱，铜板线、机电器、接触器、逆变器、分流器、调节器等安装牢固，动作灵活，标记清楚。

（18）励磁发电机安装应牢固，接线应良好，转子和定子的可见部分无异状，轴承油堵良好，联轴节及螺栓无松动。

（19）启动发电机安装牢固，接线无松动或破损，防缓装置和整流子盖销完好，风扇叶片无损坏，轴承无甩油或烧损，电刷与整流子接触良好，刷辫及弹簧无松脱现象。

（20）启动变速箱、防护罩及座架安装牢固，各传动轴、联轴节、万向轴及十字头无裂纹；连接螺栓机防缓装置良好，油封不甩油，分箱面不渗油，轴承温度正常。

2.1.4　牵引机车的选型与应用

露天开采的矿山根据矿山开拓方式、地表地形、生产规模、电力供给、能源供应情况选择内燃机车或者电力机车。一般电力机车运行平稳，事故较少，维修工作量小，运输成本较低，在露天矿山使用广泛。对于小型露天矿山也有选用窄轨电机车。

2.1.4.1　机车的选用

（1）选用的机车的工作环境和线路状况，如海拔高度、湿度和坡度等，要与机车参数相符。

（2）选用的机车的黏着重量与矿山的阶段运输量相匹配，以获取最大技术经济效率。

（3）按选用的矿车形式选择机车的规格。矿车为电动自翻车时需配带辅助发电机的电机车。

（4）准轨100t、150t以上的大功率机车用于年采剥总量为500万～1000万吨的大型露天矿。

（5）窄轨电机车（9t、10t、20t、40t）和窄轨内燃机车（12t、15t、14t、28t、40t）用于年采剥总量为600万吨以下的中、小型露天矿。

（6）窄轨电机车牵引无制动装置的矿车时，一般只适用于在15‰以下的坡道上运行。

（7）坑内型的机车一般不宜于在露天矿用。

（8）轨距选择：1435mm轨距适用于年采剥总量为300万～500万吨以上的露天矿；

762mm 轨距一般用于年采剥总量为 80 万～300 万吨的露天矿；600mm 轨距一般用于年采剥总量为 80 万吨以下的露天矿。

（9）如矿山内外部已有铁路运输时，新建铁路轨距要与其统一。

（10）条件适合的矿山采用牵引机组和重联机车。牵引机组和重联机车与单台牵引机相比，有许多优点：1）增加了列车的有效载重量，提高了机车运输效率；2）可加大铁路的线路坡度，一般能在 60‰的坡度上正常运行，使用新型牵引机车组可能把线路坡度提升至 80‰；3）扩大了机车运输在露天矿的使用范围；4）降低了运输成本。

2.1.4.2 常用牵引机车

（1）常用电机车。常用牵引电机车主要技术参数见表 2-1。

表 2-1 常用牵引电机车主要技术性能

型 号	供电方式/V	黏着重量/t	轨距/mm	架线高度/mm	速度/km·h⁻¹	转弯半径/m	外形尺寸/mm 全长	全宽	全高	制动方式
ZG100-1500	1500	100	1435	6500	29.3	60	20260	3200		空气制动，JZ-7 型制动机电阻制动，手制动
ZG150-1500	1500	150	1435	6500	29.3	80	20260	3200		
ZG200-1500	1500	200	1435	6500	29.3	80	25600	3200		
ZG224-1500	1500	224	1435	6500	28.7	80	25600	3200		
XJK18-7.9/208		18	762/900		8	15				
XJK25-7.9/208		25	900		10.5	15				
XJK35-7.9/208		35	900		10.5	25				
XJK45-7.9/208		45	900		8	25				
ZL9 $\frac{6}{7}$/550	550	9	600, 762		19.3		4900	1230	3000	空气，电阻，手动
ZL14 $\frac{7}{9}$/550-1	550	14	762, 900	3550	32	20	5450	2000	3000	
ZL20 $\frac{7}{9}$/750	750	20	762, 900	3750	40	30	7500	2300	3200	
ZL40 $\frac{7}{9}$/750	750	40	762, 900	3750	80	40	12000	2500	3200	
EL-2		100		6500		50	13545	3200	4660	
EL-1		150		6500		150	21032	3150	4660	
37E-1		150		6500		60	20504	3000	4650	
LV-KU-1		80		6900		40	12200	3250	5000	
EL-10	10kV 交流	356.5		5200	25.7	80～120	52300	3483	5203	电阻制动，电阻+磁轨道制动
OJIa-1	10kV 交流	420		5250	28.5	80	50910	3250	5250	
OJIa-2	10kV 交流	372			29.5	80	51506	3280		
JIa2M	3/1.5 直流	363		5100		60	51300	3280	5100	电阻+磁轨道制动
JIa3T	3/1.5 直流	372				80	51306	3280		

符号举例说明：

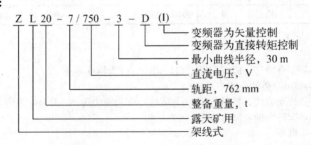

Z L 20 - 7 / 750 - 3 - D (I)

- 变频器为矢量控制
- 变频器为直接转矩控制
- 最小曲线半径，30 m
- 直流电压，V
- 轨距，762 mm
- 整备重量，t
- 露天矿用
- 架线式

（2）常用内燃机车。常用内燃机车主要技术参数见表2-2。

表2-2　常用内燃机车主要技术性能

型　号	规矩 /mm	通过半径/m	持续速度 /km·h⁻¹	外形尺寸/mm			轴重 /t	传动方式	制动方式	整备质量/t	生产厂家
				长	宽	高					
GK1E	1435	60	147				23	液力			中国北车集团北京二七机车厂
GK1E31	1435	60	15/7.5				23	液力			
GK3	1435	60	16.3				23	液力			
7C，7C1，7C2	1435	100	12.6，16				22.5，23	交，直流		135，138	
7，7B	1435	100	12.6，16				22.5，23	电传动		135，138	
DF7E	1435	100	24.5				22.5，23	电传动		150，135	
DF7F	1435	100	24.5				23	电传动		135	
JM80R	600，750，762，900，1000	10		3920	1750	2380	5	机械	空气，手制动	10	常州内燃
JM80RI	600，750，762	10		3920	1750	2380	4	机械	空气，手制动	8	
JM80RII	600，750，762，900，1000	10		3920	1750	2380	5	机械	空气，手制动	10	
JM80BRIII	750	10		3920	1750	2380	6	机械	空气，手制动	12	
JM80FRIII	1435	10		3920	1850	2500	6.3	机械	空气，手制动	126	
JM120		20	30	6491	2520	2947		机械	ET-6 手制动	18	石家庄动力机械厂
JMY380		60	9	11180	3360	4290	10	液力		40	
JMY1000		80	18.1	14500	3376	4643	21	液力		84	
东风（7）		100	12.6	21000	3380	5150	22.5	直-直流电传动	JZ-7	135	四方机车厂
东风（2）		80	100，9.2（最低）	20000	3300	5100	18.8	直-直流电传动	ET-6	113	
JM20，JX20	600	6	7，9，15	2360	910	1750	1.35			2.7	长沙矿山通用机车厂
JM40，JX40	600，762	7		3700	1140	1680	3.25			6.5	
CZ80	600，762，900，1000	20		5170，5070	1910，1948	2740	4		手制动	12	常州内燃机车厂
JM120JM	762	20		5768	2080	3000		机械	ET-6 手制动	15	石家庄通力机械厂
JMY380	762	40	9	9940	2300	3390		液力	EL-14		

型号表示方法及含义：

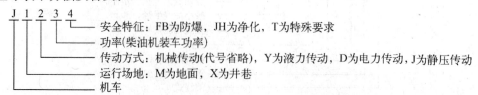

J　1　2　3　4
- 安全特征：FB为防爆，JH为净化，T为特殊要求
- 功率(柴油机装车功率)
- 传动方式：机械传动(代号省略)，Y为液力传动，D为电力传动，J为静压传动
- 运行场地：M为地面，X为井巷
- 机车

轴列式代号的意义：轴列式就是用数字或字母表示机车走行部结构特点的一种简单方法。

B——车架式机车，2 根动轴成组驱动；

C——车架式机车，3 根动轴成组驱动；

B_0——车架式机车，2 根动轴单独驱动；

C_0——车架式机车，3 根动轴单独驱动；

B—B——转向架式机车，两台两轴转向架成组驱动；

C—C——转向架式机车，两台三轴转向架成组驱动；

B_0—B_0——转向架式机车，两台两轴转向架单轴驱动；

C_0—C_0——转向架式机车，两台三轴转向架单轴驱动。

2.1.5 矿用运输车辆

露天矿铁路运输用的车辆种类很多，按其用途来分有供运载矿岩的矿车，运送设备、材料的平板车，运送炸药的专用敞车，其中用量最多的是大载重的自卸矿车（自翻车）。

矿山用的自卸矿车主要有准轨自翻矿车、准轨侧卸矿车、准轨底卸矿车、准轨平车、准轨敞车等。

自卸车由走行部分、车架、车体、车钩及缓冲装置、制动装置和卸车装置等部分组成。走行部分包括轮对、安置轴瓦和润滑用的轴箱、弹簧、转向架。所谓轴距是指轮轴之间的距离。最前轴与最后轴之间的水平距离称为全轴距；转向架前后两轴间的距离称为固定轴距（也称刚距）；两轴车的全轴距即为固定轴距。线路最小曲线半径就是由刚距决定的，刚距越大，要求的最小曲线半径也大。

车钩为牵引、连接、缓冲之用。车辆设置的缓冲装置，一般为弹簧缓冲器。

制动装置系统由制动机和传递制动的传动装置组成。矿用自翻车上装有手制动机和气制动机。气制动机用压气是由机车的压风机供给。通常为送风缓解，放气制动。

卸载装置主要由卸载（举升）缸及其与车厢和车架相连接的杠杆连接机构等组成。卸载可借助于压气（或液压）来实现。卸载时，压气由机车上的压风机经管路送入同侧的两个卸载缸，而活塞杆将车厢的一侧举起，当举到一定高度时，车厢自动倾翻，货载随即卸出。货载卸完后，排出卸载缸中的压气，车厢靠其自重下落而还原位。卸车的动力除了压气以外，还有用液压的。

2.1.5.1 准轨铁路运输车辆

常用准轨铁路矿用运输车辆主要技术参数见表 2-3。

表 2-3 常用准轨铁路矿用车主要技术性能

型　号	卸载方式	载重量/t	自重/t	容积/m³	转弯半径/m	轴距/mm	车门有效开度/mm	速度/km·h⁻¹	外形尺寸/mm		
									长	宽	高
KF-60-5A（B）	气动自翻式		33.4	27	80	1727		50	13890	3340	2491
KF-60	气动自翻式	60	33.5	27	80	1727		80	13064	3325	2462
KF-65	气动自翻式	65	33	29	80	1727		80	12238	3300	2661
KF-70	气动自翻式	70	34	29	80	1727		80	12106	3322	2853

型　号	卸载方式	载重量/t	自重/t	容积/m³	转弯半径/m	轴距/mm	车门有效开度/mm	速度/km·h⁻¹	外形尺寸/mm 长	宽	高
KF-100	气动自翻式	100	59	55	80	1300×2		80	16878	3384	3100
K60 矿石车	底卸式	60	22.5	20.8	80	1750	600	100	11942	3116	2657
K13 石碴漏斗车	底卸式	60	21.5	36	80	1750			12046	3156	3104
DK60-3 矿石车	底卸式	60	21.8	27.4	80	1727	500	80	10450	2896	2950
K60 矿石漏斗车	底卸式	60	23	37.4	80	1750	450	20.75	13438	3180	2952
K16 矿石漏斗车	底卸式	95	33.8	45	80	2640	450	21.4	14000	3200	3362
N16	平车	60	18.3~19.7		145	9300			13908	3192	2026
N1	平车	30	13.5			1650,1680,1575			11416	3060	1935
N4	平车	40	20			1680			13408	3122	1880
N5	平车	50	20			1800			11400	2960	2070
N6	平车	60	18			1720,1700			13908	3192	2011
N10	平车	50	17.5			1680			13300	3000	1980
N12	平车	60	20.5			1727			13408	3166	1840
N8	平车	40	13.5			1680			13100	2740	2070
N60	平车	60	18			1720,1700			13908	3192	1921
N17	平车	60	19.5		145				13908	3192	2050
C62A	敞车	60	21.7	71.6	145	1750			13438	3196	3095
C1	敞车	30	13.5	35.6		1650			11298	3030	2643
C6	敞车	40	16.5	47.8		1680			11302	2770	3010
C50	敞车	50	19	57.3		1750			14042	3160	2940
C60	敞车	60	17.2	67.4		1700			13908	3160	3137
C62	敞车	65	18.6	68.8		1700			13442	3190	3143

（1）准轨自翻矿车。准轨自翻矿车的结构形式如图2-9所示。

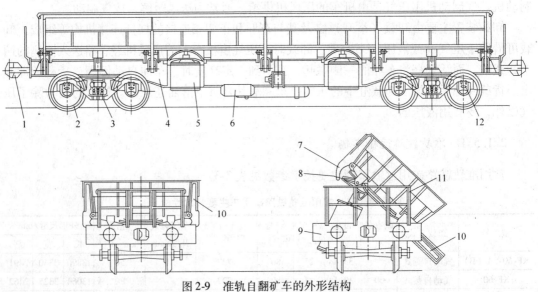

图2-9　准轨自翻矿车的外形结构

1—连接器；2—轮对；3—转向架；4—大梁；5—气缸；6—储气缸；7—滑臂；
8—滑挡；9—车架；10—车侧帮；11—端架；12—轴箱

（2）准轨底卸矿车。准轨底卸矿车的结构形式如图 2-10 所示。

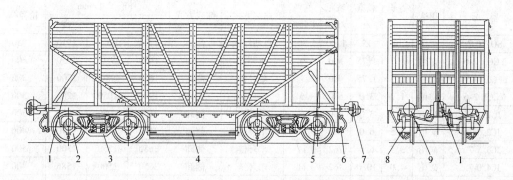

图 2-10　准轨底卸矿车的外形结构

1—支撑杆；2—轮对；3—转向架；4—底卸闸门；5—人梯；

6—气管接头；7—连接器；8—轴箱；9—气缸

（3）准轨侧卸矿车。准轨侧卸矿车的结构形式如图 2-11 所示。

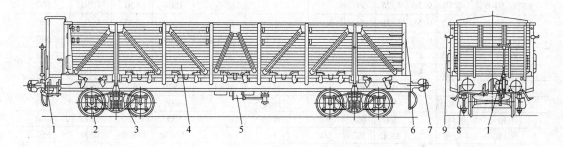

图 2-11　准轨侧卸矿车的外形结构

1—操纵机构；2—轮对；3—转向架；4—车厢侧门；5—气缸；

6—气管接头；7—连接器；8—轴箱；9—卡钩

2.1.5.2　窄轨铁路运输车辆

矿山用的窄轨铁路运输车辆主要有窄轨侧卸自翻矿车、窄轨底卸式矿车、窄轨曲轨侧卸式矿车、窄轨翻斗式矿车、窄轨材料车和敞车、窄轨平板车等。常用窄轨铁路矿用车主要技术参数见表 2-4。

表 2-4　常用窄轨铁路矿用车主要技术参数

型　号	用途	容积 /m³	载重 /t	轨距 /mm	转弯 半径/m	连接方式	卸载方式	外形尺寸/mm			轮径/mm
								长	宽	高	
KC0.7-6	矿用	0.7	1.77	600			侧卸	1650	980	1050	300
KC1.2-6	矿用	1.2	3.0	600			侧卸	2100	1050	1200	300
KC1.6-6	矿用	1.6	4.0	600			侧卸	2500	1200	1300	350
KC3.5-7	矿用	3.5	6.0	1300		单环链	侧卸	4280	1769	1817	500
SQF6.0-9	矿用	6.0	9.0	1600	30	自动挂钩	侧卸	4863	2166	1670	500
SQF6.0-7	矿用	6.0	15	1100	30	自动挂钩	侧卸	7030	2000	1750	550

续表 2-4

型　号	用途	容积 /m³	载重 /t	轨距 /mm	转弯 半径/m	连接方式	卸载方式	外形尺寸/mm			轮径/mm
								长	宽	高	
SQF10-7	矿用	10	15	1100	30	自动挂钩	侧卸	8774	2000	1910	550
YCC0.7-6	矿用	0.7	1.75	600	6	单环链	侧卸	1650	980	1050	300
YFC0.7(6)	矿用	0.7	1.75	600		单环链	侧卸	1650	980	1200	300
YCC1.2-6	矿用	1.2	3.0	600	6	单环链	侧卸	1900	1050	1200	300
JC1.2-6	矿用	1.2	3.0	600	6	单环链	侧卸	2100	1050	1200	300
JC2.5-7	矿用	2.5	6.0	762	11	单环链	侧卸	2150	1450	1270	400
JC3.5-7	矿用	3.5	6.0	762	11	单环链	侧卸	3650	1250	1300	500
JC4.0-7	矿用	4.0	10.0	762	11	单环链	侧卸	3650	1500	1586	400
KG6	矿用	6.0	15.0	762			侧卸	3900	1400	1650	600
KFV0.80-6	矿用	0.80	1.08	600			翻斗式	1850	1200	1200	800
KFV1.10-6	矿用	1.10	1.98	600			翻斗式	2400	1400	1300	800
KFV1.10-7	矿用	1.10	1.98	762			翻斗式	2400	1400	1300	1000
KFV1.50-7	矿用	1.50	2.7	762			翻斗式	3360	1750	1450	1000
KFV1.50-9	矿用	1.50	2.7	900			翻斗式	3360	1750	1450	500
KFU0.50-6	矿用	0.50	1.25	600			翻斗式	1500	850	1050	500
KFU0.55-6	矿用	0.55	1.38	600			翻斗式	1600	850	1150	550
KFU0.60-6	矿用	0.60	1.63	600			翻斗式	1600	920	1200	600
06160	矿用	4	8	762		单环链	底卸式	4045	1600	1550	450
YDC4-7	矿用	4	10	762		单环链	底卸式	3900	1600	1600	450
DS364	矿用	6	10	900		单环链	底卸式	5520	1520	1600	400
C3	材料用		3.0	600		三环链		3000	1200	1100	300
C3	材料用		3.0	762		单环链		3000	1200	1200	400
SC15	敞车		15.0	762	60			10000	1800	1000	550
ZC15	敞车		15		40			9766	2100	1920	560
CZ2	敞车		15	762	40			9400	2110	1835	
ZC20	敞车		20		40			9766	2100	2120	560

符号举例说明：

（1）

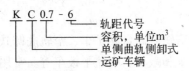

（2）

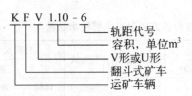

（3）

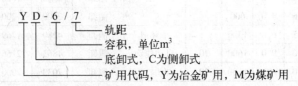

（1）单侧曲轨侧卸式矿车：其结构形式如图2-12所示。

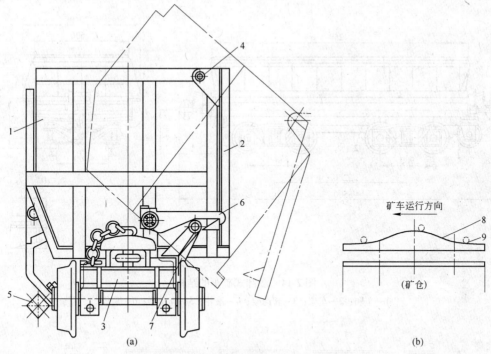

图2-12　单侧曲轨侧卸式矿车的结构

（a）矿车结构；（b）曲轨结构

1—车厢；2—侧门；3—车架；4—侧门铰轴；5—卸载滚轮；6—侧门挂钩；7—铰轴；8—曲轨；9—滚轮

（2）翻斗式矿车：按车厢形状分为 V 形和 U 形。V 形车一般以运输松散密度 1.8t/m³ 以下的物料为主，多用于地表作业；U 形车一般以运输松散密度 2.5t/m³ 以下的物料为主，多用于井下作业。翻斗式矿车结构如图 2-13 所示。

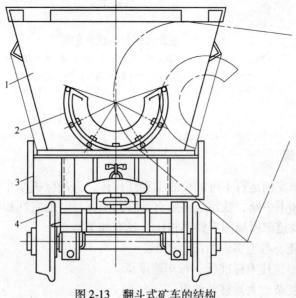

图2-13　翻斗式矿车的结构

1—车厢；2—钢环；3—车架；4—轮轴

（3）底卸式矿车：其结构形式如图 2-14 所示，其卸载示意图如图 2-15 所示。

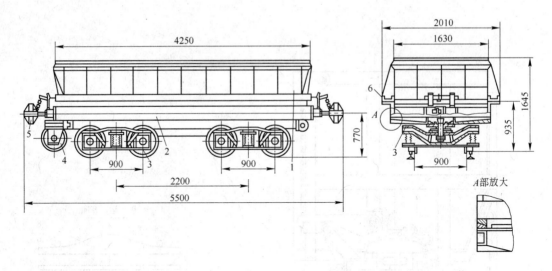

图 2-14 底卸式矿车的结构

1—车厢；2—车架；3—转向架；4—滚轮；5—连接器；6—翼板

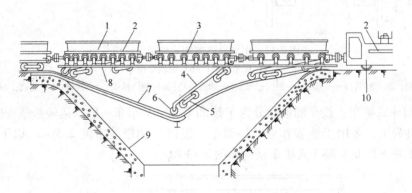

图 2-15 底卸式矿车卸载示意图

1—车厢；2—翼板；3—托轮；4—车架；5—转向架；6—卸载轮；
7—卸载曲轨；8—托轮座；9—卸载漏斗；10—电机车

2.2 露天铁路

2.2.1 铁路线路建筑

铁路线路是机车车辆运行不可缺少的工程结构体。为确保机车车辆在规定的最大速度下运行安全、平稳和不中断，铁路线路应有足够的坚固性、稳定性和良好的技术状态。

露天矿铁路与铁道部所属国有铁路相比，具有如下特点：

（1）线路坡度陡、弯道多、曲线半径小。

（2）线路区间短、技术标准低、行车速度低。

（3）线路级别复杂，大量移动线路。

（4）运输距离短，运输周期中的装卸时间长。

(5) 行车密度大，不按固定运行图行车。

因此，它与国有铁路在结构标准、技术条件、服务年限、行车密度等方面的要求均有所区别。

根据露天矿生产工艺过程的特点，露天矿铁路线路分为固定线路、半固定线路和移动线路三类。连接露天采矿场、排土场、贮矿场、选矿厂或破碎厂及工业场地之间服务年限在 3 年以上的矿山内部干线，称之为固定线；采场的移动干线、平盘联络线及使用年限在 3 年以下的其他线路，称之为半固定线；采场工作面装车线及排土场的翻车线则属于移动线。固定线路又按运输量分为四级，其技术标准可参阅有关设计手册。

轨距是铁路线路的基本要素之一。按轨距大小可分为标准轨距（1435mm）和窄轨轨距（600mm、762mm、900mm）铁路线路两种。一般情况下，大型露天矿多采用标准轨距铁路线路，小型露天矿多采用窄轨轨距铁路线路，而中型露天矿则依其具体情况而定。无论是准轨或窄轨，铁路线路均由上部建筑和下部建筑所组成。上部建筑包括钢轨、轨枕、道床、钢轨扣件、防爬器、道岔等；下部建筑包括路基、桥涵、隧道、挡土墙等。

2.2.1.1 钢轨

钢轨的功用是支持和引导机车车辆的车轮，并直接承受来自车轮的压力并传之于轨枕。它的型号用每米长的重量来表示。国产钢轨型号有 50kg、43kg、38kg、24kg、18kg 和 15kg 等多种。其标准长度一般为 12.5m 和 25m。

合理选择钢轨的类型是线路设计中的一个主要问题。钢轨类型确定后，线路上部建筑的其他各部分就可以根据钢轨类型作出相应的确定。钢轨类型的选择应考虑运行的机车车辆类型、行车速度和线路的年货运量等基本因素。选择时一般可依机车车辆的轴荷重来确定，可按式（2-1）概略计算。

$$q = a \sqrt[3]{p^2} \tag{2-1}$$

式中　q——每米钢轨重量，kg；

　　　a——系数（在露天矿中采用 5）；

　　　p——机车车辆轴重，t。

大型露天矿准轨机车运输时，一般是采用轴荷重为 25t 的机车车辆，故应选用实际重量为 43kg/m 以上的钢轨。中、小型露天矿采用窄轨机车运输时，依其最大允许轴重按表 2-5 所列数值选用。在选用范围内，可依其行车速度和年货运量来决定钢轨类型。即行车速度高、年货运量大时，可采用较重的钢轨，否则采用较轻的钢轨。

表 2-5　窄轨铁路的钢轨类型

轨距/mm	最大允许轴重/t	钢轨类型/kg·m⁻¹	道岔型号
900	15	18, 24	1/6, 1/7, 1/8
762	10	15, 18, 24	1/5, 1/6, 1/8
600	5	15	1/3, 1/4, 1/6

2.2.1.2 钢轨连接零件

钢轨的连接零件按其功用可分为两类：中间连接零件和钢轨接头连接零件。中间连接零件包括道钉和垫板。道钉有普通道钉和螺栓道钉之分。使用木轨枕时常用普通道钉，采用钢筋混凝土轨枕时常用螺栓道钉。垫板的功用是把钢轨传来的压力传递到较大的轨枕支承面上，使行车平稳，并把轨条两侧的道钉联系为一体以增强道钉抵抗钢轨横向移动力。

钢轨接头零件有鱼尾板、螺栓及弹簧垫圈等。鱼尾板的形式很多，我国生产的标准鱼尾板为双头鱼尾板。

2.2.1.3　轨枕

轨枕是钢轨的支座，其功用是承受自钢轨通过中间连接零件传来的竖直力和纵横水平力，并将其分布于道床，保持钢轨位置、方向和轨距，以及起弹性缓冲动荷载的作用。铁路线路上轨枕的布置，应根据运量和行车速度等因素考虑。一般运量大、速度高的线路，轨枕应布置得密一些。在露天矿山每 1km 准轨线路轨枕的根数标准有 1440、1520、1600、1680、1760、1840 等。

2.2.1.4　道床

道床是轨枕与路基间传递压力的媒介。其功用是传递并均布压力于路基基面，作缓和冲力的缓冲层；排泄基面地表水；固定轨枕位置以增加线路的稳定性。故要求道碴材料是坚硬、稳定、利于排水的物质。

道碴材料有碎石、砂、砾石、矿渣，一般以就地取材为原则。我国露天矿固定线路上多用剥离岩石破碎为 25～30mm 的碎块。

道床的断面如图 2-16 所示，由顶面宽 B、厚度和边坡这三个要素组成，它们的尺寸依道碴材料、上部建筑类型、线路平面（直线或曲线）、路基土壤性质和线路等级而定。一般准轨道床顶面宽为 2.7～2.9m，厚度为 0.15～0.35m；窄轨道床顶面宽为 1.4～1.9m，厚度为 0.1～0.25m。轨枕应埋入道碴内，其表面一般高出道碴表面 3cm。

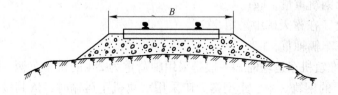

图 2-16　道床断面

2.2.1.5　线路防爬及加强设备

在列车运行时，由于多种因素的影响，如轨轮间的摩擦阻力、列车车轮对轨缝的冲击、列车制动时在轨面上的滑动等，都对钢轨产生一种纵向作用力，该力能使钢轨产生纵向移动，有时带动轨枕一起移动，这就是线路爬行。线路爬行是极其有害的，它能引起轨枕歪斜、枕间隔不正、轨缝不匀、增大扣件磨损等恶果。

防止线路爬行的根本措施是加强整个线路的上部建筑，如加强中间连接件、采用碎石道床、增加每公里轨枕数目、安设防爬设备等。

防爬设备主要包括防爬器和防爬撑。我国露天矿铁路线路上常用穿销式防爬器，每对销式防爬器配备三对防爬撑。每节钢轨安装防爬器的组数，视线路特征和行车情况，一般为 2～4 对。

线路加强设备有轨距杆和护轮轨。在固定线路曲线半径小于 300m 的区段以及移动线路，均应装设轨距杆，以维持轨距不变。在曲线半径小于 120～150m 以下的地段和反向曲线端点间距小于 25m 的地段之内侧，均设护轮轨，以保证行车安全。

2.2.1.6　道岔

连接两条线路或自一条铁路转入另一条铁路时的连接设备称为道岔。道岔的种类很多，露天矿普遍采用的是单式普通道岔，其结构和表示方法如图 2-17 所示。

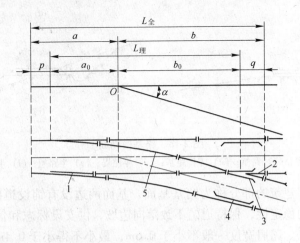

图 2-17　单式道岔构造和表示法
1—尖轨；2—辙叉心；3—翼轨；4—护轮轨；5—导曲轨

单式普通道岔由转辙器、导轨、辙叉三部分组成。转辙器包括一对基轨、一对尖轨、连接杆和整套转辙机械。辙岔由辙岔心（角 α 为辙岔角）、翼轨和护轨组成。连接部分是两根直轨和曲导轨，它将转辙器和辙叉连成一组完整的道岔。

在设计和绘制平面图时，道岔多采用单线表示法，即以线路的中心线表示（见图 2-17）。在图上要标出道岔中心 O、辙岔角 α、道岔前端长 a（由基本轨的轨缝至道岔中心 O 的距离）和道岔后端长 b（由道岔中心至辙岔尾端接缝的距离）。

道岔的型号由辙叉角的正切决定。设 $\dfrac{1}{N} = \tan\alpha$，则 N 即为道岔号数。N 值愈大，辙岔角愈小，列车通过道岔时也就愈平稳。露天矿常用的道岔为 7 号、8 号、9 号。各种型号道岔的各部结构尺寸可参阅有关手册。

2.2.1.7　路基

路基是铁路线路主要下部建筑，它承受线路上部建筑的重量及机车车辆的荷重，是铁路的基础。它的技术状态如何及完整与否，关系到整个线路的质量。因此建筑路基时应当保证坚固、稳定、可靠而耐久，要有排水和防水设施，以免受水的危害，建筑费用要低，维修要简单。

　　根据路基面与地面的相对位置和修筑方式不同，路基的横断面可分为路堤、路堑、零位路基、半路堤、半路堑和半堤半堑。各种路基横断面如图 2-18 所示。

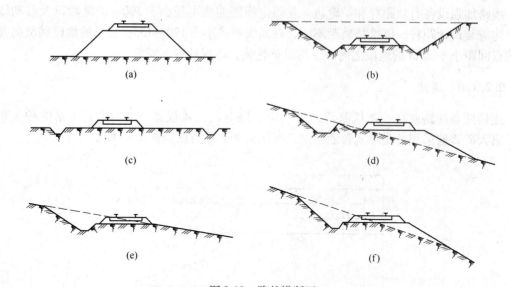

图 2-18　路基横断面
（a）路堤；（b）路堑；（c）零位路基；（d）半路堤；（e）半路堑；（f）半堤半堑

　　路基上铺设上部建筑的部分称为路基基面，基面两边没有铺设道碴的部分称为路肩。其作用是加强路基的稳定性，保持道碴不致落向边坡，供安设标志和信号、存放器材以及供工作人员通行往来。路肩宽度一般不小于 0.6m，最小不得小于 0.4m。路基边坡是指路基两侧的斜面坡度，用垂直距离与水平距离的比数表示。边坡的坡度取决于构成边坡的土岩性质和路基断面，路堤边坡一般为 1∶1.5~1∶1.75，路堑边坡为 1∶0.11~1∶1.5。

　　路基的主要构成要素是它的宽度。路基宽度是指路基基面的宽度，其大小取决于轨距、线路数目、线路间距、路肩宽度以及构成路基的土岩性质和线路级别，直线段单线路基宽度如表 2-6 所示。双线宽度可按单线路基双倍的宽度再加上线间距予以加大。

表 2-6　单线路基宽度　　　　　　　　　　　　　　　　　（m）

线路等级	普通土 1435 路堑	普通土 1435 路堤	普通土 900 25	普通土 900 20	普通土 900 15	普通土 762 25	普通土 762 20	普通土 762 15	普通土 600 20	普通土 600 15	岩石 1435 路堑	岩石 1435 路堤	岩石 900 20	岩石 900 15	岩石 762 20	岩石 762 15	岩石 600 20	岩石 600 15
Ⅰ	5500/5300	5700/5500	4100	—	—	—	—	—	—	—	4800/4700	5000/4900	3500	—	—	—	—	—
Ⅱ	5300/5200	5500/5400	4000	3800	—	3700	3500	—	3200	3000	4700/4500	4900/4700	3500	3300	3200	3000	2900	2700
Ⅲ	5600/5500	5300/5200	4000	3800	—	3700	3500	—	3200	3000	4700/4400	4900/4500	3500	3300	3200	3000	2900	2700
Ⅳ	4800/4700	5000/4800	—	3700	3500	—	3400	3200	3100	2500	4500/4200	4700/4400	3400	3200	3100	3000	2800	2600

注：1435 轨距中的数值，分子为使用钢筋混凝土轨枕时的数值，分母为使用木枕时的数值。

在曲线地段，由于外轨抬高，道床呈倾斜状，道床的下宽增大，因此要求路基也要相应加宽，其值视曲线半径大小而异，一般为 0.1 ~ 0.3m。

水是铁路之大害，为保证路基边坡经常处于稳定状态，必须使路基的土体以及接近路基的地基和路堑边坡处于密实干燥状态。因此，路堑基面两侧需设侧沟，用以排泄路堑中的雨水。侧沟的坡度一般与路堑纵坡相同，不应小于 2‰。路堤两侧无取土坑时，需在路堤地形较高的一侧修纵向排水沟，当地面横坡不明显，路堤高小于 2m 时，两侧均设纵向排水沟。纵沟与路堤间留护道不小于 2m。水沟断面需根据排水的流量计算确定，沟底最小宽度不小于 0.4m，深度不小于 0.6m。

2.2.1.8　桥隧建筑物

桥隧建筑物也属于铁路的下部建筑，包括桥梁、涵洞、隧道、挡土墙等建筑物。涵洞是铁路跨越小溪流、沟渠时用以排泄地面水的小型建筑物。在露天矿应用混凝土涵管或钢筋混凝土涵管较多。桥梁为跨越江河、洼地和其他路线的大型建筑物。隧道常用于线路穿越高山障碍，它能节省土石方量，缩短线路里程。在填筑路堤和挖掘路堑时，受地形限制或因边坡不稳定，常用挡土墙来保证路基的稳定和预防滑坡，这在我国露天矿铁路线路工程中是很常见的。

2.2.2　区间线路及站场的技术条件

2.2.2.1　区间线路的平面及纵断面

铁路线路在空间的位置用其平面及纵断面表示。平面是线路中心线在水平面上的投影，纵断面是沿线路中心线所作的铅垂断面。

线路的平面形状是由曲线和直线组成的。当线路由一个方向转向另一个方向时，相邻两直线相交成的夹角称为转向角，这两相邻直线间应以一定半径的圆曲线相连接。圆曲线的要素包括（见图 2-19）转向角（α）、曲线半径（R）、切线长（T）、曲线长（K）和外矢矩（E），其相互关系为：

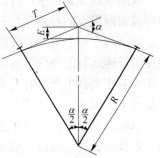

$$T = R\tan\frac{\alpha}{2}$$

$$K = \frac{\pi R\alpha}{180°}$$

$$E = R\sec\frac{\alpha}{2} - 1$$

图 2-19　圆曲线要素

圆曲线的基本要素是转向角（α）及曲线半径（R）。已知 α 及 R 值，其他要素可由曲线表中查出。

曲线半径的选择是线路平面设计的关键，从有利于行车条件来看，曲线半径越大越好。但在地形较复杂的露天矿山，曲线半径过大将会大大增加土石方量及人工建筑物。鉴于露天矿的行车速度较低，可以在露天矿大量采用小半径曲线。露天矿曲线最小半径决定于机车车辆的类型与行车速度，各级线路最小曲线半径值如表 2-7 所示。

表 2-7　最小曲线半径

线路名称及等级		1435mm					900mm, 762mm			600mm
		电机车重/t				蒸汽机车	电力、内燃机车		蒸汽机车	电力、内燃机车
		80	100	150		固定轴距 ≤4.6m	固定轴距/m			固定轴距≤2m
		矿车/t								
		60, 70	100	60, 70	100	≤4.6m	2.1~3	≤2	≤2.3	固定轴距≤2m
固定及半固定线/m	Ⅰ, Ⅱ	150	150	160	180	200	100	80	100	—
	Ⅲ	120	150	150	160	180	80	60	80	50
	Ⅳ	100	120	120	150	160	60	50	50	40
移动装车线/m		80	120	120	120	150	60	50	60	40

当列车在曲线上行驶时会产生离心力，这个力作用在线路上使外轨承受较大的压力，造成钢轨磨耗严重，甚至有可能造成列车倾覆。这就需要将外轨超高造成车体内倾以平衡离心力。此外，由于轨道是曲线，而机车车辆固定轴距间外轮轮缘为一直线，两者间存在着矢矩，若轨距不予以加宽，车轮就有被楔住的危险。因此，在曲线轨道上都需要有外轨超高和轨距加宽值，该值随曲线半径和行车速度大小而变化，设计时可参阅有关手册。当车辆由直线段进入曲线时，为了避免离心力突然出现而引起剧烈的冲击作用，在直线和曲线之间，一般都要设置缓和曲线或直接在直线上以递减距离过渡，逐渐形成外轨超高和轨距加宽所需的数值，使离心力逐渐变化。

线路平面图上两相邻曲线连接时，还必须在相邻曲线间设置直线段，称为夹直线。夹直线的长度依线路的等级不同，一般在同向曲线之间不小于 20~40m；反向曲线之间不小于 15~30m。

线路纵断面是由平道及坡道组成。铁路线路与水平面夹角的正切称为该线路的坡度，亦即坡道两端点的标高差与其水平距离之比，通常以千分数（‰）表示。

确定列车牵引重量的坡度称为限制坡度。露天矿列车重量是在这种坡道上以最小计算速度做等速运行的条件下确定出来的。限制坡度是露天矿铁路运输的重要参数之一，对露天矿的基建费和生产费有重大影响。最大限坡主要取决于牵引设备类型。准轨电机车的最大限坡不大于 40‰；蒸汽机车的最大限坡不大于 30‰。

纵断面是由许多坡段相连而成的。坡度改变的地点称为变坡点。相邻两个变坡点间距离叫做坡段长度。坡段长度最好不小于一个列车长度，在地形复杂的山区可以适当缩短些，但最小不应小于 80m。为使列车在坡度变更的范围中运行平稳安全，需要在变坡点上设竖曲线。竖曲线的形式一般采用圆曲线，其基本要素可查表求得。

2.2.2.2　线路区间的划分

为了保证行车安全和必要的通过能力，露天矿铁路线必须适当地划分为若干个段落，每个段落皆称为区间，以隔离运行列车。区间和区间的分界地点为分界点。

分界点分无配线的和有配线的两种。无配线的分界点包括自动闭塞区段内的通过色灯信号机和非自动闭塞区段内的线路所。有配线的分界点是指各种车站。两个分界点之间的距离称作区间长度。为了行车安全，提高行车速度，一个区间（分区）只能有一列列车占用。从行车方面来看，区间长度愈小，则通过能力愈大，但最小长度不应小于列车全制动距离。无限地缩短区间长度，将会使分界点过多，造成设备、基建投资和运营费用都增大，这是不合理的。应根据通过能力的需要来确定区间长度，一般为 800～1000m。

露天矿车站按其用途不同可分为矿山站、排土站、破碎站和工业场地站等。其分布应能满足内外部运输的需要和运营期内通过能力的要求。矿山站一般应设在露天采场附近，靠近运量大的地方，为运送矿石和废石服务。当露天矿规模较大时，也可以单独设立排土站，排土站设在排土场附近。破碎站和工业场地站分别设在破碎车间和工业场地旁边。这些车站除了起配车作用、控制车流外，还可以办理入换作业及其他技术作业，如列车检查、上砂、上油等。

露天矿坑内的车站和山坡采场中的车站，多作会让和列车转换方向之用，故称会让站和折返站，它们只进行会让、折返和向工作面配车等作业。

在采用自动闭塞时，用色灯信号机把站间区间划分为闭塞分区。信号机借助于列车的位置和轨道电路，自动转换显示。闭塞分区的长度应大于列车制动距离。在采用半自动闭塞时，利用线路所将站间区间划分为两个"所间区间"。线路所设置半自动闭塞信号机，列车必须得到线路所值班员的许可，并由他开放信号后，方能由一个所间区间，通往另一个所间区间。当列车尾部进入某一所间区间后，防护该区的信号随即自动变为红色，禁止续行列车通过。

区间的划分直接影响线路的通过能力。露天矿内各种分界点的分布，决定着铁路运输的系统。当露天矿规模很大时，应随采掘量的增长而分期增设分界点，以满足行车密度增大的要求。

2.2.2.3　站场设计的技术要求

站场设计的技术要求主要包括车站股道数目、站线长度、股道间距、道岔配列以及车站的平面及纵断面等。

车站的配线应根据本站车流的特点和技术作业性质来设定。一般车站除越行线（正线）外，还要根据需要配置其他站线及特别用途线，如到发线、调车线、牵出线、装卸线、日检线、杂作业车停留线以及工业广场和车库的联络线等。露天矿车站的站线数目主要是计算到发线的数量。其余的按需要进行配置。到发线数量 m 应根据接发车的车流量和每列列车所占用的时间来确定。于是

$$m = \frac{\sum N \cdot t}{1440 \times a} \tag{2-2}$$

$$t = t_\mathrm{d} + t_\mathrm{t} + t_\mathrm{f}$$

式中　a——时间利用系数，取 0.8；

　　　N——每昼夜通过车站的各种列车对数；

　　　t——各种列车占用到发线的等值时间，min；

　　　t_d——接车时列车占用到发线时间，min；

　　　t_t——列车在车站的停车时间，min；

　　　t_f——发车时列车占用到发线时间，min。

t_d 和 t_f 可参照图 2-20 分别按式（2-3）和式（2-4）计算。

$$t_d = \tau' + 0.06 \frac{l_c + l_z + l_j + l_g}{v_g} \tag{2-3}$$

$$t_f = \tau'' + 0.06 \frac{l_c + l_u}{v_u} \tag{2-4}$$

式中　v_g——列车进站平均速度，km/h；

　　　l_c——列车长度，m；

　　　l_z——司机确认信号时，列车的走行距离，可按50m计；

　　　l_j——列车制动距离，m；

　　　l_g——列车进站时行经车站咽喉长度，此长度根据咽喉道岔的布置方式而定，原则是由信号机至站场最外的一副道岔的警冲标或道岔基本轨末端之间的距离，m；

　　　τ'——准备接车进站和开放信号的时间，min；

　　　τ''——由准备发车时到列车起动时的间隔时间，min；

　　　v_u——列车出站平均速度，km/h；

　　　l_u——列车出站时行经车站咽喉长度，m。

因露天矿运输车流单纯，调车作业较少，一般均为直通列车。因此为简便起见，列车进出站的运行速度和准备时间可按等值考虑，到发线数量的计算公式可简化为：

$$m = \frac{N\left(2t' + t_t + 0.06 \frac{l}{v}\right)}{1440 \times 0.8}$$

式中　l——站线全长，m；

　　　v——列车进出站的平均速度，一般取15~17km/h。

站线长度分为全长和有效长度。站线全长是指股道两端道岔的基本轨接头间的距离，如尽头线为道岔的基本轨接头到车挡的距离。有效长度是指股道全长范围内可以停留列车，且不妨碍邻线作业的部分长度，其限制因素为警冲标、出站或调车信号机、道岔尖轨的起点或基本轨接缝的绝缘节等。列车到发车进路长度如图2-20所示。

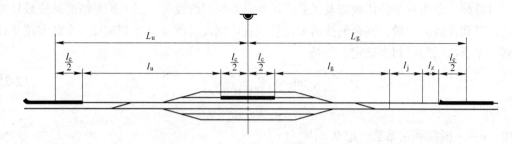

图2-20　列车到发车进路长度

l_c—列车全长；l_j—列车制动距离；l_z—司机确认信号时列车运行距离；l_u—列车出站长度；

l_g—列车进站长度；L_u—列车出站总长度；L_g—列车进站总长度

站内直线段相邻站线间的中心距视机车车辆类型而定。对于准轨一般站线为5.0m，次要站线为4.6m；窄轨线间距一般为4.0m。其他技术作业线间距根据工作需要来确定。车站处在曲线地段上时，站线间的距离应加宽。

　　根据运转作业的要求，车站应设置在直线上。但由于矿山地形复杂，线路使用年限不长，为减少基建工程量和满足矿山开拓的要求，在困难条件下，也可将站线设计为曲线，但必须满足一定曲线半径的要求。

　　到发线的有效长度范围，一般应设计在平道上。在困难条件下，车站才设在坡道上，但其纵断面必须保证列车在最不利的位置时能够启动。

复习思考题

2-1　露天开采铁路运输工作的特点有哪些?

2-2　铁路运输线路主要构成元件有哪些?

2-3　简述露天开采铁路运输站场一般布置。

2-4　简述露天开采铁路运输常用车辆。

2-5　简述铁路运输工作的主要内容。

2-6　简述铁路运输的常用牵引电力。

2-7　分析电机车和内燃机车各自的特点。

地下开采汽车运输

3.1 地下矿用汽车

地下矿用汽车适用于有斜坡道的矿山，它可将矿岩从工作面运往溜井口或运送到地面，在无轨开采地下矿山中可作为阶段运输主要运输设备，构成无轨采矿运输系统，以提高采矿强度，地下矿用汽车经济合理运距为 500~4000m，载重量大时取大值，适用的运输线路坡度不大于 20%。图 3-1 所示为地下矿用汽车。

图 3-1　地下矿用汽车

3.1.1　概述

3.1.1.1　分类

（1）按卸载方式不同，地下矿用汽车可分为倾卸式和推卸式两类。

倾卸式汽车是用液压油缸将车厢前端顶起，使矿岩从车厢后端靠自溜而卸载。倾卸式汽车的主要缺点是卸载空间较大，在井下卸载时，需在卸载处开凿卸载硐室。与推卸式汽车相比，倾卸式汽车成本低，自重较轻，速度较快，运量较大，维修保养费用也较低。

推卸式汽车车厢内的矿岩是被液压油缸驱动的卸载推板推出车厢后端而卸载，其卸载高度较低。

图 3-2 和图 3-3 所示分别为美国瓦格纳公司生产的 MT-425-30 型 25t 倾卸式汽车和 MTT-420 型 20t 推卸式汽车。

（2）按轮轴配置数，地下矿用汽车可分为双轮轴式和三轮轴式。目前使用较多的是双轮轴式。

（3）按传动方式，地下矿用汽车可分为液力-机械式、液压-机械式、全液压式和电动轮式四类。

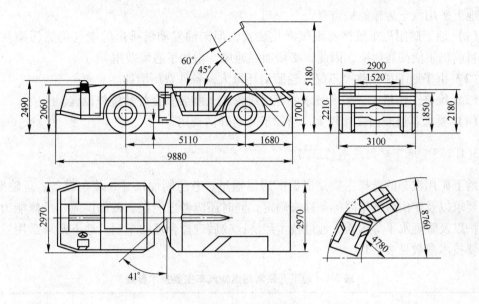

图 3-2 MT-425-30 型倾卸式汽车

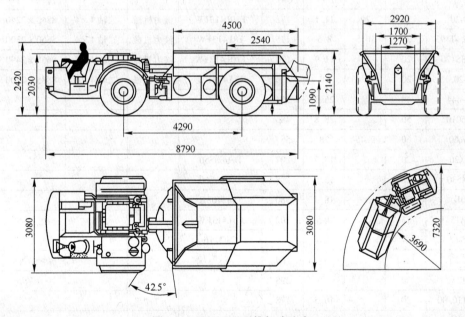

图 3-3 MTT-420 型推卸式汽车

3.1.1.2 地下汽车运输的特点

地下矿用汽车运输的优点有:

(1) 机动灵活、应用范围广、生产能力大。可将采掘工作面的矿岩直接运送到各个卸载场地。能在大坡度、小弯道等不利条件下运输矿岩、材料、设备等。

(2) 在合理运距条件下,生产运输环节少,显著提高劳动生产率。

(3) 在矿山全套设施建成前,可用于提前出矿。

地下矿用汽车运输的缺点有：

（1）地下矿用汽车虽然有废气净化装置，但柴油发动机排出的废气仍然污染井下空气，目前仍不能彻底解决，因此，必须加强通风，增加了通风费用。

（2）由于地下矿山路面不好，轮胎消耗量大，备件费用增加。

（3）维修工作量大，需要技术熟练的维修工人和装备良好的维修设施。

（4）要求巷道断面尺寸较大，增加了井巷开凿费用。

3.1.1.3　地下矿用汽车的应用

地下矿用汽车的选择主要是根据矿岩运输量、巷道断面尺寸、装车设备、运输距离、卸载要求以及矿山服务年限等条件来确定，同时还应考虑能耗、备件供应、维修能力、环境保护以及管理水平等因素。通过技术经济比较后选择合理的车型。地下开采常用运输汽车主要技术参数见表3-1。

表 3-1　地下开采常用运输汽车主要技术参数

型　号	载重 /t	自重 /t	容积 /m³	功率 /kW	发动机	传动方式	驱动方式	外形尺寸 /mm × mm × mm
TD-20	18	20	11.1	172	F10L413FW	液力机械	二轴 4×4	8840×2240×2340
Sxhopf.-T193	20	16.5	8.5	135	F8L413FW	液力机械	二轴 4×4	8660×2300×2200
ME985T20	20	16	11.9	170	F10L413FW	液力机械	三轴 4×4	8665×2490×2590
MK-20.1	20	16.6	10	136	F8L413FW	液力机械	二轴 4×4	8885×2200×2305
MT-444	40	25.5		354				
MT5010	50	28.8		485				
Toro60	60	9.45	28	567				
EJX20	20	10.7		207	DetroitS50			
EJX530	28	15.3		298	DetroitS60			
60D	38	18.3		380	Car3408E			
MK-A15.1	15	7.5		102	F6L413FW			
DT-17	17	9.6			Cat3216			
DT-20	18.2	10.9		164				
ET33	30			298				
PMKT10.00	20	10.5		178				
AJK20	20	19	11	130	F8L413FWB			
JZC10	10	9.5	4.0	63	DeutzF6L912			7480×1750×2200
DKC-12	12	10.35			DeutzF6L413FW			7500×1800×2200
JCCY-2	4	12.5	2	63	DeutzF6L912FW			7060×1768×1880
JKQ-25	25	25.5	15	170				9200×2950×2300
UK-12	12	6.6		102				
CA-12	12	11.5	6	102	F6L413FW	液力机械		7400×1850×2300
CA-18	18	17	9	172		液力机械		8990×2300×2500
CA-20	20	19.5	10	205	Detroit50	液力机械		9000×2300×2500

确定地下矿用汽车的装载量和不同装载量的车型时还应考虑矿山的生产发展。

一般要求在同一企业所选用的地下矿用汽车型号尽可能少，最好选择同一型号的汽车，便于操作、维修、备件供应和调度管理。

地下矿用汽车采用柴油机驱动，废气排放应符合国家规定的标准，因此在选择地下矿用汽车时，还应考虑其废气污染情况。

地下矿用汽车是在井下巷道内运输矿（岩）石，地下矿用汽车的外形尺寸受到了运输巷道的限制，其宽度和高度必须满足巷道规格的要求，无轨运输设备，如载重汽车的外形尺寸与巷道支护之间的间隙不得小于 0.6m，人行道宽度不得小于 1.2m。

3.1.2 地下矿用自卸汽车结构

地下矿用自卸汽车属于井下巷道运输设备，因此，地下矿用自卸汽车的结构不同于地面汽车，其结构特点如下：

（1）传动系统。地下矿用自卸汽车的传动系统有液力机械传动、液压机械传动、全液压传动和电动轮传动四种传动方式。据不完全统计，96%的地下矿用自卸汽车有动力变速装置，其余为电动轮传动装置。大致有一半使用自动变速选择器，另一半为手动变速。国外地下矿用自卸汽车 94% 为双桥结构，6% 为三桥结构，国产 UK-12、DQ-18 型地下矿用自卸汽车均为双桥结构。绝大多数国内外井下矿用自卸汽车传动系统都采用液力机械传动、四轮驱动方式。传动系统一般是在世界范围内选择质量最可靠的部件，如柴油机多为德国生产的 Deutz 风冷低污染产品，该柴油机采用两级燃烧方式，能有效地控制其尾气中有害物质的含量。变矩器、变速箱、驱动桥可采用在铲运机上已广泛使用的美国 Clark 系列产品。其传动路线为柴油机—变矩器—变速箱—驱动桥（对于双桥结构为前后桥，三桥结构则为前中桥）。

（2）制动系统。国内外井下矿用自卸汽车制动系统有三种形式：干盘式制动、多（单）盘湿式制动和蹄式制动。前两种制动形式的应用最为普遍，例如，德国 GHH 公司生产的 MK-A 型井下矿用自卸汽车就采用干盘式制动形式；美国 Wagner 公司生产的 MT 系列、加拿大 DUX 公司生产的 TD 系列、我国生产的 UK-12 型井下矿用自卸汽车都采用比较先进的全密封多盘湿式制动方式，这种制动方式其制动盘不外露，而是浸在油内，可以连续冷却，并可以自动调节，因而使其维修周期和使用寿命显著延长，是广泛采用的一种新的制动方式；我国生产的 DQ-189 型井下矿用自卸汽车采用双管路蹄式制动系统，工作制动、紧急制动、停车制动有机地组合在一起，使制动安全、迅速、可靠。

（3）净化系统。由于巷道内通风条件差，国内外都对柴油机的尾气净化给予了高度重视，除发动机绝大部分采用德国 Deutz 系列低污染柴油机以外，均采用了机外催化净化装置。低污染柴油机排出的尾气经催化箱中的催化剂氧化后，将一氧化碳（CO）、碳氢化合物（CH）等有害尾气变成无害尾气，排入大气中。

（4）卸载方式。矿用自卸汽车的卸载方式有两种，即倾翻卸载和推板-半倾翻卸载。倾翻卸载方式是用液压油缸推举货箱倾翻卸载。该方式结构简单，易于实现。为了使物料倾卸干净，卸载角一般为 60°～70°。由于其卸载高度高，因而要求卸载硐室的高度较大。国内外井下矿用自卸汽车普遍采用这种卸载方式。推板-半倾翻卸载方式的货箱由两节组成，卸载分为两个过程，首先推卸油缸将第一节货箱及物料向后推移，在此过程中，第二节货箱中的物料一部分被推出货箱外，另一部分与第一节货箱中的物料重合，然后举升油缸工作，将货箱举起，货箱中的物料被卸尽。这种卸载方式要求的卸载硐室高度不高，可在一般主运输巷道内卸载，但由于货箱结构较复杂，井下矿用自卸汽车很少采用这种卸载方式。

（5）车架与悬挂。由于巷道断面较小，要求的运输车辆转弯半径要小，因而国内外几乎所有井下矿用自卸汽车都采用前后铰接式车体结构，水平折腰转向角为 ±40°～±45°，保证了较小的转弯半径，如美国 Wagner MT-433 30t 井下矿用自卸汽车转弯半径仅为8992mm；德国 GHH MK-A60 60t 井下矿用自卸汽车转弯半径也只有 10430mm。由于巷道运输道路高低不平，为了提高其通过性能，国内外井下矿用自卸汽车都具有垂直摆动机构，以便使驱动的四轮在任何情况下都能全轮着地，在路面泥泞和高低不平的路面上行驶，更能显示出其优越的通过性能。垂直摆动有两种方式：前桥摆动和前后车架相对摆动。

（6）司机室。司机室一般都前置，这样布置司机视野开阔，驾驶室远离柴油机尾气净化箱，有利于司机的健康。德国 GHH 公司生产的 MK-A12.1-60 型井下矿用自卸汽车采用双方向盘双向驾驶的布置方案，只需转动司机座椅便可实现双向驾驶。美国 Wagner 公司生产的 MT 系列和国产 DQ-18 型井下矿用自卸汽车均采用了司机侧座单方向盘的驾驶室布置方案。

3.1.3　国内地下矿用汽车研究

随着地下矿山的发展和深部开拓的需要以及无轨采矿方法的应用，我国对地下矿用汽车的需求量也越来越大，先后从国外多家公司进口了多台地下自卸汽车。国内研制地下矿用汽车始于 20 世纪 70 年代中期，但由于当时的基础水平所限，研制工作没有达到预期效果。

进入 20 世纪 80 年代以来，随着国内基础条件和研制水平的提高、汽车工业的发展以及国外先进技术的引进，我国地下矿用汽车的研制水平有了较大的提高。但由于目前我国地下矿用汽车的研制还处于初级阶段，无论是品种还是数量、规模，都远远满足不了国内地下矿山发展的需要，因此，我国必须要加大投入力度，研制较为可靠的、实用的地下矿用汽车。

北京矿冶研究总院、长沙矿山研究院、北京科技大学、太原矿山机械厂、金川有色金属公司等单位先后研制出符合我国地下矿山实际情况的 JZC-8、JZC-10、DKC-12、UK-12、DQ-18 及 JKQ-25 等多种型号地下矿用汽车，并在我国一些地下矿山得到了应用，发挥了重要作用。几年来的应用表明，这些产品设计合理，技术可行，性能稳定，安全可靠，主要技术指标达到了国外同类产品的技术水平，具有较好的性价比和较好的应用前景。

地下矿用汽车的技术发展趋势：

（1）大型化与微型化。随着地下矿山生产能力的增加和深部开采的需要，地下矿用汽车的承载量不断增大。地下矿用汽车承载量从 20t 逐步地发展到 40t、50t 和 80t，今后地下矿用汽车大型化是地下矿用汽车发展趋势之一。同时为适应小型矿山、黄金矿山以及一些特殊条件的矿山（如核工业原料矿山）的需要，一些厂家的产品也向着微型化的方向发展，逐步发展成无人驾驶的、遥控的地下矿用汽车。

（2）自动化与机电液仪一体化。新型的地下矿用汽车或铲运机都应用了现代汽车技术的最新成果。电控柴油机在地下矿用汽车上得到了广泛的应用。通过传感器把车辆的各种信号传给计算机，通过计算机控制喷油角度、喷油时间和喷油量，以调节发动机使之处于最佳工况状态。采用具有监控、自动检测及故障诊断功能的发动机，动态监测地下矿用汽车的运行工况，能按照汽车运行工况的变化进行识别，自动选择最佳参数，实现智能控制，这也是现代地下矿用汽车发展趋势。

（3）安全可靠的制动技术。地下矿用汽车的制动器由全封闭多盘湿式制动器逐步地发展到具有国际先进水平的弹簧制动，液压松闸全封闭多盘湿式制动器新技术。该系统集行车制动、驻车制动和紧急制动于一身，无需另加停车制动器，简单、安全、可靠，非常适合地下矿山运输要求。这是今后矿用车辆及非公路车辆制动器的发展方向。

（4）前后车架摆动形式。在低洼不平的路面上，为了使车辆四轮尽可能着地，前后车架需要相对摆动，以提高整车的牵引附着性能，提高通过性。现在前后车架中央铰接，靠中间回转支承使前后车架绕车辆纵轴相对摆动形式发展。极大地改善了牵引附着性能。同时，转向半径小，机动性好。

（5）卸料方式多样化。地下矿用汽车大部分采用后倾翻式卸料，这种卸料方式可边行驶边卸料，卸料干净，卸载方便、效率高。可以采用伸缩式车厢卸料，也可以采用侧卸式。

（6）逐步实现零污染。地下矿用汽车最理想的动力源是电力或天然气发动机等零排放动力，在井下运输中采用如蓄电池、燃料电池、机械电池、天然气发动机等动力，露天时切换成柴油机，大大地改善了井下工作环境。

（7）以人为本，高度重视人性化操作环境。地下矿山运输条件和作业条件恶劣、巷道窄，活动空间小，地下矿用汽车总体设计时要特别注重采用人机工程学原理和技术进行计算机仿真研究和设计，为操纵人员创造安全舒适的作业环境。

（8）地下矿用汽车信息管理系统和无人驾驶技术。近年来，大型矿用汽车借助于GPS、GIS 和 GPE 等信息技术和高性能的数据通讯网络技术，具有人工智能的机器人和无人驾驶车辆进入实用化阶段。

3.2 地下开采斜坡道

3.2.1 斜坡道的分类

斜坡道按照连通方式可分为连通地表的主斜坡道和中段间辅助斜坡道；按线路布置可分为折返式斜坡道和螺旋式斜坡道；按斜坡道与矿体位置可分为矿体下盘斜坡道、矿体上盘斜坡道、矿体端部斜坡道和矿体内部斜坡道；按作用分为起主井作用的斜坡道和起副井作用的斜坡道。

中段间的辅助斜坡道对无轨设备开采的矿山必不可少。它不仅起到转移无轨设备的作用，同时也是凿岩、支护、爆破、车辆运行等井下作业的通风道，而且还可以供矿岩运搬或深部探矿等用。连通地表的主斜坡道，其开凿的必要性根据具体情况来确定。在布置了提升井筒的矿山，主斜坡道主要作为无轨设备的出坑大修出口、人员的安全出口，兼作通风巷道和辅助运输等；在没有提升井筒的矿山，主斜坡道主要作为运矿坑道，兼作车辆出入、通风，此时运矿设备是皮带运输机或无轨设备车辆。

3.2.2　斜坡道线的形式

斜坡道的布置形式有两种，即螺旋式斜坡道和折返式斜坡道。

（1）螺旋式斜坡道。螺旋式斜坡道的几何形式分为圆柱螺线和圆锥螺线，根据具体条件可以设计成规则的螺旋线或不规则的螺旋线（曲率半径和坡度都会有所变化或不同）。螺旋式斜坡道具有以下优点：螺旋式斜坡道没有缓坡段或平坡段，同样高差下螺旋式斜坡道线路短，开拓工程量小；与矿石溜井配合施工时，通风条件和出渣条件好；适合对圆柱形矿体开拓。但存在的不足之处是：掘进技术难度大，并且要克服定向测量和外侧超高难度；无轨设备的操作者能见距离短，安全性受到局限；设备的轮胎和差速器失效较快，道路维护困难。

（2）折返式斜坡道。在整个线路中，直线段长，折返段短，折返式斜坡道直线段变化高程，折返段改变方向，因而，具有独特的优点：掘进施工技术难度小；无轨设备操作者能见距离长，且有缓坡和平坡段，行车安全性好；行车速度加快，设备排除废气有害成分降低；线路与矿体可保持固定距离；道路维护方便。其缺点是：开拓工程大；掘进施工时，通风和出渣条件差。

3.2.3　斜坡道规格的确定

斜坡道的坡度根据其使用年限、运输类型和运输量的大小来确定。

如果斜坡道作为维修运输和下放设备，使用年限长，其最大坡度不宜超过15%；若同时作为运输矿石的通道，最大坡度为10%；斜坡道若作为短期使用，如中段间联络道，则坡度可加大，运输矿石时可以达20%，仅运输设备可达30%。

以上坡度的设计原则在我国的地下无轨矿山得到了广泛应用，据不完全统计，我国斜坡道的坡度在10%~27%（6°~15°）。

就无轨设备爬坡能力而言，一般最大爬坡能力可达40%~50%。但随着坡度加大，爬坡速度减慢，机器损耗大，轮胎磨损加剧，有的矿山把小于15%作为降低轮胎消耗措施。进行斜坡道掘进时要按照设计的坡度施工，一般选用双机或三机无轨轮胎式掘进钻车以提高凿岩效率和设备移动的灵活性，出渣采用与斜坡道规格相应的铲运机，同时要权衡通风和出渣问题，当运距小于100m时，最好选用电动铲运机。掘进斜坡道采用铲运机出渣，宜采用下坡掘进。在无轨开采中，矿石溜井是不可少的，把矿石溜井和斜坡道巧妙地结合起来，则大大有利于施工。

掘进折返式斜坡道时，利用天井钻机的导向孔，先把斜坡道的设计折返地段连通起来，随着斜坡道的下掘天井钻机逐段地把导向孔扩大到所需断面。出渣则选用各中段的卸载站，这样可解决通风和出渣的问题。

对于螺旋式斜坡道，溜井可布置在螺旋的几何中心。目前，国外地下无轨矿山普遍采用15%坡度。随着回采工作由下向上进行，螺旋道逐渐向上延伸。在螺旋斜坡道中间开凿一矿石溜井，对掘进施工和回采时出矿都有利。对两条或更多斜坡道掘进时，宜采用平行掘进，逐渐连通，可改善通风等施工条件。

斜坡道的规格应根据斜坡道作用、路面铺设情况、所有无轨设备的最大外形尺寸和内外回转半径来确定。行车道宽度与车辆宽度、车辆速度有关，斜坡道宽度在此基础上要加大人员自由通行宽度800~1200mm，车辆边缘与巷道壁最小距离为200mm。人行道净空高度一般为800mm，在确定斜坡道高度时要考虑设备行走时的波动，机械外形与悬挂突出部分最小间距为300~600mm，人行道路面应高出行车道路面，同时考虑风水管、照明及通风管的所占位置。

3.2.4 斜坡道的应用

与一般开拓一样，斜坡道应尽可能开拓在矿体下盘。由于斜坡道本身的作用不同以及受具体条件影响，斜坡道位置也可能有所不同。

（1）斜坡道作主井使用的矿山，一般设在矿体下盘，并应考虑矿体开采崩落范围的影响。

（2）斜坡道作副井使用时，有两种情况。一种是平硐开拓的矿山，斜坡道为平硐以上的矿体服务。这种斜坡道应尽可能布置在矿体下盘，可不需考虑矿体开采对它的影响，随着矿体开采深度的下降，斜坡道从上向下逐步失去作用。如果斜坡道服务平硐以下矿体，应作为永久性设施。第二种情况是竖井开拓，斜坡道起副井作用，其发挥的作用要贯穿于矿山的整个服务年限，设计时应作为永久性的井巷工程考虑。

（3）平缓矿体采用斜坡道，与竖井联合开拓，斜坡道可设置于矿体一侧，用于开拓、采矿、供风和中段间的连接，竖井用于矿石提升。平缓矿体埋藏条件适合斜坡道开拓，设计的斜坡道按永久的井巷工程考虑。

（4）中段间辅助斜坡道，其服务年限较短，应根据矿山的具体情况，可设计在矿体上盘、矿体下盘、矿体端部或矿体中。中段斜坡道设计在矿体两端时可采取从中间向两端后退的采矿顺序；如果矿石的稳固性差，可设置于矿体上盘，此时应选用螺旋式斜坡道；如果中段间辅助斜坡道设计在矿体下盘，其位置距矿体应有一定距离。这时的斜坡道不能完全避开下部矿体开采对它的影响。

3.2.5 采用斜坡道的注意事项

（1）斜坡道用途：主斜坡道或矿石运输量大时宜设计成折返式；运输量较小或中段间联络道可设计为螺旋式。

（2）开拓工程量：开拓工程量除斜坡道自身的工程量外，还要考虑掘进时井巷工程（如通风天井、钻孔等）和各中段的水平联络道的工程量。因此，应考虑尽量减少开拓工程量。

（3）服务年限：斜坡道服务年限长的选择折返式，服务年限短的选择螺旋式。

（4）岩层地质条件：根据岩层或地段的稳定性，或层理和节理方向的有利性，合理选择折返式或螺旋式。

（5）通风条件：斜坡道具有通风功能，螺旋式通风阻力大，折返式阻力较小。

（6）其他条件：斜坡道与中段接口位置（螺旋式斜坡道与上下中段接口位置易布置在同一剖面）、运行安全性及道路维护等。

复习思考题

3-1　简述地下汽车运输的特点。

3-2　简述常用地下运输汽车的行走方式。

3-3　简述常用地下运输汽车的装载方式。

3-4　简述常用地下运输汽车的卸载方式。

3-5　简述常用地下斜坡道的形式。

3-6　简述斜坡道设计的主要参数。

3-7　简述斜坡道设计的基本原则。

4 地下开采铁路运输

4.1 牵引电机车

4.1.1 概述

窄轨铁路运输是地下矿山水平巷道的主要运输方式。用于地下矿山运输的窄轨电机车亦简称为地下电机车。

4.1.1.1 国内外电机车的现状

自 1882 年德国西门子公司制造出世界第一台 4.5kW 矿用架线式电机车以来，工矿电机车在国内外矿山得到广泛应用，迄今有 120 多年的历史。20 世纪 50 年代，我国就开始了窄轨工矿电机车的生产，经过 50 多年的发展，已能生产 1.5～45t 黏着重量，具有电阻调速、斩波调速、变频调速功能的各种类型电机车，产品的品种、规格齐备，可满足国内矿山的需要，并有少量出口。

据 2004 年行业统计，牵引电气设备行业现有工矿电机车企业几十家，窄轨工矿电机车的年生产能力达 3000 台，而市场近几年的窄轨工矿电机车需求量为每年 1500 台左右，明显供大于求。受国家政策和市场影响，国内窄轨电机车企业对产品技术开发投入少，大部分产品基本上仍停留在 20 世纪 70～80 年代的水平。我国加入 WTO 后，国外公司也瞄准我国市场，使得市场竞争更趋激烈，但同时也促使窄轨电机车的技术很快进步。

4.1.1.2 技术发展趋势

各国根据本国矿山条件，特别是随着计算机技术和电力电子技术的发展，对窄轨工矿电机车做了不少改进和升级换代，增大电机车功率，推出了新型电气传动方式，在满足机车安全可靠运行的前提下，改善技术经济指标，实现重型化、高速化和无维护化。国内外窄轨工矿电机车的技术发展趋势：

(1) 品种规格的多样化和机车结构的模块化。窄轨机车的多样化是用户需求决定的，必须发展机车系列化、模块化技术。产品系列化可解决用户多样化的需求问题，而产品模块化则可缩短生产周期，降低制造成本，在短时期内装配出大量不同品种规格的车型。例如，德国鲁尔煤矿公司就有采用模块化结构组成不同形式的电机车：可以组装成两端带司机室的 15t 机车；可以组装成两套动力装置，每端有一个司机室的 2×15t 机车；还有通过连接器组装的车型。因此，电机车结构的模块化技术是窄轨工矿机车发展方向之一。

(2) 电气传动设备的交流化。电机车虽有其独特性，但与铁道干线电力机车、城市轨道交通车辆相比，共性多于差异性。目前，窄轨电机车的电气传动设备也朝着微机控制的交流传动方向发展，国内外厂家均已研制出交流传动的窄轨电机车。如德国西门子等公司为鲁尔煤矿公司生产了交流传动防爆矿用蓄电池机车，兰州机车厂研制的 JXK-18 型交流传动窄轨蓄电池机车等，这些产品开发成功都意味着交流传动已成为新一代窄轨电机车的发展主流。

（3）关键部件的免维护化。电机车的牵引蓄电池、牵引电动机及其传动装置，是决定机车能否正常运行的关键部件。由于窄轨电机车工作条件相当恶劣，因而在矿井内就地进行维护是相当困难的，提高关键部件的可靠性，采用免维护或少维护技术，延长产品寿命，也成为新一代窄轨工矿电机车开发的发展趋势。

4.1.1.3　电机车的分类

电机车是我国金属地下矿的主要运输设备，通常牵引矿车组在水平或坡度小于30‰~50‰的线路上做长距离运输，有时也用于短距离运输或作调车用。

电机车按电源形式不同分为两类：从架空线取得电能的架线式电机车；从蓄电池取得电能的蓄电池式电机车（见图4-1）。二者比较，架线式结构简单、操纵方便、效率高、生产费用低，在金属矿获得广泛应用。蓄电池式通常只在有瓦斯或矿尘爆炸危险的矿井中使用。

(a)   (b)

图 4-1　电机车外形
（a）架线式；（b）蓄电池式

架线式电机车按电源性质不同，分为直流电机车和交流电机车两种。目前国内普遍使用直流电机车。交流电机车因供电简易，耗电较少，价格和经营费用较低，受到国内外重视。我国已研制成装有鼠笼电动机的可控硅变频调速交流电机车，为在地下矿使用交流电机车创造了条件，但目前还不可能在短时间推广。本章只介绍直流架线式电机车。

4.1.2　矿用电机车的电器设备

4.1.2.1　电机车的供电系统

直流架线式电机车的供电系统如图4-2所示。从中央变电所经高压电缆输来的交流电，在牵引变电所1内，由变压器ZLB降压至250V或550V，经硅整流元件Z将交流变成直流，用馈电电缆2输送至架空线4。电机车8通过自身的集电弓9，从架空站获得电能，供给牵引电动机，驱动车轮运转。最后电流以轨道7和回电电缆5为归路，返回变压器。

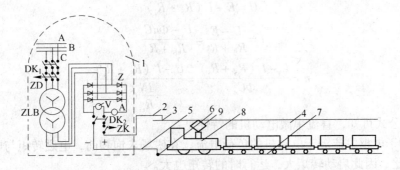

图4-2 直流架线式电机车的供电系统

1—变电所；2—馈电电缆；3—馈电点；4—架空线；5—回电电缆；6—回电点；7—轨道；8—电机车；9—集电弓；
A，B，C—交流电源；DK₁—三相闸刀开关；ZD—三相自动空气断路器；ZLB—整流变压器；
Z—硅整流原件；DK₂—两相闸刀开关；ZK—自动开关

4.1.2.2 电机车的电器设备

矿用电机车的电气设备主要包括牵引电动机、控制器、电阻器和集电器。

A 牵引电动机

目前矿用电机车的牵引电动机绝大多数采用直流串激电动机。

根据电工原理和图4-3，直流串激电动机线路使用下列符号：

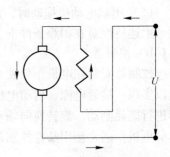

图4-3 直流串激电动机线路

U 为外电压（V）；E 为电枢的感应电动势（V）；I、I_j、I_s 分别为负荷电流、激磁电流、电枢电流（A）；R_j、R_s 分别为激磁绕组电阻、电枢电阻（Ω）；B、Φ 分别为激磁绕组的磁感应强度（T）及磁通（Wb）；l 为电枢上相应于产生电动力 F 的导线长度（m）；r 为电枢半径（m）；S 为磁通面积（m²）；n、v 分别为电枢转速（r/min）、电枢线圈的切线速度（m/s）；N、R_m 分别为激磁绕组的匝数及磁阻（A·匝/Wb）。则

电流
$$I_s = I_j = I$$

电动力
$$F = BIl = \frac{\Phi}{S}Il$$

电磁转矩
$$M = Fr = \frac{\Phi Ilr}{S} = \Phi IC_m$$

式中，C_m 称转矩常数，对已制成的电动机，C_m 是常数。

在磁场未饱和前
$$\Phi = \frac{IN}{R_m}$$

所以
$$M = I^2 \frac{NC_m}{R_m}$$

因为
$$E = Blv = \frac{\Phi}{S}l \frac{2\pi rn}{60} = \Phi nC_e$$

式中，C_e 称电机常数，对已制成的电动机，C_e 是常数。

$$U = E + I\ (R_S + R_j)$$

所以
$$I = \frac{U - E}{R_S + R_j} = \frac{U - \Phi n C_e}{R_S + R_j}$$

$$n = \frac{U - I\ (R_S + R_j)}{\Phi C_e} = \frac{U - I\ (R_S + R_j)}{\dfrac{IN}{R_m} C_e}$$

从上述公式可知，直流串激电动机的特性是：

（1）由于电枢电流等于电动机的负荷电流，在磁场未饱和前，电磁转矩与电枢电流的2次方成正比，因此启动转矩大，运行时的转矩也大。

（2）在外电压不变的情况下，外负荷增大，电动机转速减慢，使电枢电流加大，电磁转矩迅速增大，在新的条件下与外负荷平衡，令电枢等速运转。这种软特性使电机车不会因外负荷增大而停车。

（3）外负荷增大，电动机的电枢电流随之加大，由于其增加幅度比负荷的变动要小得多，因此过负荷能力强。

（4）外电压下降，电动机转速减慢，电枢电流基本保持不变，电磁转矩也基本不变，使电机车不会因外电压下降而停车。

（5）用双电动机拖动时，两台电动机的负荷比较均匀。

上述特性对在困难条件下工作的电动机车拖动，具有重大意义。

B　控制器

控制器安装在电机车驾驶室内，控制器顶部有主轴手柄和换向轴手柄。旋转主轴手柄可以实现：接通电源、启动电机车使之达到额定速度；对电机车调速；切断电源、对电机车进行能耗制动。旋转换向轴手柄可以实现：接通或切断电源；改变电机车的运行方向。

电机车通常使用凸轮控制器。单电动机凸轮控制器的工作原理如图4-4所示。控制器

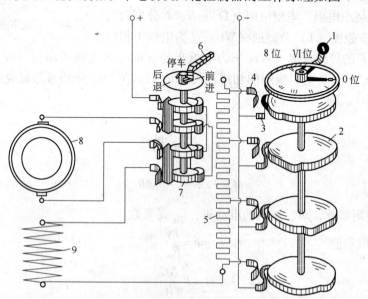

图4-4　单电动机凸轮控制器工作原理

1—主轴手柄；2—凸轮盘；3—活动触点；4—固定触点；5—电阻；6—换向轴手柄；
7—鼓轮；8—电枢；9—激磁绕组

主轴上装有若干个用坚固绝缘材料制成的凸轮盘2，凸轮盘侧面装有接触元件，接触元件由活动触点3和固定触点4构成。活动触点在凸轮盘凸缘推动下，能与固定触点紧密接触，凸缘离开后，活动触点在弹簧作用下复位，两个触点分离。旋转主轴手柄1能使各个凸轮盘按顺序闭合或断开各个接触元件，将电阻串入电路或从电路内切除。在图中，手柄顺时针从0位向8位转动，电动机启动并不断提高速度；反之，逆时针从8位向0位转动，电动机不断减速，手柄转到0位，电源切断。若将手柄继续逆时针从0位转向Ⅵ位，电机车受能耗制动减速停车。

控制器换向轴上装有鼓轮7，鼓轮上装有若干个活动触点，旋转换向轴手柄6，可使这些触点与它们对应的固定触点闭合或断开。在图示位置，电枢绕组被正接入电路，电动机正转，电机车前进；将手柄6转到停车位置，电源切断，电动机停机；将手柄6转到后退位置，电枢绕组被反接入电路，电动机反转，电机车后退。

C　电阻器

电阻器是牵引电动机启动、调速和电气制动的重要元件，放在电机车的电阻室内。目前主要使用带状电阻，它是一种用不同断面的高电阻康铜或铁铬镍合金金属带做成的螺旋状电阻。

D　集电器

架线式电机车利用集电器从架空线取得电能。目前常用图4-5所示的双弓集电器，底座1用螺栓固定在电机车的车架上，下支杆2与底座铰接，用弹簧4拉紧，上支杆3用绝缘材料制成，铰接在下支杆上，用弹簧5拉紧，上支杆上装有弓子6，在弹簧作用下，弓子紧靠在架空线上，并随架空线的高低而改变其升起高度。弓子用铝合金或紫铜制成，其顶部有一纵向槽，槽内充填润滑脂，随着电机车的运行，润滑脂涂在弓子和架空线表面，起润滑作用，并能减少弓子与架线之间产生火花。使用双弓可增大接触面积，减少接触电阻，并在一个弓子脱离架线时另一弓子可继续受电。弓子从架空线接受的电流，由电缆输送

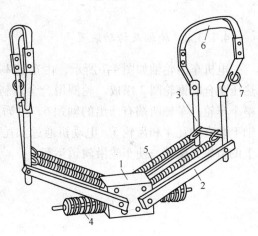

图4-5　双弓集电器
1—底座；2—下支杆；3—上支杆；
4，5—弹簧；6—弓子；7—绝缘环

到控制器。弓子上装有绝缘环7，上面系有绳子，在驾驶室内拉动绳子，可使弓子脱离架空线。

架空线用线夹夹紧后，用拉线悬吊在巷道壁或支架上，为了使架空线与巷道壁绝缘，拉线中间应装瓷瓶。架空线的悬吊间距，在直线段内不应超过5m，在曲线段内为2~3m。架空线与巷道内钢轨轨顶的垂直间距不应低于1.8m，在主要巷道中应不低于2m。

4.1.3　矿用电机车的机械结构

矿用电机车的机械部分包括车架、轮轴及传动装置、轴箱、弹簧托架、制动装置和撒砂装置。

4.1.3.1　车架

电机车的车架如图 4-6 所示，由纵向钢板 2，缓冲器 1、4 和横向钢板 3 等组成。纵板 2 厚 30~60mm，前后用缓冲器 4 和 1 连接，中间用横板 3 加固。横板将车架分为驾驶室、行走机构室和电阻室三部分。纵板的中部有两个侧孔 5 和一个侧孔 6，从孔 5 可看见轴箱 7 和弹簧托架 8，以便于检修，从侧孔 6 可调整刹车闸瓦与车轮的间距。缓冲器上有连接器，可将矿车连接在电机车上。

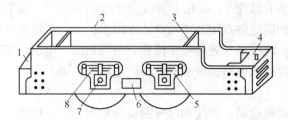

图 4-6　电机车的车架

1，4—缓冲器；2—纵板；3—横板；5，6—侧孔；7—轴箱；8—弹簧托架

4.1.3.2　轮轴及传动装置

电机车的轮轴如图 4-7 所示，由车轴 1、用压力嵌在轴上的两个铸铁轮心 2 和与轮心热压配合的钢轮圈 3 组成。轮圈用合金钢制成，耐磨性好，且磨损后可单独更换，不需换整个车轮。车轴两端有凸出的轴颈 6，可插入轴箱的滚柱轴承内，使车轴能顺利旋转。车轴上装有轴瓦 4 和齿轮 5，电动机通过轴瓦套装在车轴上（见图 4-8），经齿轮 8 驱动车轴上的齿轮 5 旋转，使车轮沿轨道运行。

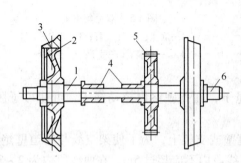

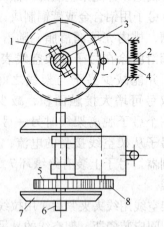

图 4-7　电机车的轮轴　　　　　　　　图 4-8　电机车的齿轮传动装置

1—车轴；2—轮心；3—轮圈；4—轴瓦；5—齿轮；6—轴颈　　　1—电动机；2—挂耳；3—车轴；4—弹簧；

5，8—正齿轮；6—轴颈；7—车轮

电动机的外形如图 4-9 所示，它的一端装有轴套 5，轴套套装在电机车的车轴上，使车轴在支承电动机的同时可以自由转动。从图 4-8 可知，电动机的另一端有挂耳 2，通过弹簧4悬吊在车厢纵板上。这种安装方法，结构紧凑，并保证在机车运行振动时，传动齿轮仍能正确啮合。

如图4-10所示，电机车的两根车轴4，各用一台电动机1，经齿轮2、3一级减速驱动。两个传动系统采用图示的顺序配置方式，以保证轴距不致过大，而电机车具有足够的稳定性。

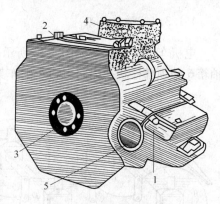

图4-9　牵引电动机
1—螺栓；2—整流子检查孔；3—轴承；
4—接线盒；5—轴套

4.1.3.3　轴箱

电机车的轴箱如图4-11所示，轴箱外壳1为铸钢件，箱内装有两个单列圆锥滚柱轴承4，车轴两端的轴颈插入轴承的内座圈，用支持环3和止推垫圈8防止车轴做轴向移动。轴箱外侧装有支持盖6，用来压紧轴承外座圆和承受轴向力，轴箱端面另用端盖7封闭。轴箱内侧装有毡垫密封圈2，可防止润滑油漏出和灰尘侵入。为了便于检修，轴箱外壳1由两半合成，用四个螺栓连接。轴箱顶部有一个柱状孔5，弹簧托架的弹簧箍底座就放在孔内，轴箱两端的凹槽卡在车架上，使轴箱固定。

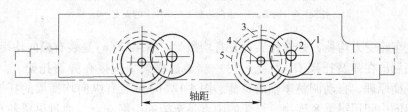

图4-10　电机车双轴传动的配置
1—电动机；2，3—齿轮；4—车轴；5—车轮

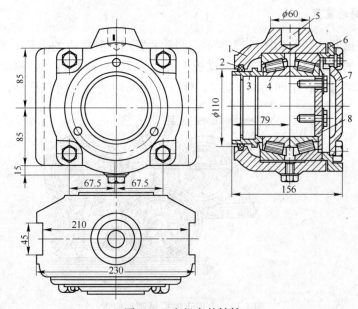

图4-11　电机车的轴箱
1—铸钢外壳；2—密封圈；3—支持环；4—滚柱轴承；5—柱状孔；6—支持盖；7—端盖；8—止推垫圈

4.1.3.4　弹簧托架

电机车的弹簧托架如图 4-12 所示，叠板弹簧 4 的中部用卡箍 3 箍紧，卡箍的底座插入轴箱 6 的顶部柱状孔内，电机车的车架用托架 5 悬吊在叠板弹簧的两端。

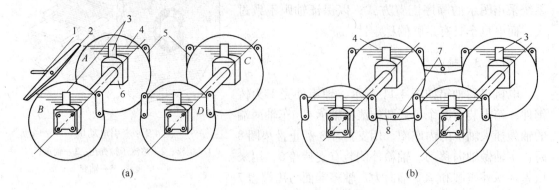

(a)　　　　　　　　　　　　　　　(b)

图 4-12　电机车的弹簧托架

（a）装有横向均衡梁的托架；（b）装有纵向均衡梁的托架

1—横向均衡梁在车架上的支点；2—横梁；3—卡箍；4—叠板弹簧；

5—托架；6—轴箱；7—纵向均衡梁在车架上的支点；8—纵梁

为了使车轮受力均衡，弹簧托架上装有均衡梁。图 4-12（a）是装有横向均衡梁的托架，车架的一端悬吊在弹簧托架 C、D 上，另一端通过横梁 2 支撑在弹簧托架 A、B 的外端，利用三点平衡原理，自动调整车轴的负荷。图 4-12（b）是装有纵向均衡梁的托架，前后两个弹簧托架的中间用纵梁 8 连接，纵梁的中点是车架的中部支点，通过纵梁使车轴负荷得到自动调整。

4.1.3.5　制动装置

电机车的机械制动装置如图 4-13 所示。制动装置用驾驶室内的手轮 1 操纵，手轮装在螺杆 3 上，螺杆的无螺纹部分穿过车架横板上的套管 2，只能旋转不能移动，螺杆的螺纹拧入均衡杆 4 的螺母内。正向转动手轮 1，螺杆 3 拖动均衡杆 4 向左移动，经拉杆 5 拖动

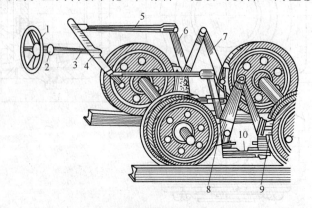

图 4-13　电机车的机械制动装置

1—手轮；2—套管；3—螺杆；4—均衡杆；5—拉杆；6，7—前、后杠杆；8，9—前、后闸瓦；10—调节螺杆

前后杠杆6、7，使前后闸瓦同时刹住车轮。反向转动手轮，闸瓦松开。螺杆10的两端有正反扣螺纹，可调整闸瓦与车轮的间隙。

4.1.3.6 撒砂装置

为了增大车轮与钢轨的黏着系数，提高机车的牵引力和防止车轮打滑，电机车装有如图4-14所示的撒砂装置。在车架行走机构室的四个角上，各装一个砂箱，箱中装有干燥的细砂。扳动驾驶室内的撒砂手柄，通过杠杆系统打开砂箱，砂经撒砂管流到车轮前端的钢轨上。放松手柄，挡板在弹簧作用下复位，切断砂流。若机车反向运行，则反向扳动手柄，使另一端的砂箱撒砂。

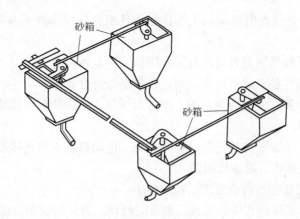

图4-14 电机车的撒砂装置

4.1.4 电机车的使用与维护

4.1.4.1 使用电机车的注意事项

电机车司机接班时，应按规定检查机车，并进行试车，证明一切正常后才能开始工作。

启动前，先插上控制器换向轴手柄，并把它转到前进（或后退）位置上，打响信号铃，松开制动闸，然后启动机车。启动时，顺时针旋转控制器主轴手柄，逐一地在每一挡位置分别停2~3s，直至将串接的电阻从牵引电动机电路中全部切除，电机车稳定运行为止。位置"5"和"8"是正常运转位置，允许在这两个位置上长时间行驶。其他位置属过渡性质，若长时停留将消耗过多电能，还可能烧坏电阻。转动主轴手柄时，不能将手柄停在两位置之间，否则会引起电弧，损坏触点。启动时，若手柄转到位置"1"，电机车不动，可将手柄转到位置"2"，若仍不动，必须将手柄转回零位置，检查原因。如果继续顺时针转动手柄，可能损坏电气设备。

运行时，司机应注意前方的信号灯，观察前方线路上是否有障碍物和行人，道岔位置是否正确，线路有无问题。当行经弯道、道岔和行人稠密地点时，应减速并打响信号铃。运行时若突然断电或掉道，应立即把主轴手柄转到零位置，以免发生事故。

制动时，应将主轴手柄转回零位置，切断电源，再逐挡转入能耗制动位置。同时转动手轮，加入机械制动，使列车平稳减速停车。制动时不能用闸瓦将车轮抱死，以免车轮在钢轨上滑动和损坏传动装置。制动结束后，应将主轴手柄转回零位置。

在启动开始和加速期间，若发现车轮有打滑趋势，应向钢轨撒砂。紧急制动时，也可向钢轨撒砂，以增加制动效果。

列车运行时，电机车应位于车组前面。只有调车时，才允许电机车在后面顶推车组。电机车工作时，司机应随时注意机车的工作状态，留心有无异常声响、气味和其他不正常现象，发现问题应及时处理。若电机车掉道，可用复轨器使其复轨。

4.1.4.2　电机车的日常维护

日常维护的任务是检查电机车的工作状态和各机件的可靠性，及时排除发现的故障。检查内容主要是：

(1) 检查控制器的操纵是否灵活可靠，闭锁装置是否符合要求。

(2) 检查制动装置是否灵活可靠，闸瓦位置是否符合要求。

(3) 检查集电器和其他电器设备的工作是否可靠，绝缘情况和接地是否符合要求，在集电器上添加润滑脂。

(4) 检查轴轮、轴箱、弹簧托架、传动齿轮、电动机轴承和连接器等的工作状态和润滑情况，拧紧各连接螺栓，添加润滑油。

(5) 检查撒砂装置是否符合要求，添加砂子。

在检查时和机车工作过程中，发现问题及时处理。若问题较多，则送机车库检修。

4.2　矿车

为了适应矿山工作的需要，矿用车辆种类很多。

运货车辆：运货车辆有运送矿石和废石的矿车，运送材料和设备的材料车、平板车等。

运人车辆：运人车辆有平巷人车和斜巷人车。

专用车辆：专用车辆有炸药车、水车、消防车、卫生车等。

矿用车辆中，数量最多的是运送矿石和废石的矿车。

4.2.1　矿车的结构和类型

4.2.1.1　矿车的结构

矿车由车厢、车架、轮轴、缓冲器和连接器组成。

车厢用钢板焊接而成，为了增加刚度，顶部有钢质包边，有时四周还用钢条加固。车架用型钢制成，其前后端装有缓冲器，下部焊有轴座。缓冲器的作用是承受车辆相互的碰撞力，并保证摘挂钩工作的安全。缓冲器有弹性和刚性两种：弹性缓冲器借助碰头推压弹簧起缓冲作用，通常用于大容积矿车；刚性缓冲器则用型钢或铸钢制成，刚性连接在车架上。

连接器装在缓冲器上，其作用是把单个矿车连接成车组，并传递牵引力。连接器要有足够的强度，摘挂钩方便，不会自行脱钩，并在垂直方向和水平方向有一定活动余地。常用连接器有链环式和转轴式两种：链环式一般由三个套环组成，两端钢环分别挂在两个矿车缓冲器的插销上；转轴式（见图4-15）由两个套环和转轴组成，两个套环分别挂在两个矿车缓冲器的插销上。由于左右套环能绕转轴独立旋转，使矿车组不必摘钩，每个矿车能在翻车机内独立卸载。

常用轮轴的结构如图4-16所示。在轴5的外侧装有两个单列圆锥滚子轴承3，轮毂6的孔内有凸肩，顶住两个轴承的外座圈，其内座圈借助轴的凸肩和螺母7压紧在轴上，并用开口销防松。轮毂内侧采用迷宫式密封，外密封圈点焊在轮毂上，内密封圈与轴肩的锥面结合。端盖1为冲压件，用螺钉固定在轮毂上。润滑脂经注油孔2注入，由于密封圈和油脂密封，灰尘和水不易浸入轴孔。轴上焊有挡环，防止车轴转动，但允许轴在轴座内作少量纵横向移动，以保证车轮同时着轨。车轮一般为铸钢件，轮缘经表面淬火处理。车轮直径由车厢容积决定，通常为250～450mm。车轮轮缘约呈圆锥形，锥度1∶20，使矿车自动沿轨道中心运行，并减少对运行部分的磨损和冲击。

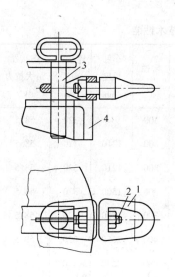

图4-15　转轴式连接器

1—套环；2—转轴；3—插销；4—缓冲器

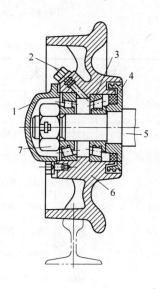

图4-16　轮轴结构

1—端盖；2—注油孔；3—单列圆锥滚子轴承；

4—迷宫式密封圈；5—轴；6—轮毂；7—螺母

矿车按车厢结构和卸载方式不同，一般分为固定车厢式、翻转车厢式、曲轨侧卸式及底卸式等主要类型。各类矿车除车厢结构不同外，其他部分大体相似。

4.2.1.2　矿车的类型

A　固定车厢式矿车

固定车厢式矿车如图4-17所示。车厢焊接在车架上，具有半圆形箱底，结构简单，坚固耐用，但必须使用翻车机卸载。

固定车厢式矿车的主要技术性能列于表4-1。

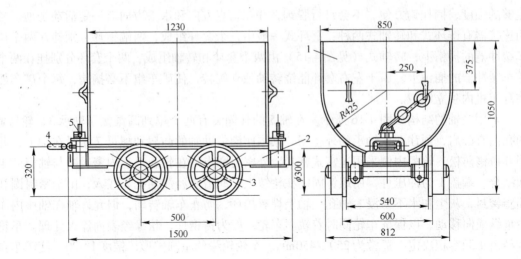

图 4-17　固定车厢式矿车 YGC0.7(6)型
1—车厢；2—车架；3—轮轴；4—连接器；5—插销

表 4-1　固定车厢式矿车的技术性能

矿车型号	车厢容积/m³	装载质量/kg	外形尺寸/mm			轨距/mm	轴距/mm	轮径/mm	车厢长度/mm	连接器高度/mm	连接器最大拉力/kN	矿车质量/kg
			长	宽	高							
YGC0.5(6)	0.5	1250	1200	850	1000	600	400	300	910	320	58.5	450
YGC0.7(6)	0.7	1750	1500	850	1050	600	500	300	1210	320	58.5	500
YGC0.7(7)	0.7	1750	1500	850	1050	762	500	300	1210	320	58.5	500
YGC1.2(6)	1.2	3000	1900	1050	1200	600	600	300	1500	320	58.5	720
YGC1.2(7)	1.2	3000	1900	1050	1200	762	600	300	1500	320	58.5	730
YGC2(6)	2	5000	3000	1200	1200	600	1000	400	2650	320	58.5	1330
YGC2(7)	2	5000	3000	1200	1200	762	1000	400	2650	320	58.5	1350
YGC4(7)	4	10000	3700	1330	1550	762	1300	450	3300	320	58.5	2620
YGC4(9)	4	10000	3700	1330	1550	900	1300	450	3300	320	58.5	2900
YGC10(7)	10	25000	7200	1500	1550	762	850	450	6780	430	78.4	7000
YGC10(9)	10	25000	7200	1500	1550	900	850	450	6780	430	78.4	7080

注：YGC10 为四轴式，带有转向架，转向架轴距 850mm，前后转向架最大轴距 4500mm。

　　B　翻转车厢式矿车

　　翻转车厢式矿车如图 4-18 所示。车厢横断面呈 U 形，两端焊有圆弧形翻转轨 3，翻转轨放在车架两端的平板状支座 2 上。装载和运行时，用车架上的斜撑（或销子）4 撑住翻转轨，使车厢固定。卸载时，移开斜撑（或拔出销子），在外力推动下，翻转轨沿支座滚动，翻转轨上的限位滚钉插入支座孔内，使车厢平稳翻转。卸载后反向推动车厢，使之复位，并用斜撑（或销子）固定。这种矿车卸载灵活，但坚固性较差，容积大时翻车费力。

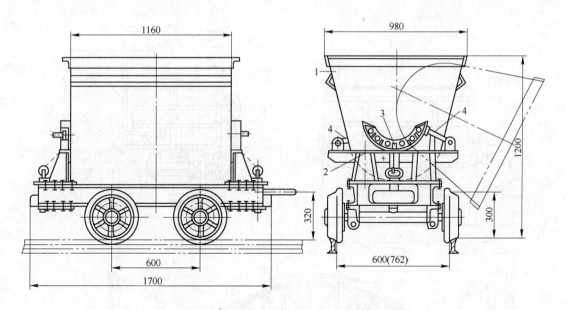

图 4-18　翻转车厢式矿车 YFC0.7(6)型
1—车厢；2—平板状支座；3—圆弧形翻转轨；4—斜撑

翻转车厢式矿车的主要技术性能列于表 4-2。

表 4-2　翻转车厢式矿车的技术性能

矿车型号	车厢容积/m³	装载质量/kg	外形尺寸/mm			轨距/mm	轴距/mm	轮径/mm	车厢长度/mm	连接器高度/mm	连接器最大拉力/kN	矿车质量/kg
			长	宽	高							
YFC0.5(6)	0.5	1250	1500	850	1050	600	500	300	1110	320	58.5	590
YFC0.7(6)	0.7	1750	1650	980	1200	600	600	300	1160	320	58.5	710
YFC0.7(7)	0.7	1750	1650	980	1200	762	600	300	1160	320	58.5	720
YFC1.0(7)	1.0	2500	2040	1410	1315	762	900	300	—	320	58.5	—
V型1.2(7)	1.2	3000	2470	1374	1360	762	900	300	—	320	58.5	1419

注：上述矿车的卸载角均为40°。

C　曲轨侧卸式矿车

曲轨侧卸式矿车如图 4-19 所示。车厢 1 用铰轴装在车架 8 上，车厢右侧板 4 用销轴 7 铰接在车厢上，当车厢在正常位置时，侧板 4 被挂钩 5 钩住关闭车厢侧板。卸载时，车厢侧面的滚轮 3 被曲轨 2 抬高，迫使车厢绕铰轴向右翻转，车架上的挡铁 6 将挂钩 5 顶开，矿岩即从车厢侧板卸入轨道侧面的溜井内。卸载后滚轮 3 沿曲轨 2 下降，车厢复位，侧板 4 被挂钩 5 钩住自动关闭。

卸载曲轨由曲轨 2、过渡轨 11、转辙器 10 和滚轮罩 12 组成。转辙器和过渡轨在曲轨两端各有一套，转动转辙器手柄，可使过渡轨的进口端前后移动。当进口端向前，电机车牵引矿车通过卸载站时，车厢上的滚轮被过渡轨引导，沿曲轨上升，使车厢翻转侧卸；当进口端向后，滚轮从曲轨侧面通过，不进入过渡轨和曲轨，矿车不翻转。曲轨顶部的滚轮

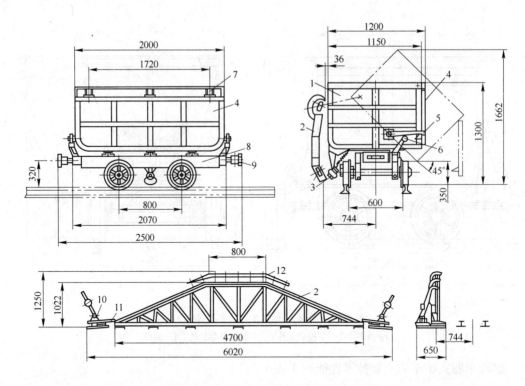

图 4-19 曲轨侧卸式矿车 YCC1.6(6)型

1—车厢；2—曲轨；3—滚轮；4—侧板；5—挂钩；6—挡铁；7—销轴；8—车架；

9—碰头；10—转辙器；11—过渡轨；12—滚轮罩

罩用来控制矿车的倾斜角，防止矿车重心外移倾倒，并引导车厢复位。

曲轨侧卸式矿车坚固耐用，卸载方便，已被很多矿山采用。

曲轨侧卸式矿车的主要技术性能列于表 4-3，卸矿曲轨的主要技术性能列于表 4-4。

表 4-3 曲轨侧卸式矿车的技术性能

| 矿车型号 | 车厢容积/m³ | 载重量质量/kg | 外形尺寸/mm | | | 轨距/mm | 轴距/mm | 轮径/mm | 连接器高度/mm | 连接器最大拉力/kN | 车厢长度/mm | 矿车质量/kg | 卸载角/(°) |
			长	宽	高								
YCC0.7(6)	0.7	1750	1650	980	1050	600	600	300	320	58.5	1300	750	40
YCC1.2(6)	1.2	3000	1900	1050	1200	600	600	300	320	58.5	1600	1000	40
YCC1.6(6)	1.6	4000	2500	1200	1300	600	800	350	320	58.5	—	1363	42
YCC2(6)	2	5000	3000	1250	1300	600	400	400	320	58.5	2500	1830	42
YCC2(7)	2	5000	3000	1250	1300	762	1000	400	320	58.5	2500	1880	42
YCC4(7)	4	10000	3900	1400	1650	762	1300	450	430	58.5	3200	3230	42
YCC4(9)	4	10000	3900	1400	1650	900	1300	450	430	58.5	3200	3300	42
YCC6(7)	6	15000	—	—	—	—	—	—	—	—	—	—	—
YCC6(9)	6	15000	—	—	—	—	—	—	—	—	—	—	—

表 4-4 卸矿曲轨技术性能

矿车型号	自重/kg	曲轨高度/mm	曲轨长度/mm	曲轨顶长度/mm	外形尺寸(长×宽×高)/mm×mm×mm
YCC1.6(6)	281	891	4700	800	6020×650×1120
YCC2(6)	431	930	5624	1300	6944×650×1160
YCC4(7)	586	1151	6400	1460	9400×801×1406

4.2.1.3 底卸式矿车

底卸式矿车如图 4-20 所示。车厢 1 是用厚钢板焊成的无底箱形体,其上口外围扣焊角钢,底部外围扣焊槽钢,并在四周用筋板加固。在车厢两侧腰部焊接槽钢,制成翼板 6,供卸载时使用。翼板外侧有限速用的摩擦板,下部有加强板及支承斜垫板,它们用沉头螺栓与翼板连接,磨损后可以更换。在车厢前后两端装有连接器 5。车架 2 用型钢焊接制成,上铺厚钢板和衬板作为车厢底,车架一端用铰轴与车厢上的轴承铰接,另一端用轴承装有卸载轮 4。由于车架较长,为了减小轴距,在车架下面装有两个转向架 3,每个转向架用两根轮轴支承,使矿车能通过曲率半径较小的弯道。装矿时矿石对车底的冲击,也可以用转向架上的弹簧组缓冲。

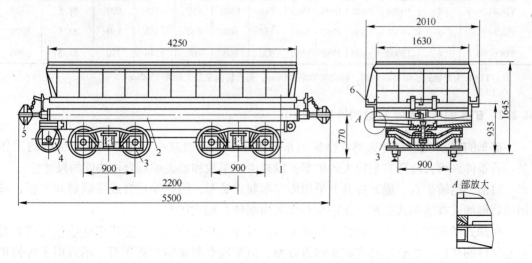

图 4-20 底卸式矿车 YDC6(7)型
1—车厢;2—车架;3—转向架;4—卸载轮;5—连接器;6—翼板

底卸式矿车用电机车牵引至卸载站卸载,其卸载方式如图 2-15 所示。矿车进入卸载站因卸矿漏斗 9 上部的轨道中断,车厢 1 由其两侧翼板 2 支承在漏斗旁的两列托轮组 3 上,车架 4 由于失去支承,被矿石压开,连同转向架 5 一起通过卸载轮 6 沿卸载曲轨 7 运行,车底绕端部铰轴倾斜,矿石借自重卸出,经卸矿漏斗 9 进入溜井。卸矿曲轨 7 是一条弯曲钢轨,位于车厢的中轴线上,从卸矿漏斗的一端通向另一端,其下部用工字钢加固。

电机车 10 进入卸载站后同样由两侧翼板 2 支承在托轮组 3 上,因而失去其牵引力。当靠近电机车的第一辆矿车的卸载轮处于卸载曲轨的左端卸载段时,由于矿石及车架的重力作用,曲轨对矿车产生反作用力,推动矿车前进。当第一辆矿车的卸载轮爬上曲轨右端的复位段时,第二辆矿车的卸载轮早已进入曲轨的卸载段,又产生推力推动列车前进。当最后一辆矿车的卸载轮沿曲轨复位段上爬时，虽无后续矿车的推力，但因列车的惯性和电机车已进入轨道产生牵引力，整个列车随即离开曲轨，驶出卸载站。

两列托轮组分别向车厢倾斜10°，车厢翼板下面的支承斜垫板放在托轮组上，使车厢保持水平并能自动对中。托轮的间距应保证车厢悬空时，每节车厢至少有三个托轮支承。在卸载过程中，由于矿车在卸载段不断产生推力，使车速加快，当车速过大时，会出现矿石卸不净的现象。为保证卸净矿石，应设置限速器。限速器的闸板用气缸推动，使闸板上的夹布胶木闸衬与翼板外侧的摩擦板接触，以降低车速。用手动操纵阀控制气缸即可达到限速目的。

卸载曲轨的卸载段倾斜22°，其最低点按车底最大倾角45°确定。曲轨的复位段有凸凹曲线，以便卸净矿石。由于卸载时车底倾角大以及矿石的流动冲刷，矿车无结底现象。

底卸式矿车的技术性能列于表4-5中。

表4-5　底卸式矿车的技术性能

矿车型号	车厢容积/m³	装载质量/kg	外形尺寸/mm			轨距/mm	轴距/mm	轮径/mm	车厢长度/mm	连接器高度/mm	连接器最大拉力/kN	矿车质量/kg
			长	宽	高							
YDC4(7)	4	10000	3900	1600	1600	762	1300	450	3415	600	58.5	4320
YDC6(7)	6	15000	5400	1750	1650	762	800	400	4540	730	58.5	6320
YDC6(9)	6	15000	5400	1750	1650	900	800	400	4540	730	58.5	6380

注：YDC6为四轴式，带有转向架，转向架轴距800mm，前后转向架最大轴距2500mm。

4.2.2　矿车的选择和矿车数的计算

矿车的容积按运输量选择，全矿的车型力求一致，以减小组车、调车和维修的工作量。若条件许可，应选容积较大的矿车，以减少矿车数和增大矿石合格块度的尺寸。

目前，运输矿石，罐笼提升，采用固定车厢式矿车，用箕斗提升或平硐溜井开拓，采用曲轨侧卸式或底卸式矿车。运输废石多采用翻转车厢式矿车。

底卸式矿车装载量大，卸载方便和干净，但卸载站结构复杂，适用于运输量大或矿石有黏结性的矿山。曲轨侧卸式矿车卸载方便，但车厢变形易漏细碎矿石，不宜用于含粉矿多、含水量大或矿石贵重的矿山。

矿车数的计算常用定点分布法。当确定工作电机车台数后，在需要同时工作的各区段平衡图上，按生产需要注明矿车分布情况，包括运行中的矿车数、装载点、卸载点、井底车场、地面车场等处的矿车数，将其相加再乘以检修和备用系数，即得矿井所需的矿车数

$$Z = \sum_{i=1}^{n} Z_i K_1 K_2$$

式中　Z_i——某地点使用的矿车数；

　　　n——矿井使用矿车的地点数；

K_1，K_2——分别为矿车的检修和备用系数，通常 $K_1 = 1.1$，$K_2 = 1.25 \sim 1.3$。

在人力装车和推车地点，应在编组处考虑一列矿车。列车摘钩才能卸载的卸载地点，应增加一列矿车。

废石车与矿石车形式不同时，应分别计算各自的车数。

4.2.3　矿车的使用与维护

　　矿车是巷道运输用量最多的设备，其使用与维护的好坏直接影响矿山的运输能力。因此，应正确使用及维护矿车，以提高其完好率和利用率。

　　使用矿车时，应避免矿车受猛力碰撞或其他损伤。缓冲器一般是矿车受碰撞最严重的部位，要经常检查。连接器是影响车组运行安全的重要部件，应注意维护。轮轴轴承的好坏和润滑情况是否正常，对矿车的运行阻力有很大影响，要定期清洗和注油。车厢的变形和黏结会减小矿车的有效容积，应及时处理。

　　目前车厢黏结已成为不少矿山运输中的严重问题。矿山采用的矿车清底方法有以下几种：

　　（1）人工清底。用锄头挖和大锤打，劳动强度大、效率低，又易损坏车厢，不宜使用。

　　（2）使用风锤冲击。在翻车机上安装风动冲击锤，矿车翻转后用风锤冲击车底。此法有一定效果，但易损坏矿车，也不宜使用。

　　（3）用高压水冲洗。此法清底效果好，但会造成矿仓和后续运输设备的黏结，特别在井下还牵涉到泥浆的沉淀和排除问题，使用时应慎重考虑。

　　（4）在车底铺胶带防止结底。如图4-21所示，用废旧胶带3铺在固定车厢式矿车的车底上，一边用压板螺栓5固定于车底，另一边用压板及螺栓2夹紧，通过链条1悬吊在车帮上。翻车卸载时胶带翻出，矿车转正时胶带复位。此法防止矿车结底效果好，但胶带容易损坏。

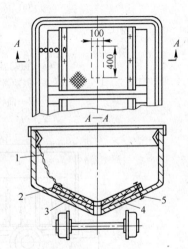

图4-21　胶带衬铺车底
1—悬吊链；2—压板及螺栓；3—胶带
750mm×1100mm；4—加强钢板；
5—固定压板螺栓

　　（5）用与翻车机联动的振动器清扫。如图4-22所示，矿车推入翻车机的笼体内固定，当笼体翻转到105°时，橡胶滚轮3进入曲轨7，活动架5带着振动器2及支撑板1，沿活动架导轨6压紧矿车底，在压紧弹簧4的同时，摩擦力使滚轮3旋转，通过增速机构使偏心轮8和9高速转动，产生高频振动，使黏结矿石脱落。当笼体回转到225°，滚轮离开曲轨，振动停止。此法清底效果较好，但翻车机结构复杂，容易损坏。

　　（6）用电效应清底。向结底矿车装入水沟中的水，至淹没结底层为止。从架空线向每个矿车的水中引入导线并通直流电，电流按架空线（电源正极）→导线→含水矿物→车厢壁→钢轨（电源负极）形成回路。液体离子导电产生电化学效应，黏结矿物电子导电产生电热效应，削弱了车厢壁对矿物的黏附力。一般通电3~5min，用电机车将列车牵引到卸载站，依次用翻车机将每个矿车翻转，再对车底施加一定的冲击力，黏结矿石即脱离车底自动下落。

　　为了提高电效应的清底效果，国内制成了图4-23所示的不黏结矿车。这种矿车由普通矿车加装若干组与车厢绝缘的条状电极而成，车厢和条状电极各有连线接头。矿车清底时使用图4-24所示的作业系统。

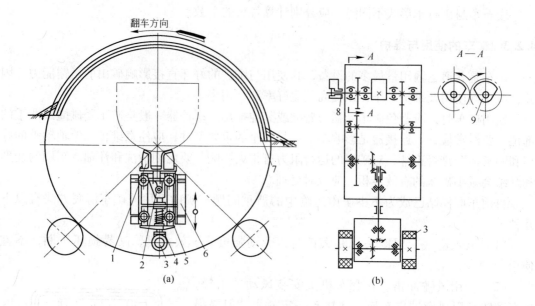

图 4-22 无动力振动清扫器

（a）振动器在翻车机内的位置；（b）振动器的传动部分

1—支撑板；2—振动器；3—橡胶滚轮；4—弹簧；5—活动架；6—活动架导轨；

7—曲轨；8—可调动力矩的偏心轮；9—偏心轮

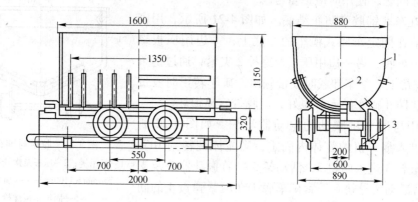

图 4-23 不黏结矿车

1—车厢；2—电极；3—供电连接器

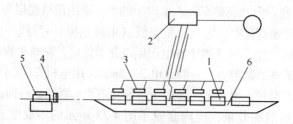

图 4-24 不黏结矿车作业系统

1—不黏结矿车；2—供电装置；3—供电连接器；4—喷湿装置；5—翻车机；6—作业车场

4.3 轨道

4.3.1 矿井轨道的结构

矿井轨道由下部结构和上部结构组成，如图4-25所示。

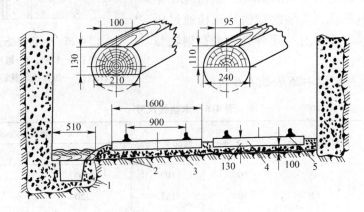

图4-25 矿井轨道的结构

1—水沟；2—巷道底板；3—道碴；4—轨枕；5—钢轨

下部结构是巷道底板，由线路的空间位置确定。线路空间位置用平面图和剖面图表示。平面图说明线路的平面布置，包括直线段、曲线段的位置及其平面连接方式。纵剖面图说明线路坡度及变坡处的连接竖曲线。横剖面说明线路在巷道内的布置情况。轨道线路应力求铺成直线或具有较大的曲线半径，纵向力求平坦，平巷沿重力方向有3‰的下向坡度，横向在排水沟方向稍有倾斜。

线路坡度，对斜巷用角度表示；对平巷用纵剖面图上两点的高差与其间距之比表示。设一条线路的起点、终点标高分别为H_1、H_2(m)，间距为L(m)，则

斜巷平均坡度
$$i_{平} = \arctan\left(\frac{H_2 - H_1}{L}\right)$$

平巷坡度
$$i_{平} = \frac{1000(H_2 - H_1)}{L} = \frac{1000(i_1 l_1 + i_2 l_2 + \cdots + i_n l_n)}{l_1 + l_2 + \cdots + l_n}$$

式中　i_1，i_2，$\cdots$，i_n——各段线路的坡度，‰；

　　l_1，l_2，$\cdots$，l_n——各段线路的长度，m。

线路上部结构包括道碴、轨枕、钢轨及接轨零件。

道碴层由直径20~40mm的坚硬碎石构成，其作用是将轨枕传来的压力均匀传递到下部结构上，不仅可以防止轨枕纵横向移动，缓和车轮对钢轨的冲击作用，还可以调节轨面高度。道碴层的厚度在倾角小于10°的巷道内不小于150mm，轨枕的2/3应埋在道碴中，轨枕底面至巷道底板的道碴厚度不小于100mm；在倾角大于10°的巷道内，轨枕通常铺在专用地沟内，其深度约为轨枕厚度的2/3，沟内道碴层厚度不小于50mm，若采用钢钎固定轨枕，道碴层厚度与平巷相同。道碴层的宽度，对600mm轨距，上宽1400mm，下宽1600mm；对900mm轨距，上宽1700mm，下宽2000mm。

轨枕的作用是固定钢轨，使之保持规定的轨距，并将钢轨的压力均匀传递给道碴层。矿

用轨枕通常用木材和钢筋混凝土制作。木轨枕有良好弹性、重量轻、铺设方便，但寿命短，维修工作量大，钢筋混凝土轨枕与之相反。在矿山推广使用钢筋混凝土轨枕，是节约木材的重要措施之一。

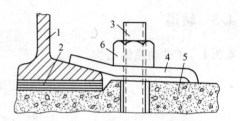

图4-26　钢筋混凝土轨枕
1—钢轨；2—胶垫；3—螺栓；4—弹性
压板；5—混凝土轨枕；6—螺帽

钢筋混凝土轨枕如图4-26所示，制造时在穿过螺栓处留有椭圆孔，安装时钢轨用螺栓通过压板压紧在轨枕上，为了有一定弹性，可在钢轨与轨枕间垫入胶垫。

木轨枕的尺寸如图4-25及表4-6所示。

表4-6　木轨枕尺寸

钢轨型号/kg · m⁻¹	轨枕厚/mm	顶面宽/mm	底面宽/mm	轨枕长/mm	
				轨距 600	轨距 762
8	100	100	100	1100	1250
11、15、18	120	100	188	1200	1350
24	130	100	210	1200	1350
33	140	130	225	1200	1350

钢筋混凝土轨枕的形状和尺寸如图4-27及表4-7所示。

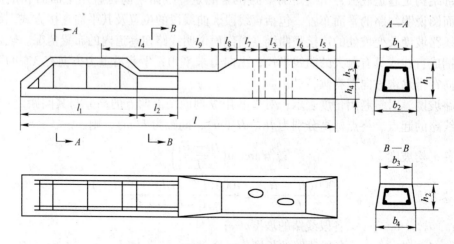

图4-27　钢筋混凝土轨枕的形状和尺寸

表4-7　钢筋混凝土轨枕尺寸

轨距/mm	机车质量/t	钢轨/kg · m⁻¹	枕距/mm	尺寸/mm								
				l	l_1	l_2	l_3	l_4	l_5	l_6	l_7	l_8
600	3	11 ~ 15	700	1200	400	150	91	275	100	84	71	54
600	10	18	700	1200	400	150	94	275	100	81	75	50
762	10	18	700	1350	485	190	104	349	130	92	109	50
900	20	24	700	1700	—	—	—	—	—	—	—	—
900	20	38	700	1700	—	—	—	—	—	—	—	—

尺寸/mm									钢材		混凝土	
l_9	b_1	b_2	b_3	b_4	h_1	h_2	h_3	h_4	钢号	kg	m^3	标号
150	120	140	126	140	130	91	80	50	A_5	1.57	0.015	300
150	160	180	126	188	130	91	80	50	A_5	2.25	0.021	300
190	180	200	186	200	150	105	100	50	A_5	3.88	0.032	300
330	170	200	140	160	145	110	95	50	A_3	12.85	68kg	300
330	170	200	140	180	145	110	95	50	A_3	13.39	68kg	300

钢轨是上部结构最重要的部分，其作用是形成平滑坚固的轨道，引导车辆运行方向，并把车辆给予的载荷均匀传递给轨枕。钢轨断面呈工字形，可保证在断面不大的情况下，具有足够的强度，而且轨头粗大，坚固耐用，轨腰较高，便于接轨，轨底较宽，利于固定在轨枕上。钢轨的型号用每米长度的质量（kg/m）表示，其技术性能列于表 4-8 中。

表 4-8 钢轨的技术性能

钢轨型号		高度/mm	轨头宽度/mm	轨底宽度/mm	轨腰厚度/mm	截面积/mm^2	理论质量/kg·m^{-1}	长度/m
轻型	8	65	25	54	7	1076	8.42	5~10
	11	80.5	32	66	7	1431	11.2	6~10
	15	91	37	76	7	1880	14.72	6~12
	18	98	40	80	10	2307	18.06	7~12
	24	107	51	92	10.9	3124	24.46	7~12
重型	33	120	60	110	12.5	4250	33.286	12.5
	38	134	68	114	13	4950	38.733	12.5

钢轨型号的选择主要取决于运输量、机车质量和矿车容积，一般可按表 4-9 选取。

表 4-9 中段生产能力与电机车质量、矿车容积、轨距、轨型的一般关系

运输矿石质量/万吨·a^{-1}	机车质量/t	矿车容积/m^3	轨距/mm	钢轨型号/kg·m^{-1}
<8	人推车	0.5~0.6	600	8
8~15	1.5~3.0	0.6~1.2	600	8~11
15~30	3~7	0.7~1.2	600	11~15
30~60	7~10	1.2~2.0	600	15~18
60~100	10~14	2.0~4.0	600,762	18~24
100~200	10、14 双机牵引	4.0~6.0	762,900	24~33
>200	10、14、20 双机牵引	>6.0	762,900	33

将钢轨固定在轨枕上的扣件和钢轨之间的连接件，统称接轨零件。钢轨与木轨枕用道钉连接（见图 4-28），与钢筋混凝土轨枕用螺栓和压板连接（见图 4-26）。安装重型钢轨时，为了增加轨枕的承压面积，可在钢轨与轨枕之间垫入垫板。钢轨之间通常用鱼尾板连接（见图 4-28），鱼尾板上钻有四个椭圆形孔，钢轨两端也钻有与之对应的孔。接轨时先用两块鱼尾板夹住两根钢轨的轨腰，再穿入螺栓夹紧。采用架线式电机车运输，钢轨是直流电回路，为了减少接轨处的电阻，通常在鱼尾板内嵌入铜片或铜线，也可在接轨处焊接导线。

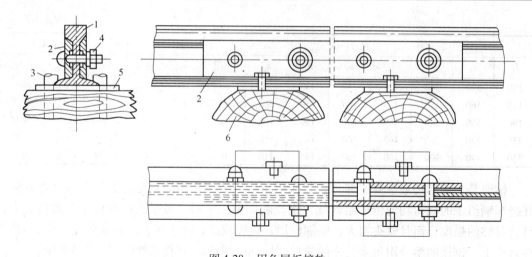

图 4-28　用鱼尾板接轨

1—钢轨；2—鱼尾板；3—道钉；4—螺栓；5—垫板；6—轨枕

轨枕间距一般为 0.7~0.9m。两根钢轨接头处应悬空，并缩短轨枕间距（见图 4-28）。

在某些大中型矿山的箕斗斜井、主溜井放矿硐室等地，采用硫黄水泥将钢轨锚固在混凝土整体道床上，如图 4-29 所示。此时不用轨枕和道碴，在巷道底板沿线路浇灌混凝土，并留下预留孔。安装时，先在孔中填入 10mm 厚的砂子，再把加热混合的硫黄和水泥混合液（重量比 1:1~1.5:1）灌入孔内，将加热的螺栓立即准确插入混合液，硫黄水泥快速凝固后，用螺帽和压板将钢轨固定在整体道床上。为了有一定弹性，可垫入胶垫。虽然这种整体道床坚固耐用，但不宜用于地震区。

4.3.2　弯曲轨道

车辆在线路曲线段运行与直线段不同，有若干特殊要求。

4.3.2.1　最小曲线半径

车辆在曲线段运行会产生离心力，而且车辆前后两轴不可能和曲线半径方向一致，因此车轮将和钢轨强烈摩擦，增大运行阻力（见图 4-30）。为了减少磨损和阻力，曲线半径不宜过小。通常在运行速度小于 1.5m/s 时，最小

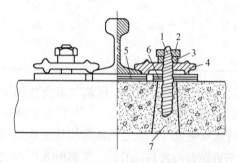

图 4-29　硫黄水泥锚固整体道床

1—螺栓；2—螺帽；3—弹簧垫圈；4—压板；
5，6—胶垫；7—硫黄水泥

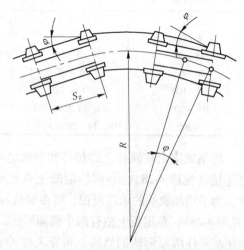

图 4-30　矿车通过弯道

曲线半径应大于车辆轴距的 7 倍；速度大于 1.5m/s 时，大于轴距的 10 倍；速度大于 3.5m/s 时，大于轴距的 15 倍。若通过弯道的车辆种类不同，应以车辆的最大轴距计算最小曲线半径，并取以米为单位的较大整数。

近年来，我国一些金属矿山使用有转向架的大容量四轴矿车，此时最小曲线半径可参考表 4-10 选取。

表 4-10　有转向架的四轴车辆通过弯道半径实例

使用地点	矿车形式	固定架轴距/m	转向架间距/m	弯道半径/m
凤凰山铜矿	底卸式，7m³	850	2400	30~35
凤凰山铜矿	梭式，7m³	850	4800	16
落雪矿	固定式，10m³	850	4500	20 偏小，推荐 25
三九公司铁矿	底卸式，6m³	800	2500	30
梅山铁矿	侧卸式，6m³	800	2500	20

曲线半径确定后，可在现场用弯轨器弯曲钢轨（见图 4-31）。将弯轨器的铁弓钩住钢轨外侧，顶杆 2 顶住钢轨内侧，用扳手扭动调节头 3，即可使钢轨弯曲。若曲线半径为 $R(\mathrm{m})$，轨距为 $S(\mathrm{m})$，则

外轨曲线半径　　　　$R_{外} = R + 0.5S$

内轨曲线半径　　　　$R_{内} = R - 0.5S$

4.3.2.2　外轨抬高

为了消除在曲线段运行时离心力对车辆的影响，可将曲线段的外轨抬高（见图 4-32），使离心力和车辆重力的合力与轨面垂直，从而使车辆正常运行。

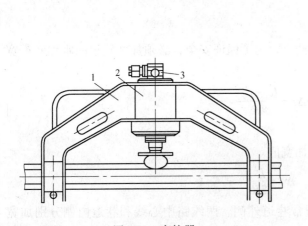

图 4-31　弯轨器

1—铁弓；2—螺旋顶杆；3—调节头

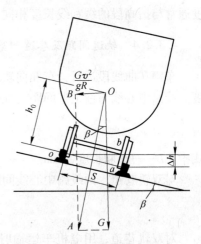

图 4-32　外轨抬高计算图

当重量为 $G(\mathrm{N})$ 的车辆，在轨距为 $S(\mathrm{m})$、曲线半径为 $R(\mathrm{m})$ 的弯道上，以速度 $v(\mathrm{m/s})$ 运行时，离心力为 $\dfrac{Gv^2}{gR}(\mathrm{N})$。因为 $\triangle OAB \backsim \triangle oab$，则 $\dfrac{Gv^2}{gR} : G = \Delta h : S\cos\beta$，所以 $\Delta h =$

$\dfrac{v^2 S \cos\beta}{gR}$，这里 Δh 单位为 m。由于外轨抬高后路面的横向倾角 β 很小，重力加速度 $g =$

$9.81 \mathrm{m/s}^2$，可认为 $\dfrac{g}{\cos\beta} = 10 \mathrm{m/s}^2$；所以 $\Delta h = \dfrac{100 v^2 S}{R}$，这里 Δh 单位为 mm。

外轨抬高的方法是不动内轨，加厚外轨下面的道碴层厚度，在整个曲线段，外轨都需要抬高 $\Delta h(\mathrm{mm})$。为了使外轨与直线段轨道连接，轨道在进入曲线段之前要逐渐抬高，这段抬高段称缓和线。缓和线坡度为 3‰ ~ 10‰，缓和线长度

$$d = \left(\dfrac{1}{3} \sim \dfrac{1}{10}\right)\Delta h \times 10^{-3}$$

式中　d——缓和线的长度，m；

　　　Δh——外轨抬高值，mm；

　$\dfrac{1}{3} \sim \dfrac{1}{10}$——缓和线坡度为 3‰ ~ 10‰所取的值。

4.3.2.3　轨距加宽

为了减小车辆在弯道内的运行阻力，在曲线段轨距应适当加宽。轨距加宽值 ΔS 可用经验公式计算。

$$\Delta S = 0.18 \dfrac{S_z^2}{R}$$

式中　S_z——车辆轴距，mm；

　　　R——曲线半径，mm。

轨距加宽时，外轨不动，只将内轨向内移动，在整个曲线段，轨距都需要加宽 $\Delta S \mathrm{mm}$。为了使内轨与直线段轨道连接，轨道在进入曲线段之前要逐渐加宽轨距，这段长度通常与抬高段的缓和线长度相同。

4.3.2.4　轨道间距及巷道加宽

车辆在曲线段运行，车厢向轨道外凸出，为了保证安全，必须加宽轨道间距和巷道宽度。线路中心线与巷道壁间距的加宽值

$$\Delta_1 = \dfrac{L^2 - S_z^2}{8R}$$

式中　L——车厢长度，mm。

对双轨巷道，两线路中心线间距的加宽值

$$\Delta_2 = \dfrac{L^2}{8R}$$

对双轨巷道，用电机车运输时，通常巷道外侧、两线路中心线和巷道内侧分别加宽 300mm、300mm 和 100mm。

4.3.2.5　两曲线连接

为了便于车辆运行，两曲线连接处必须插入一段直线。

两反向曲线连接，插入直线段长度 $S_{反} \geqslant d_1 + d_2 + S_z$。其中，$d_1$、$d_2$ 为两曲线外轨抬高

所需缓和线长度（m）；S_Z 为车辆轴距（m）。在特殊情况下 $S_反$ 可以缩短，但不能小于 S_Z 与两倍鱼尾板长之和。

两同向曲线连接，插入直线段长度 $S_同 \geq d_1 - d_2$。

4.3.3 轨道的衔接

把两条轨道衔接起来，使车辆从一条线路驶入另一条线路，通常应用道岔。道岔如图 4-33 所示，由岔尖 2、基本轨 3、过渡轨 4、辙岔 5、护轮轨 6 和转辙器 7 组成。

辙岔 5 位于两条轨道交叉处，包括翼轨 8 和岔心 9，通常将这两部分焊接在铁板 10 上或浇铸成为整体。岔心的中心角 α 称辙岔角，是两条线路中心线的交角。辙岔的标号 $M = 2\tan\dfrac{\alpha}{2}$。常用辙岔标号为 1/2、1/3、1/4、1/5 和 1/6，可参考表 4-11 选取。

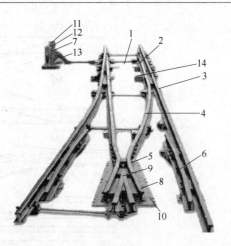

图 4-33 道岔结构
1—拉杆；2—岔尖；3—基本轨；4—过渡轨；
5—辙岔；6—护轮轨；7—转辙器；8—翼轨；
9—岔心；10—铁板；11—手柄；
12—重锤；13—曲杠杆；14—底座

表 4-11 辙岔的选择

运输方式或机车质量 /t	机车车辆要求的最小弯道半径 /m	平均运行速度 /m·s⁻¹	轨距/mm		
			600	762	900
			辙岔标号		
人推车	4	—	1/2	—	—
<2.5	5	0.6~2	1/3	1/3	—
3~4	5.7~7	1.8~2.3	1/4	1/4	—
6.5~8.5	7~8	2.9~3.5	1/4	1/4	—
10~12	10	3.0~3.5	1/4	1/4	1/4
14~16	10~15	3.5~3.9	1/5	1/5	1/5
斜坡串车	—	—	1/4, 1/5, 1/6	1/4, 1/5, 1/6	1/5, 1/6

过渡轨 4 是两根短轨，它的前后两端分别用鱼尾板与辙岔 5 和岔尖 2 连接。岔尖 2 是两根端部削尖的短轨，在拉杆 1 的带动下可左右摆动，分别与两侧的基本轨靠紧。控制岔尖位置，可按规定使车辆从一条线路转移到另一条线路。护轮轨 6 的作用是控制车轮凸缘的运动方向，使车轮凸缘从翼轨 8 和岔心 9 之间的沟槽中通过。转辙器的作用是带动拉杆移动岔尖，控制车辆的运行方向。

手动转辙器的结构如图 4-33 所示。底座 14 固定在轨枕上，座中装有曲杠杆 13，转动手柄 11，通过曲杠杆可带动拉杆 1，使岔尖左右摆动。重锤 12 的作用是使岔尖紧靠在基本轨上，并使之定位。

岔尖的摆动还可以使用机械、压气或电磁自动控制。

根据线路的位置关系，道岔有单开道岔（左向或右向）和对称道岔两种基本类型。渡线道岔、三角道岔和梯形道岔是它们的组合形式（见图 4-34）。

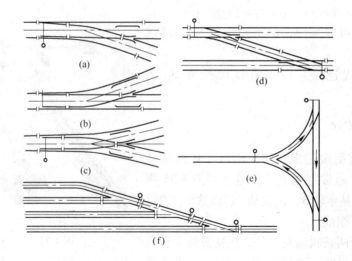

图 4-34 道岔基本类型

（a），（b）单开道岔；（c）对称道岔；（d）渡线道岔；（e）三角道岔；（f）梯形道岔

道岔在图中通常用单线表示，其各项数据如图 4-35 及表 4-12 所示。表中道岔标号横线前的第一位数字表示轨距，二、三两位数字表示轨型，横线中间的数字表示辙岔标号，横线后的数字表示弯曲过渡轨的曲线半径，左（右）表示道岔为左（右）向。例如，618-1/4-11.5 右，表示道岔轨距 600mm，轨型 18kg/m，辙岔标号 1/4，弯曲过渡轨曲线半径 11.5m，右向；$\frac{762}{24}$-1/4-16 左，表示道岔轨距 762mm，轨型 24kg/m，辙岔标号 1/4，弯曲过渡轨曲线半径 16m，左向。

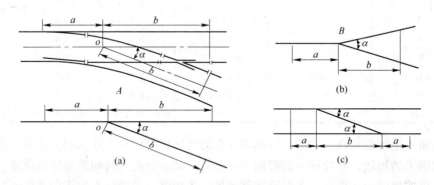

图 4-35 道岔单线表示

（a）单开道岔；（b）对称道岔；（c）单侧渡线

表 4-12 道岔规格

道岔类型	道岔标号	辙岔角 α	主要尺寸/mm		质量/kg
			a	b	
单开道岔 （右向或左向道岔）	608-1/2-4 右（左）	28°4′20″	1144	1816	150
	608-1/3-6 右（左）	18°55′30″	3063	2597	351
	611-1/4-12 右（左）	14°15′	3200	3390	518

道岔类型	道岔标号	辙岔角 α	主要尺寸/mm		质量/kg
			a	b	
单开道岔 （右向或左向道岔）	615-1/2-4 右（左）	28°4′20″	1144	1956	344
	615-1/3-6 右（左）	18°55′30″	3063	2597	597
	615-1/4-12 右（左）	14°15′	3200	3390	670
	618-1/2-4 右（左）	28°4′20″	1144	1816	317
	618-1/3-6 右（左）	18°55′30″	2302	2655	490
	618-1/4-11.5 右（左）	14°15′	2724	3005	413
	624-1/2-4 右（左）	28°4′20″	1197	1863	475
	624-1/3-6 右（左）	18°55′30″	2293	2657	652
	624-1/4-12 右（左）	14°15′	3352	3298	868
	$\frac{762}{15}$-1/4-16 右（左）	14°15′	3047	3952	—
	$\frac{762}{18}$-1/4-15 右（左）	14°15′	4257	3963	812
	$\frac{762}{18}$-1/5-15 右（左）	11°25′16″	3786	4879	835
	$\frac{762}{24}$-1/4-16 右（左）	14°15′	3184	3977	—
对称道岔	608-1/3-12	18°55′30″	1883	2427	213
	608-3/5-3.8	33°20′	1002	1288	139
	615-1/2-5	28°4′20″	1382	2018	440
	615-3/5-3.8	33°20′	1404	1496	405
	615-1/3-12	18°55′30″	1882	2618	508
	618-1/3-11.65	18°55′30″	3195	2935	550
	624-1/3-12	18°55′30″	1944	2496	618
	$\frac{762}{24}$-1/4-16	14°15′	1833	3071	—
单侧渡线	608-1/2-4 右	28°4′20″	1144	2250	278
	608-1/3-6 左	18°55′30″	3063	3062	635
	615-1/4-12 右（左）	14°15′	3200	4725	1055
	618-1/4-12 右	14°15′	2722	5514	1752
	624-1/4-12 右（左）	14°15′	3352	5906	1616
	$\frac{762}{24}$-1/4-12 右（左）	14°15′	2878	6103	2371
双侧渡线 （菱形道岔）	615-1/3-6	18°55′30″	3063	4492	1509
	615-1/4-12	14°15′	3200	5906	2619
	608-1/2-4	28°4′20″	1144	2242	677
	624-1/4-12	14°15′	3352	5709	3356
	$\frac{762}{15}$-1/4-16	14°15′	3160	7680	—
	$\frac{762}{24}$-1/4-12	14°15′	2878	7883	3923

4.3.4　矿井轨道的敷设和维护

敷轨前应做好下列准备工作：

（1）标定轨道中心线及轨道设计标高。在标定轨道中心线时，应每隔一定距离设一标桩。在直线段，标桩间距为 10～15m；在曲线段，标桩间距为 1m。定线时要检验巷道断面尺寸，若宽高不足，应予刷大。轨道的设计标高，通常标记在巷道壁或支架上。

（2）平整巷道底板和修砌排水沟。巷道底板的突出部分要刷掉，凹陷部分要用道碴填平。排水沟掘好后要加以砌筑，必要时应加装盖板。

（3）准备道碴、轨枕、钢轨和接轨零件，并运到敷轨地点。木轨枕应在放置垫板处砍出浅槽，并预先钻好道钉孔。曲线段所用钢轨应事先弯好。

（4）准备各项敷轨工具，如钢锯、板钻、撬棍、钳子、斧子、钉道锤、夯道镐、螺丝扳手、弯轨器、十字镐、铁锹、轨距尺、直角尺、水平尺、曲度规等。

敷轨通常按下列步骤进行：

（1）铺底碴。先在巷道底板上铺一层厚约 100mm 的道碴。

（2）放轨枕。根据轨道中心线，将轨枕按规定间距放在底碴上。在靠人行道一侧，轨枕端部应前后对齐。

（3）放钢轨。将钢轨顺序放在轨枕上。放置时应注意相互对齐并留出接头的间隙宽度，防止钉道时做过多窜动。

（4）初步钉道。在钢轨接头处上好鱼尾板。先将一根钢轨对齐后，用道钉将其两端和中部各钉在一根钢枕上，此时道钉长度只需打入一半。用轨距尺测定后，将另一根钢轨也钉在这三根轨枕上。然后用撬棍拨动轨枕，使轨道对正线路中心线，并使所有轨枕与钢枕垂直。

（5）正式钉道。用轨枕尺检查后，用道钉将钢枕牢固地钉在所有轨枕上。钉道钉时，要用撬棍把轨枕撬高，使之贴靠在轨底上，以便钉紧道钉。

（6）校正轨道位置和标高。钉道后，要用轨距尺检查轨距，用坡度器检查坡度，用水平尺和直角尺检查钢轨的平直情况等。若发现有问题，应及时调整。

（7）填满和夯实道碴。敷轨质量合格后，用道碴填满轨枕间隙并平整夯实。在夯实道碴时，应在轨枕两侧同时进行，先捣固两端，再捣固中央。最后使道碴厚度为轨枕高的 1/2～3/4，道碴外侧形成坡面。

敷轨结束并清理杂物后，应作通车检验。

敷道岔时，要控制好道岔的三个基本点，即两相交轨道中心线的交点、基本轨的起点和撤岔的几何中心点。

矿井轨道的日常维护，主要是预防线路的损坏和排除线路的故障：对线路经常观察，摸清轨道各处的轨距、坡度、弯道、道岔等对车辆的影响情况，分析原因，采取措施，预防线路发生故障。发现线路积水，轨道沉陷，轨距改变，轨枕、钢轨和道碴损坏，接轨零件松动和磨损等问题，要及时处理。

4.4　铁路运输辅助设备

巷道运输的辅助设备主要包括矿车运行控制设备、卸载设备和调度设备。这些设备多用于车场、装车站和卸载站，对实现运输机械化具有重要意义。

4.4.1 矿车运行控制设备

4.4.1.1 阻车器

阻车器安装在车场或矿车自溜的线路上，用来阻挡矿车或控制矿车的通过数量。阻车器分为单式和复式两种。

图4-36所示为简易单式阻车器，其转轴装在轨道外侧，二挡爪分别用人力扳动，在实线位置挡住车轮，虚线位置让矿车通行。图4-37所示为常用的普通单式阻车器，二挡爪1用转辙器手柄2通过拉杆系统3联动。当挡爪位于阻车位置，由于重锤4及转辙器上弹簧的作用，挡爪不会自行打开，提高了阻车的可靠性。

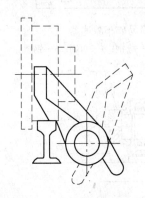

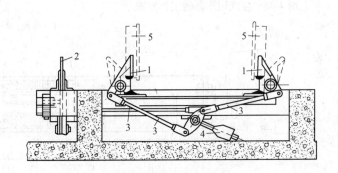

图4-36 简易阻车器

图4-37 普通单式阻车器
1—挡爪；2—转辙器手柄；3—拉杆；4—重锤；5—车轮

复式阻车器由两个单式阻车器组成，用一个转辙器联动，其中一个阻车器的挡爪打开时，另一个阻车器的挡爪关闭。复式阻车器用来控制矿车通过的数量，其工作原理如图4-38所示。图4-38(a)，前挡爪关闭，后挡爪打开，车组被前挡爪阻挡。图4-38(b)，前挡爪打开，后挡爪关闭，第一辆矿车自溜前进，后端车组被后挡爪阻挡。图4-38(c)，前挡爪关闭，后挡爪打开，车组自溜一段距离后，被前挡爪阻挡。重复上述过程，矿车就一辆一辆自溜前进。因此，只要反复扳动转辙器手柄，就能使矿车定量通过。每次通过的矿车数量，由前后挡爪的间距确定。

4.4.1.2 矿车减速器

矿车减速器用来减慢矿车的自溜速度。

图4-39所示为简易矿车减速器，角钢制成的弯头压板1安装在钢轨5的两侧，借弹簧2的弹力压向钢轨，弹簧装在角钢4上，角钢4与钢轨5用螺栓与槽钢3连接。当矿车沿钢轨驶来，车轮从弯头处挤入，车轮摩擦压板，速度减慢。

图4-40所示为气动摇杆矿车减速器，摇杆7的轴上装有一组摩擦片4，弹簧6通过环圈5压紧摩擦片。当矿车沿钢轨驶来，车轮推压摇杆使之摆动，摩擦片间的摩擦阻力使矿车减速，向气缸1通入压气，活塞2通过推杆3及环圈5推开弹簧6，摩擦片间的摩擦力

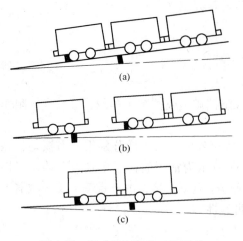

图 4-38　复式阻车器的工作原理

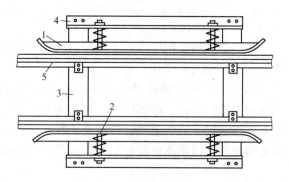

图 4-39　简易矿车减速器

1—压板；2—弹簧；3—槽钢；4—角钢；5—钢轨

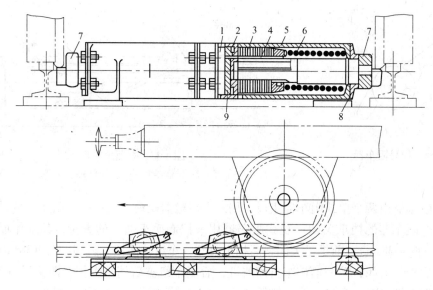

图 4-40　气动摇杆矿车减速器

1—气缸；2—活塞；3—推杆；4—摩擦片；5—环圈；6—弹簧；7—摇杆；8—轴套；9—轴承

减小，对车轮的阻力随之减小，由此调节压气压力，可调节矿车的减速度。

4.4.2　矿车卸载设备

固定车厢式矿车卸载需要使用翻车机，翻车机通常分为侧翻式和前翻式两种。

常用的侧翻式圆筒翻车机如图 4-41 所示。用型钢焊成的圆形翻笼 1 支撑在两侧的主动滚轮 2 和支撑滚轮 3 上，主动滚轮和支撑滚轮用轴承装置在支架 4 上。电动机通过齿轮减速器带动主动滚轮旋转时，借助摩擦力，翻笼也随之转动。将重矿车推至翻笼的轨道上，车轮被阻车器、车厢角铁挡板固定，扳动手柄 7，拉杆使制动挡铁 5 离开翻笼上的挡块 6，同时电动机启动，翻笼旋转，矿石从矿车中卸出，沿溜板 8 溜入矿仓。矿车卸载后，将手柄扳回原位，电动机断电，翻笼靠惯性继续旋转，当挡块 6 被挡铁 5 挡住时停止转动。此时，翻笼内的轨道正好与外面的轨道对正，打开阻车器，即可推入重车，顶出空车，进行下一次翻车。为了提高卸载效率，可用电机车顶推矿车进出翻笼，卸载时列车不脱钩，列车卸完后，立即用电机车拉走。

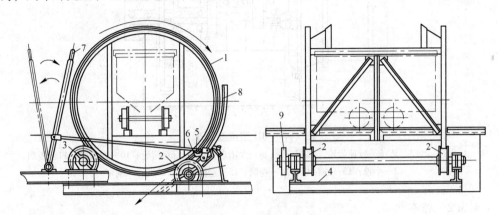

图 4-41 侧翻式圆筒翻车机

1—翻笼；2—主动滚轮；3—支撑滚轮；4—支架；5—制动挡铁；6—挡块；7—手柄；8—溜板；9—齿轮

简易的侧翻式翻车机可以不用动力，将翻笼内的轨道对翻笼偏心安装，并用闸带控制翻笼的运动。重车进入翻笼并固定后，松开闸带和挡铁，翻笼在自重作用下翻转卸载。卸载后，用闸带减速，当翻笼接触挡铁时停止转动。

简易的前翻式翻车机如图 4-42 所示。翻车机的底座 1 固定在卸载木架 2 上，底座上有圆轴 3，活动曲轨 4 通过连接板 6 安装在圆轴上。设计时，应使重矿车进入曲轨后与曲轨的重心位于圆轴的左侧；若为空矿车，则空车与曲轨的重心位于圆轴的右侧。当重矿车沿轨道进入曲轨后，由于联合重心位于圆轴左侧，曲轨带着重车绕圆轴

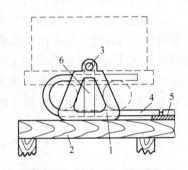

图 4-42 前翻式简易翻车机

1—底座；2—木架；3—圆轴；4—活动曲轨；5—垫木；6—连接板

向前翻转。卸载后，由于重心位于圆轴右侧，曲轨带着空车绕圆轴向后翻转，当曲轨接触垫木 5 时，翻车机恢复原位。翻车时，矿车车轮套在曲轨内，矿车不会从翻车机内掉出。

4.4.3 矿车调动设备

4.4.3.1 调度绞车

常用的 JD 型调度绞车如图 4-43 所示，电动机悬装在绞车卷筒外侧，传动机构装在卷筒内部，结构紧凑，外形尺寸小。电动机 1 通过齿轮 2、3 和齿轮 5、6 减速后，带动行星轮机构的太阳齿轮 8 旋转，再通过行星齿轮 9，带动内齿圈 10 转动。若用闸带 16 刹住内齿圈 10，则行星齿轮 9 在内齿圈的齿面上滚动，其小轴 12 通过连接板 13，带动卷筒 14 转动。卷筒左侧的凸缘 15 上装有闸带 17，可以控制卷筒的放绳速度。

调度绞车用钢绳牵引车组，可使车组在调车区域移动。

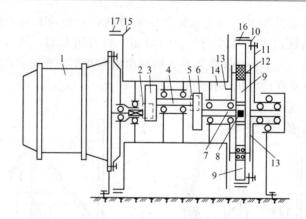

图 4-43　JD 型调度绞车

1—电动机；2，3，5，6—减速齿轮；4，7—轴；8—太阳齿轮；9—行星齿轮；10—内齿圈；11—板面；
12—小轴；13—连接板；14—卷筒；15—卷筒凸缘；16，17—闸带

4.4.3.2　推车机

推车机用于短距离推送矿车，可把矿车推入罐笼或翻车机，也可使矿车在车场中移动。它分为上推式和下推式两类。

常用的上推式推车机如图 4-44 所示。它是一个带推臂 6 的自行小车，可在槽钢制成的纵向架 1 内移动。小车由电动机、减速器、行走轮和重锤等组成。启动电动机 4，通过联轴器和蜗杆蜗轮减速器带动主动轮 2 转动，小车用推臂 6 顶推矿车前进。为了增加小车的黏着重量，在小车上装有重锤 5。当推车机将矿车推入罐笼，小车即扳动返程开关，电动机 4 反转，小车后退，推臂上的滚轮 8 沿副导轨 9 上升，使推臂抬高，从待推的矿车上

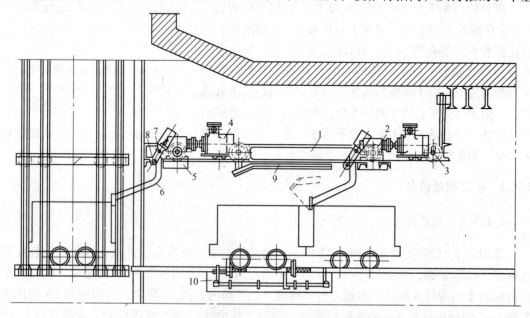

图 4-44　上推式推车机

1—纵向架；2—主动轮；3—从动轮；4—电动机；5—重锤；6—推臂；7—小轴；
8—滚轮；9—副导轨；10—复式阻车器

面经过，并在矿车后面落下。此时，小车返回原位，电动机自动断电。图中钢轨的下面是复式阻车器 10，它每次让一辆矿车通过。当扳动转辙器手柄，使阻车器前面的挡爪打开，后面的挡爪关闭时，电动机随之启动，推车机开始工作。

常用的下推式链式推车机如图 4-45 所示。推车机装在轨道下面的地沟内，板式链 1 位于轨道中间，它绕过前后链轮闭合，前链轮 6 为主动链轮，由电动机通过减速器驱动；后链轮为从动链轮，安装在链条拉紧装置 4 上。链条上每隔一辆矿车的长度安装一对推爪 2，前推爪只能绕小轴向后偏转，后推爪只能绕小轴向前偏转。因此，矿车可顺利从前后两端进入前后推爪之间，该矿车在链条顺时针转动时，被后推爪推着前进；链条停止运转时，前推爪起阻车器的作用。在链条上每隔一定距离装有滚轮，链条移动时，滚轮沿导轨滚动，托住链条，防止链条下垂。当矿车车轴较低时，推爪可直接推动车轴；若车轴较高，必须用角钢在车底焊成底板挡。

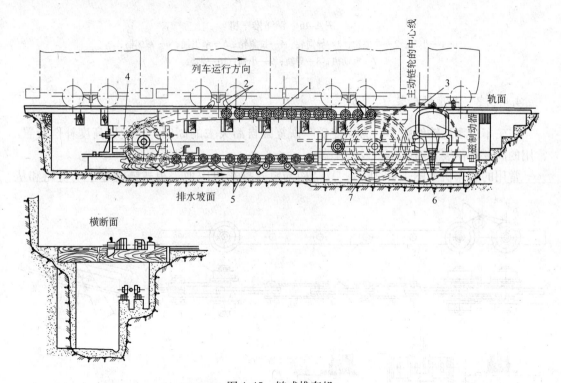

图 4-45　链式推车机

1—板式链；2—推爪；3—传动部；4—拉紧装置；5—架子；6—主动链轮；7—制动器

用链式推车机向翻车机推车时，推车机和翻车机的开停要交替进行，可用闭锁机构自动控制。当推车机将矿车推入翻车机时，推车机自动断电，电磁制动器抱闸停车，同时翻车机开动卸载。卸载完毕，翻车机自动停车，推车机又自动开车。

常用的下推式钢绳推车机如图 4-46 所示。电动机 7 经减速器 6 驱动摩擦轮 2 转动，拖动钢绳 5 牵引小车 1 沿导轨 8 前进或后退。小车上的推爪因重心偏后头部抬起，小车前进可推动矿车的车轴，使之沿钢轨 10 前进。小车后退，推爪遇到车轴可绕小轴 9 顺时针转动，从矿车下通过，为推动第二辆矿车做好准备。钢绳推车机结构简易，推车行程较长，被中小型矿山广泛使用，但推力较小，且易损坏。

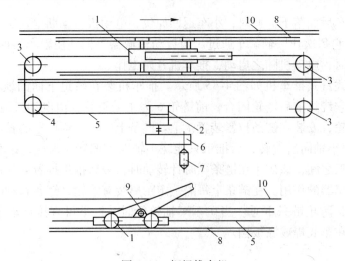

图 4-46　钢绳推车机

1—小车；2—摩擦轮；3—导向轮；4—拉紧轮；5—牵引绳；6—减速器；

7—电动机；8—导轨；9—小轴；10—钢轨

4.4.3.3　高度补偿装置

在矿车自溜运输线路上，为了使矿车恢复因自溜失去的高度，应设置高度补偿装置。常用的高度补偿装置有爬车机及顶车器。

常用的爬车机如图 4-47 所示，其结构与链式推车机类似。板式链绕过主动链轮和从

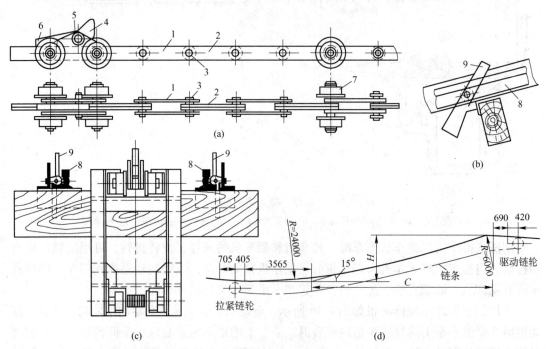

图 4-47　链式爬车机

（a）链条；（b）捞车器；（c）导向机架及钢轨的固定法；（d）总系统图

1，2—平板链带；3—小轴；4—推爪；5—轴；6—配重；7—滚轮；8—钢轨；9—捞车器

动链轮闭合，主动链轮装在斜坡上端，如图 4-47（d）用电动机经减速器驱动。从动链轮装在斜坡下端，其上装有链条拉紧装置。链条按缓和曲线倾斜安装，倾角以 15° 左右为宜。链条运转时，链条上的滚轮沿导轨滚动，防止链条下垂；链条上的推爪推着矿车沿斜坡向上运行，补修因自溜失去的高度。通常在爬车机前后设置自溜坡，使矿车进出爬车机自溜运行。为了防止发生跑车事故，在斜坡上安装若干捞车器。捞车器是一个摆动杆，矿车上行可顺利通过，下行则被捞车器挡住。

当补偿高度较小时，可用如图 4-48 所示的风动顶车器。气缸 2 直立安装在地坑内，其活塞杆上装有升降平台 1，平台上的轨道有自溜坡度，在下部与进车轨道衔接，在上部与出车轨道衔接。从下部轨道自溜驶来的矿车，车轴压下平台上的后挡爪，进入平台后被平台上的前挡爪阻挡，此时后挡爪复位，前后挡爪夹住矿车，使之固定在平台上。向气缸 2 通入压气，活塞杆伸出，平台 1 沿导轨 3 平稳上升至上部轨道，此时钢绳 4 通过杠杆打开前挡爪，矿车从平台自溜驶出，沿上部轨道运行。放出气缸中的压气，平台在自重作用下下降复位，为顶推第二辆矿车做好准备。

当补偿高度很大时，可用绞车沿斜坡牵引矿车上升。

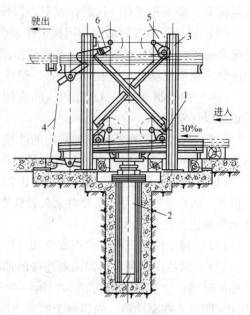

图 4-48　风动顶车器

1—平台；2—气缸；3—导轨；4—钢绳；
5—车轮；6—阻车器

4.4.4　辅助设备的使用与维护

为确保矿井提升机的安全运转，预防故障的发生，必须加强对矿井提升机的日常维护，维护要点如下：

（1）双筒提升机在进行调绳时（更换提升水平、调整钢丝绳长度等）容器必须是空载，不得升降人员和货物。为了安全，将游动卷筒容器上提到井口停车位置，并锁住游动卷筒，操纵固定卷筒进行调整绳长。

（2）在经常作连续下放重物的矿井，必须选用带动力制动的电控，如无动力制动而必须带闸重物下放时，必须严格注意制动闸瓦的温升，其最高温度不得超过 100℃，以免闸瓦产生高温降低摩擦系数，甚至造成闸瓦烧焦影响制动力矩。

（3）在使用过程中要经常检查闸瓦磨损情况，如闸瓦磨损超出 2mm，需及时调整以免影响制动力矩，同时要检查闸瓦磨损开关是否起作用。

（4）更换闸瓦时要注意不要一次全部换掉，这样会造成由于接触面积小而影响制动力矩，应逐步交替更换，即先更换一副闸上的两个闸瓦，让它工作一段时间后，其接触面积达到要求后，再换另一副闸上的闸瓦，这样既保证了运转的安全性又不影响生产。

（5）更换闸瓦和调整闸瓦间隙还需相应调整两个松闸返回弹簧。

（6）作用过程中要定期检查安全保护装置的可靠性，防止安全保护装置失效。

（7）圆盘深度指示器运动装置上的减速碰板要经常清洗，以免灰尘等脏物卡住造成减速失效。

（8）圆盘深度指示器在作用中如外部电源或控制电源突然断电，此时圆盘上的自整角机立即停转，而容器尚运行一段距离，造成指针与容器实际位置有偏差，因此在提升机恢复运转前，必须先进行一次罐位校对，以校正二者的偏差。

（9）要经常检查制动盘和闸瓦工作表面上是否沾有油污，如有油污，必须清洗干净。还应及时处理盘形制动器和调绳装置的渗漏油处，否则由于闸盘和闸瓦沾油使摩擦系数急剧降低，影响制动力矩（抱不住闸），造成严重的设备和人身事故。

（10）检修制动器和液压站时，除应使安全阀电磁铁断电外，还应利用锁紧装置将卷筒锁住以保安全。

（11）应经常观察液压站油箱内的油量是否在油面指示线范围内。工作油应保持清洁，最少要每半年更换一次，当油面有大量泡沫及沉淀物时应立即更换。

（12）电液调压装置中的永久磁铁由四个铜螺栓与铜芯上盖装在一起，一般情况下不宜拆开，否则影响磁力。需要对永久磁铁重新充磁时也应按上述装置形式充磁，不能单独将永久磁铁充磁后再装配。

（13）每个作业班都需检查安全阀动作是否可靠。

（14）从液压站到盘形制动器连接的油管及制动器液压缸内不许留有空气，否则将延长松闸时间。空气排除的方法为：第一次向制动缸内充油时，油压不宜过高，一般 5 ~ 10MPa 即可。在充油前，先将每个制动液压缸上的排气螺钉拧松（但不要取下），由于制动缸位置较高，在压力油推动下，管子内的空气均被挤入制动液压缸内，并从排气螺钉处逸出。在空气未排尽以前，放气螺钉处能感到有气体向外逸出，当排气螺钉处有压力油冒出来时表明气体已排尽，此时将排气螺钉拧紧。当位置最高的制动缸的放气螺钉处冒油时，表明所有空气已全部耗尽，拧紧排气螺钉即完成排气工作。一般情况下空气不再会进入油管和液压缸内，但时间长了可能还会有少量空气混入，所以当发现松闸时间较长时，应该重复一次上述排气过程。

（15）当液压站全部停止工作后（油泵停转，安全阀电磁铁断电），重新开始工作时，应先开动油泵电动机，然后再使安全阀电磁铁通电。

（16）应定期检查减速器的使用情况，若发现减速器有异常的响声和振动、温度有所上升，或齿面有扩展性的点触或大面积擦伤现象时，应及时停车检查和处理。必要时可与制造厂联系，使用单位应做好一切故障发展过程的记录，以供分析发生故障的原因之用。

（17）安全制动减速度不能太大，否则将会造成整个提升系统的冲击，甚至会产生断绳事故。因为当容器在全速运行中进行安全制动时，如果减速度偏大，卷筒立即停止转动，但上升容器由于惯性的作用仍继续向上移动造成提升钢丝绳的松绳现象，当容器惯性消失时，容器将以自由落体的速度下降，这时有可能将钢丝绳冲断，产生断绳事故。

（18）对使用箕斗提升的矿井，有时箕斗在卸料曲轨处偶尔被矿物卡住而未察觉，此时机器继续下放运转时就易产生由于松绳而冲断钢丝绳现象。因此要增设松绳保护装置，对其他容器提升和下放时，也应增设松绳保护装置，以防止罐道可能变形或其他障碍物造成容器被卡而产生松绳事故。

复习思考题

4-1 矿井轨道由哪些部分组成？

4-2 道碴层有哪些作用？

4-3 为什么平巷沿重力方向要铺成 3/1000 的向下坡度？

4-4 井下钢轨有哪几种型号？

4-5 布置弯曲轨道时应注意哪些问题？

4-6 为什么要在轨道曲线段抬高外轨？

4-7 矿井轨道连接时应注意哪些问题？

4-8 矿井轨道的日常维护包括哪些内容？

4-9 常见矿车有哪几种类型，各用于何种情况？

4-10 矿车主要由哪几部分组成？

4-11 矿用电机车是怎样分类的？

4-12 使用电机车时有哪些注意事项？

5 矿井提升设备

5.1 矿井提升概述

5.1.1 提升方式的分类

（1）按用途分：主井提升设备——专门提升矿石，副井提升设备——提升废石、升降人员、运送材料和设备等。

（2）按动力传输类型分：缠绕式提升（单绳缠绕式、多绳缠绕式），摩擦式提升（单轮摩擦式、多轮摩擦式）。

（3）按井筒倾角分：竖井提升，斜井提升。

（4）按提升容器分：罐笼提升（单罐笼、双罐笼），箕斗提升（单箕斗、双箕斗），罐笼箕斗提升。

（5）按电气拖动方式分：交流提升，直流提升（高速直流、低速直流）。

（6）按动力平衡方式分：不平衡提升，平衡提升。

（7）按提升机位置分：地面式，井下式。

（8）按卷筒类型分：圆柱形（单筒、双筒），圆锥形，圆柱圆锥形，绞轮。

5.1.2 矿井提升方式

5.1.2.1 井筒提升设备

矿井提升的任务是提升矿石、废石，升降人员、材料及设备。矿井提升设备由提升容器、提升钢丝绳、提升机、天轮、井架、装卸载装置组成。

目前，在金属矿山常用的提升方式有井筒倾角为90°的竖井，如图5-1所示，采取的提升方式有罐笼提升和箕斗提升。其中罐笼提升是一种间接提升方式，它将需要提升的货物装入某个固定的容器（矿车）内，然后将容器装入罐笼内提升到地表。箕斗提升是一种直接提升方式，将需要提升的货物直接装入箕斗，然后提升到地表。

另外，还有井筒倾角为0°~90°的斜井提升，如图5-2所示。

斜井提升容器主要有矿车、台车和箕斗。矿车用于串车提升，一般它只能在斜井倾角小于25°~30°时使用，台车的作用大致与竖井的罐笼相同，斜井箕斗的结构、作用等也大致与竖井箕斗相同。

5.1.2.2 提升动力传输

矿井提升机有单绳缠绕式提升机和多绳摩擦式提升机。单绳缠绕式提升机目前为我国

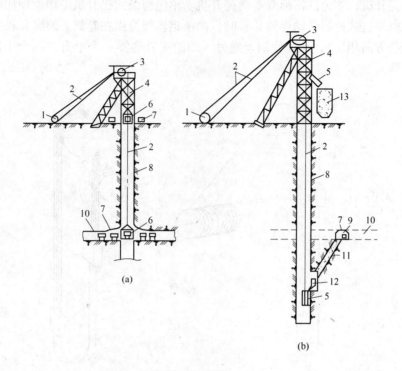

图 5-1 竖井提升设备

（a）罐笼提升设备；（b）箕斗提升设备

1—提升机；2—钢丝绳；3—天轮；4—井架；5—箕斗；6—罐笼；7—矿车；8—井筒；9—卸矿硐室；
10—井底车场；11—矿仓；12—计量装置；13—地面矿仓

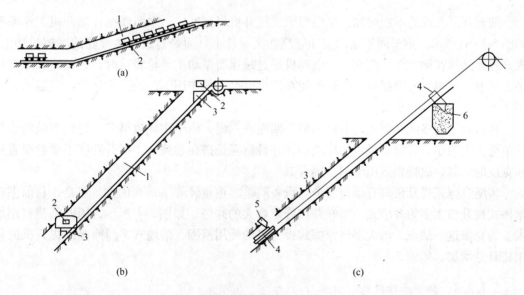

图 5-2 斜井提升

（a）串车提升；（b）台车提升；（c）箕斗提升

1—斜井；2—矿车；3—台车；4—箕斗；5—装矿计量装置；6—地面矿仓

普遍使用的提升机，多为圆筒形双卷筒提升机。单绳缠绕式提升机工作原理如图5-3(a)所示。当电动机经过减速器带动卷筒旋转时，两条钢丝绳分别在卷筒上缠绳和松绳（因两绳在卷筒上缠绕方向相反），从而使钢丝绳另一端的提升容器一个上升、一个下降，如此往复地进行工作。

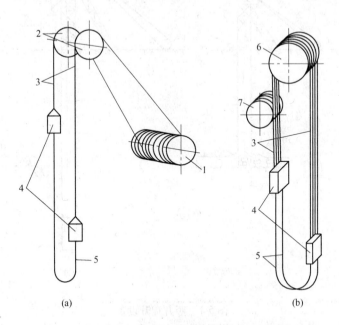

图 5-3   提升机的工作原理
(a) 单绳缠绕式；(b) 多绳摩擦式
1—卷筒；2—天轮；3—钢丝绳；4—提升容器；5—平衡尾绳；6—主导轮；7—导向轮

随着开采深度的不断增加，多绳摩擦式提升机得到推广。多绳摩擦式提升机工作原理如图5-3(b)所示。钢丝绳不是固定和缠绕在主导轮上，而是搭放在主导轮的摩擦衬垫上，提升容器悬挂在钢丝绳的两端。当电动机通过减速器带动主导轮转动时，钢丝绳和摩擦衬垫之间便产生很大的摩擦力，使钢丝绳在这种摩擦力的作用下，跟随主导轮一起运动，从而实现容器的提升和下放。

目前常用的多绳摩擦式提升机一般为四绳或六绳，由于钢绳数增多，每根钢绳的直径较单绳大大减小，卷筒直径也相应减小，并且钢绳是搭在卷筒上，提升高度不受卷筒直径和宽度的限制，故特别适用于深井提升。

多绳摩擦式提升机具有运行安全、设备简单、重量轻等一系列优点。但是，目前多绳摩擦式提升机大多为井塔式，需在井口修建高大的井塔，如图5-4所示，因此基建费用增大。为克服这一缺点，增大多绳摩擦式提升机的使用范围，落地式多绳摩擦式提升机的使用将日益增加，如图5-5所示。

5.1.2.3 新型悬挂提升

悬挂提升系统（见图5-6）是在单绳提升系统的基础上结合多绳提升的优点，加以改造而形成的新型提升系统，解决的是竖井井筒延深所带来的静张力不足，容绳量不够，主

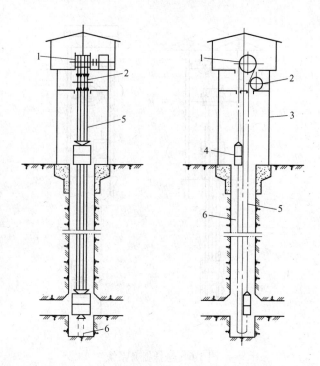

图 5-4　塔式多绳摩擦提升机罐笼提升系统
1—提升机；2—导向轮；3—井塔；4—罐笼；5—钢丝绳；6—尾绳

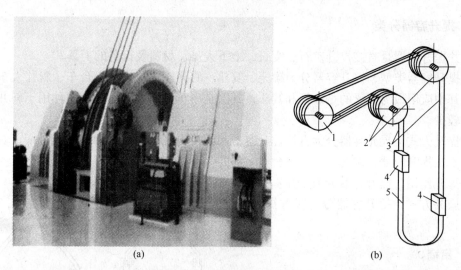

(a)　　　　　　　　　　　　　　(b)

图 5-5　落地式多绳摩擦提升
（a）多绳摩擦提升机实物图；（b）多绳摩擦提升机示意图
1—摩擦轮；2—天轮；3—钢丝绳；4—箕斗或平衡锤；5—尾绳

绳安全系数不足，只能更换提升系统的问题。据不精确计算，主提升绳直径可缩小约为原来的 $\frac{7}{10}$，提升高度可提高 30% 左右，而且取消了惯用的防坠器，使提升系统更加安全可靠。

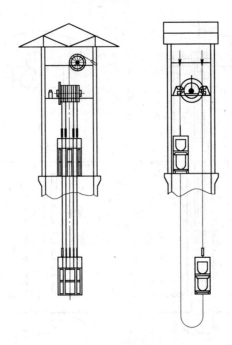

图 5-6　悬挂提升系统

5.2　竖井提升设备

5.2.1　提升容器分类

　　矿井提升容器是直接提升矿石、废石，上下人员、材料及设备的工具。

　　按提升容器类型，提升容器分为罐笼、箕斗、箕斗罐笼、串车、台车、斜井人车和吊桶等。其中应用最为广泛的是罐笼和箕斗，其次是串车及斜井人车，后两种用于斜井，台车应用较少。

　　按提升方式，提升容器分为直接提升容器和间接提升容器。其中箕斗、吊桶、箕斗罐笼属于直接提升容器，罐笼、串车、台车、斜井人车属于间接提升容器。

　　按提升作用，提升容器分为主井提升容器、副井提升容器和建井提升容器。

　　按服务方式，提升容器分为竖井提升容器和斜井提升容器。

5.2.2　吊桶

　　吊桶是竖井开凿和延深时使用的提升容器。吊桶依照构造可分为自动翻转式、底开式与非翻转式。后者可供升降人员、提运物料，在矿山竖井施工、竖井延深中广泛使用。吊桶按用途可分为矸石吊桶和材料吊桶两种。矸石吊桶（见图 5-7a）用来提升矸石，上下人员、材料。材料吊桶（见图 5-7b）用来向井下运送砌壁材

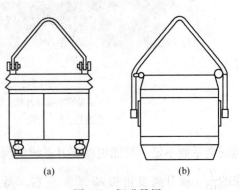

（a）　　　　　　　（b）

图 5-7　掘进吊桶
（a）矸石吊桶；（b）材料吊桶

料, 如混凝土、灰浆等。在凿井提升中, 吊桶的常用容积
为 1.5m³、2m³ 和 3m³。大型矿井吊桶容积已达 4~5m³, 有
的甚至达 7~8m³。吊桶与钢丝绳之间必须采用不能自行脱
落的连接装置。

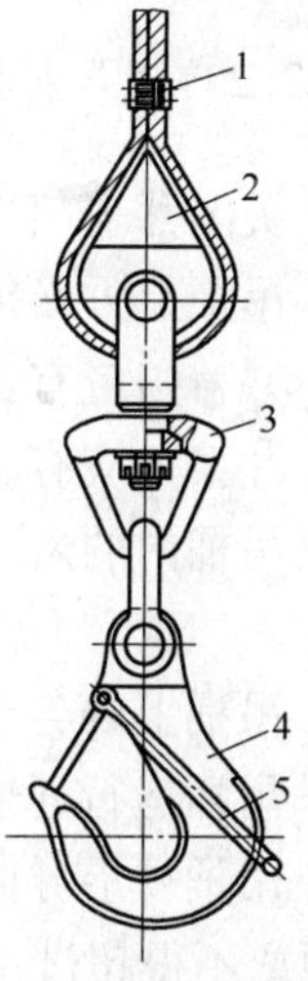

5.2.2.1 吊桶的结构

吊桶的主要装置包括钩头及连接装置、滑架、缓冲
器等。

钩头位于提升钢丝绳的下端, 用来吊挂吊桶。钩头应
有足够的强度, 摘挂钩应方便, 其连接装置中应设缓转器,
以减轻吊桶在运行中的旋转。其构造如图5-8所示。

滑架位于吊桶上方, 用以防止吊桶沿稳绳运行时发生
摆动。滑架上设保护伞, 防止落物伤人, 以保护乘桶人员
安全。滑架的构造如图5-9所示。

缓冲器位于提升绳连接装置上端和稳绳的下端两处,
是为了缓冲钢丝绳连接装置与滑架之间、滑架与稳绳下端之间的冲击力量而设的。缓冲器
构造如图5-10所示。

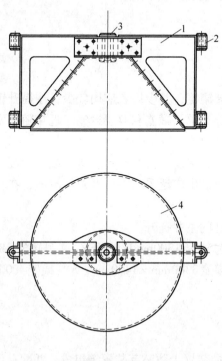

图 5-8 钩头和连接装置
1—绳卡; 2—护绳环; 3—缓转器;
4—钩头; 5—保险卡

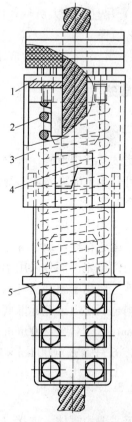

图 5-9 滑架
1—架体; 2—稳绳定向滑套; 3—提升钢绳
定向滑套; 4—保护伞

图 5-10 提升钢绳缓冲器
1—压盖; 2—弹簧;
3, 4—外壳; 5—弹簧座

5.2.2.2　用吊桶提升的注意事项

（1）关闭井盖门之前，禁止装卸吊桶或往钩头上系扎工具或材料。

（2）吊桶上方必须设坚固的保护伞。

（3）井盖门应有自动启闭装置，以便吊桶通过时能及时打开和关闭。

（4）井架上应有防止吊桶过卷的装置，悬挂吊桶的钢丝绳应设稳绳装置。

（5）吊桶内的岩渣应低于桶口边缘 0.1m，装入桶内的长物件必须牢固捆绑并绑在吊桶梁上。

（6）吊桶上的各个部件，每班必须检查一次。

（7）吊桶运行通道的井筒周围，不得有未固定的悬吊物件。

（8）吊桶须沿导向钢丝绳升降。竖井开凿初期无导向绳时，或吊盘下面无导向绳部分的升降距离不得超过 40m。

（9）乘吊桶人数不得超过规定人数，乘桶人员必须面向桶外，严禁坐在或站在吊桶边缘。装有物料的吊桶，禁止乘人。

（10）禁止用自动翻转式或底开式吊桶升降人员，特殊情况时（如抢救伤员）可以临时应用。

（11）吊桶提升人员到井口时，必须待出车平台的井盖门关闭、吊桶停放稳后，方准人员进出吊桶。

（12）井口、吊盘和井底工作面之间必须设置良好的联系信号。

5.2.3　罐笼

5.2.3.1　罐笼分类

罐笼按其结构不同，可分为普通罐笼和翻转罐笼，其中后者应用较少；按提升钢丝绳的数目可分为单绳罐笼和多绳罐笼；按层数可分为单层罐笼和双层罐笼。近年随着发展出现了合金罐笼。

与箕斗相比，罐笼是一种多用途的提升容器，它既可提升矿石，也可以提升废石、升降人员、运送材料及设备等。我国金属和非金属矿山广泛采用单层及双层罐笼，在材质上主要采用钢罐笼，部分采用铝合金罐笼。

罐笼主要用于副井提升，也可用于小型矿井的主井提升。

我国金属矿山罐笼标准底盘尺寸分别为 1 号罐笼 1300mm×980mm，2 号罐笼 1800mm×1150mm，3 号罐笼 2200mm×1350mm，4 号罐笼 3300mm×1450mm，5 号罐笼 4000mm×1450mm，6 号罐笼 4000mm×1800mm。

5.2.3.2　罐笼结构

罐笼主要由罐体、连接（悬挂）装置、导向装置、防坠落装置等组成，并配有承接装置，图 5-11 所示为双层罐笼。

（1）罐体。罐体是由槽钢、角钢等构件焊接或铆接而成的金属框架，其两侧焊有带孔的钢板，上面设有扶手，供升降人员用。罐底设坚固的无孔钢板。为避免矿车在罐内移动，在罐底装有阻车器（罐挡）。罐笼顶部设有可打开的顶盖门，以便装入长材料。罐笼两端装设罐门或罐帘。

（2）防坠落装置。升降人员的单绳提升罐笼必须装设安全可靠的防坠器。木罐道罐笼采用 YM 型防坠器。钢丝绳罐道采用 YS 型、GS 型、BF 型、FS 型防坠器。

（3）连接装置。连接装置又称悬挂装置，是指钢丝绳与提升容器之间的连接器具。一般采用双面夹紧自动调位楔形绳卡连接装置，其结构为：两块侧板用螺栓连接在一起，钢丝绳绕装在楔块上，当钢丝绳拉紧时，楔块挤进由梯形铁（能自动调位）与侧板构成的楔壳内，将钢丝绳两边卡紧。吊环和孔用来调整钢丝绳长度。限位板在拉紧钢丝绳后用螺栓拧紧，以阻止楔块松脱。其特点是：钢丝绳直线进入；能防止在最危险部分产生附加弯曲应力，可减少断丝现象，延长钢丝绳使用寿命。双面夹紧具有较大的楔紧安全系数，可防止钢丝绳因载荷的变化在楔面上产生的滑动及磨损；自动调位结构能使钢丝绳上夹紧压力分布均匀，且其长度较短，可减少容器的总高度。

图 5-11　双层罐笼实物图

（4）导向装置。罐笼的导向装置一般称为罐耳，有滑动和滚动两种。罐笼借助罐耳沿着装在井筒中的罐道运动，导向装置与罐道配合，使提升容器在井筒中稳定运行，防止其发生扭转或摆动。罐道有木质、金属（钢轨和型钢组合）、钢丝绳三种。钢丝绳罐道由于具有结构简单、节省钢材、通风阻力小、便于安装、维护简便等优点，已经获得越来越广泛的使用。

罐体结构如图 5-12 所示，一般由骨架、侧板、罐顶、罐底及轨道等组成。罐笼顶部设有半圆弧形的淋水棚和可以打开的罐盖，以便运送长材料时用，一般罐笼两端设有帘式罐门，以保证提升人员时的安全。

5.2.3.3　罐笼防坠装置

罐笼防坠装置又称防坠器，是在提升容器因钢丝绳、连接装置等断裂发生意外事故时，能使提升容器立即卡在罐道上而不坠落的装置。防坠器的形式与罐道类型有关。目前广泛采用的是制动绳防坠器。

为保证生产及人员的安全，升降人员或升降人员和物料的单绳提升罐笼必须装设可靠的防坠器。当提升钢丝绳或连接装置万一被拉断时，防坠器可使罐笼平稳地支承在井筒中的罐道（或制动绳）上，而不致坠落井底。防坠器必须保证在任何条件下都能制动住断绳下坠的罐笼，动作应迅速而又平稳可靠。罐笼的最大允许减速度、减速延续时间、防坠器动作的空行程时间、罐笼制动距离等必须符合具体规定，保证制动罐笼时人身的安全。

防坠器一般由开动机构、传动机构、抓捕机构和缓冲机构四部分组成。开动和传动机

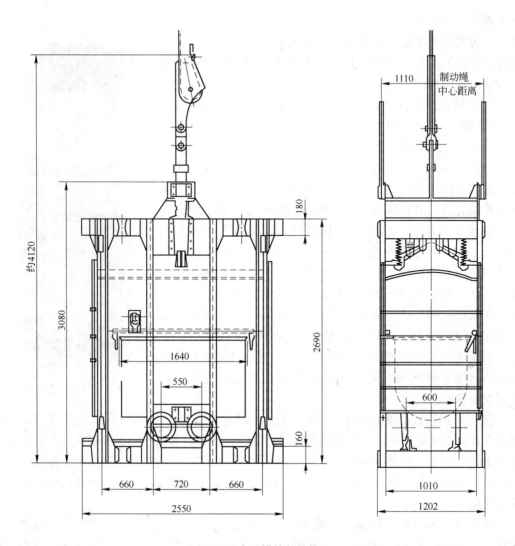

图 5-12　常见罐笼的结构

构一般是互相连接在一起，由断绳时自动开启的弹簧和杠杆系统组成；抓捕机构和缓冲机构在一般防坠器上是联合的工作机构，有的防坠器还装有单独的缓冲装置。

一般防坠器的类型可分为靠抓捕机构对罐道的切割插入阻力制动罐笼的切割式，靠抓捕机构和罐道之间的摩擦阻力制动罐笼的摩擦式，抓捕机构与支承物（制动绳）之间无相对运动的定点抓捕式三种。

图 5-13 是木罐道防坠器工作原理图，弹簧 2 在正常状态下处于压缩形态，钢丝绳断裂时，弹簧 2 伸长通过传动装置，使杠杆 8 向上抬起，启动抓捕机构工作，使卡爪齿切入罐道。

图 5-14 是 FLS 型制动绳防坠器系统图，正常状态时，罐笼 9 沿钢丝绳相对运动，正常工作。

图 5-15 是 FLS 型防坠器的抓捕器和传动装置，正常时弹簧 7 处于压缩形态，钢丝绳断裂时，弹簧伸长，传动系统使两个闸瓦卡住制动钢丝绳，完成防坠落任务。

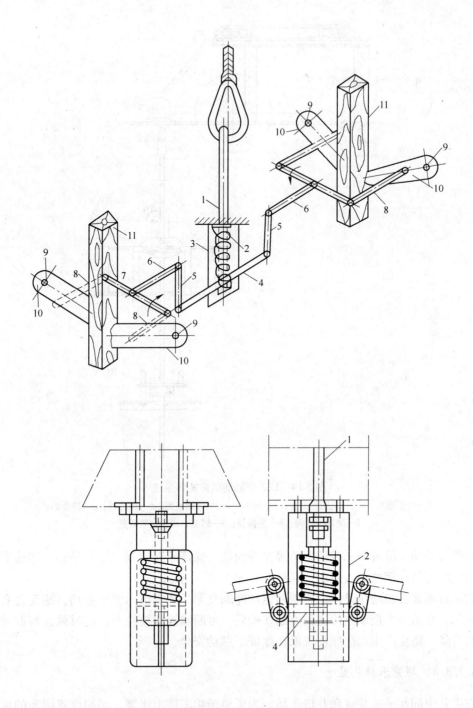

图 5-13 木罐道防坠器的工作原理
1—主拉杆；2—弹簧；3—圆筒；4, 8—杠杆；5, 6—传动连杆；7—杆；9—小轴；10—卡爪；11—木罐道

发生断绳事故时，为了保证罐笼安全平稳地制动住，制动时减速度不宜过大，采用了缓冲器，其结构如图 5-16 所示。断绳时，抓捕器卡住制动钢丝绳，制动钢丝绳通过连接器拉动缓冲绳在缓冲器中作一定的移动，这时缓冲绳通过缓冲器时的弯曲变形和摩擦力及

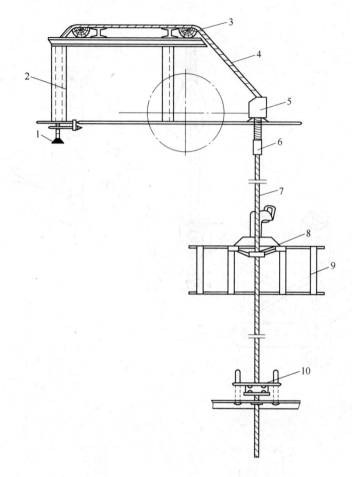

图 5-14 FLS 型制动绳防坠器系统

1—合金绳头；2—井架天轮平台；3—圆木；4—缓冲钢丝绳；5—缓冲器；6—连接器；
7—制动钢丝绳；8—抓捕器；9—罐笼；10—拉紧装置

拉拔时所做的功，就可用来抵消下坠罐笼的动能，保证断绳后制动过程平稳。连接器作为制动钢丝绳与缓冲钢丝绳连接用，其结构如图 5-17 所示。

断绳后罐笼被制动住时，由于制动钢丝绳的变形，产生纵向弹性振动，罐笼会有反复起跳现象。在第一个振动波传递到可断螺栓后，可断螺栓即被拉断，这时罐笼与制动钢丝绳同时升降，防止产生二次抓捕现象，保证了制动安全。

5.2.3.4 罐笼承接装置

在矿井中间水平、井底和井口车场，为了便于矿车进出罐笼，必须设置罐笼的承接装置。承接装置有摇台、罐座（托台）、承接梁和支罐机。中间水平车场规定使用摇台，承接梁只能用于井底车场，摇台和罐座可用于井底和井口车场。

（1）摇台。摇台是进出矿车的过渡装置，不会发生墩罐事故，因此被广泛采用。摇台由能绕轴转动的两个摇臂组成，如图 5-18 所示。其操作过程是：当罐笼进出台时，气缸供气使滑台后退，作用在摇臂上的外动力与摇臂脱开，摇臂靠自重搭接在罐笼上进行承接

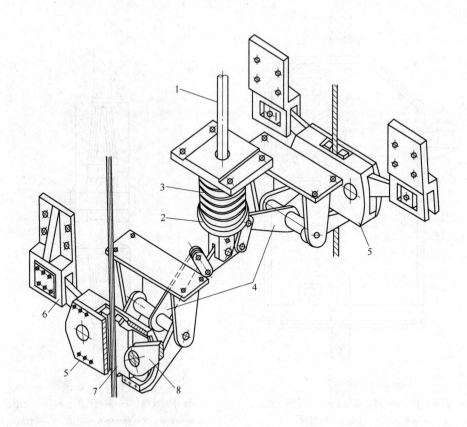

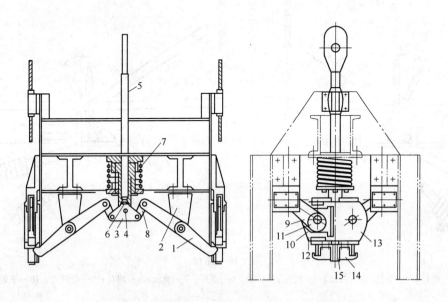

图 5-15 FLS 型防坠器的抓捕器和传动装置

1—杠杆；2—支座；3—平衡板；4—小轴；5—拉杆；6—定位销；7—弹簧；8，14—连接板；9—偏心杠杆；

10—闸瓦；11—偏心凸轮；12，13—侧板；15—导向套

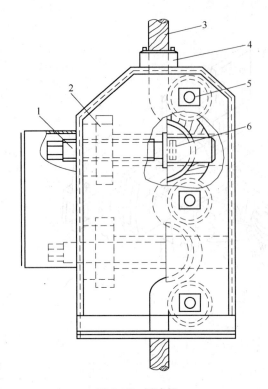

图 5-16　缓冲器

1—调节螺栓；2—固定螺母；3—缓冲钢丝绳；
4—密封；5—小轴；6—滑块

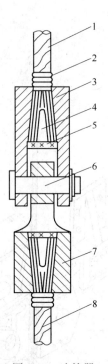

图 5-17　连接器

1—缓冲钢丝绳；2—钢丝扎圈；3，7—上下锥形体；
4—楔子；5—合金；6—销轴；8—制动钢丝绳

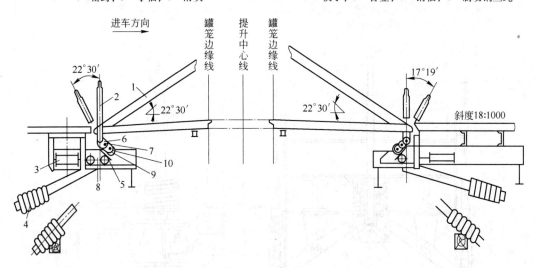

图 5-18　摇台

1—摇臂；2—手把；3—气缸；4—配重；5—轴；6—摆杆；7—销子；8—滑台；9—摆杆套；10—滚轮

工作。罐笼进出车完毕，气缸反向供气推动滑台前进，滚轮抬起，带动摆杆转一角度，摇臂抬起相应角度。摇台的优点是动作快，操作时间短；缺点是摇臂搭接在罐笼上，当矿车进出罐笼时矿车会对罐笼产生冲击，使罐笼左右摇晃，造成矿车掉道。

（2）承罐梁。承罐梁由一些木梁组成，是最原始的承接装置，它是无水窝井底承接方式。承罐梁的优点是构造简单，施工方便，投资最小。其缺点是容易发生蹾罐事故，故在用缠绕式提升机提升人员和用摩擦式提升机的矿井中，不采用承接梁。

（3）支罐机。支罐机是新型承接装置，如图 5-19 所示。支罐机由液压油缸带动支托装置，支托装置承接罐笼的活动底盘使其上升和下降，以补偿提升钢丝绳长度的变化和停罐的误差。支罐机调节距离可达 1000mm。

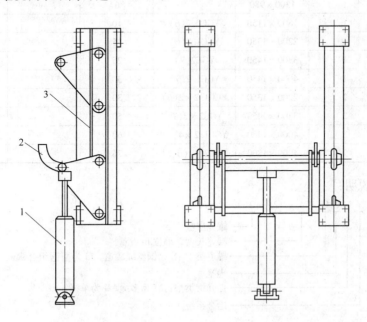

图 5-19　支罐机
1—液压油缸；2—支托装置；3—固定导轨

支罐机的优点是能准确地使用罐笼内轨道与车场固定轨道对接，进出矿车和人员方便。由于活动底盘是托在支罐机上，矿车进出平稳，提升钢丝绳不承担进出矿车时产生的附加载荷。另外，车场布置紧凑。其缺点是罐笼有活动底盘，使其结构复杂，还需增设液压动力装置。

5.2.3.5　罐笼的应用

罐笼一般应用在产量在 700t/d 左右，井深在 300m 上下的竖井中，副井由于提升人员的需要必须选用罐笼，罐笼井可以出风、也可以入风，部分常用罐笼型号如表 5-1 所示。

表 5-1　部分常用罐笼型号

型　号	层　数	断面/mm×mm	矿车类型	乘人数	大件名称	备　注
YJGS-1.3-1	1	1300×980	YGC0.5(6)	6		单　绳
YJGG-1.8-1	1	1800×1150	YGC0.7(6)等	10	ZCZ-17 装岩机	单　绳
YJGG-2.2-1	1	2200×1350	YCC1.2(6)	15	东风-2 装岩机	单　绳
YJGG-3.3a-1	1	3300×1450	YCC2(6、7)	25	3T 电机车	单　绳
YJGG-4-1	1	4000×1450	YFC0.7×2(6)	30	3-6T 电机车	单　绳

型　号	层　数	断面/mm×mm	矿车类型	乘人数	大件名称	备　注
YJGS-1.8-2	2	1800×1150	YFC0.7×2(6)	20	ZCZ-17 装岩机	单　绳
YJGG-2.2a-2	2	2200×1350	YFC0.7×2(6、7)	30	东风-2 装岩机	单　绳
YJGG-3.3a-2	2	3300×1450	YCC2(6、7)	50	3T 电机车	单　绳
YJGG-4-2	2	4000×1800	YFC0.7×2(6、7)	76	ZYQ-14 装岩机	单　绳
YMGS-1.3-1	1	1300×980		6		多　绳
YMGG-1.8-1	1	1800×1150	YGC0.7(6)	10		多　绳
YMGG-2.2-1	1	2200×1350	YCC1.2(6)	15		多　绳
YMGS-3.3-1	1	3300×1450	YGC2(7)	25		多　绳
YMGG-4-1	1	4000×1450	YGC1.2(7)	30		多　绳
YMGG-2.2-2	2	2200×1350	YCC1.2×2(6)	30		多　绳
YMGS-3.3-2	2	3300×1450	YGC2×2(7)	50		多　绳
YMGS-4-2	2	4000×1450	YGC1.2×4(7)	60		多　绳
YMGS-4-2	2	4000×1800	YCC2×2(6、7)	76		多　绳

符号举例说明：

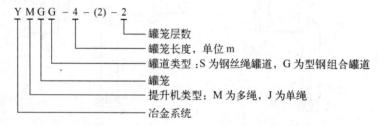

5.2.4　竖井箕斗

5.2.4.1　概述

箕斗是提升矿石或废石的单一容器。

箕斗按卸载方式分为底卸式、翻转式和侧卸式箕斗。竖井提升主要采用底卸式和翻转式，其中多绳提升一般采用底卸式，单绳提升可采用底卸式，也可采用翻转式。

与罐笼提升相比，箕斗的优点是自重小，使提升机尺寸和电动机功率减小，效率高，井筒断面小，无需增大井筒断面就能在井下使用大尺寸矿车，箕斗装卸时间短，生产能力大，容易实现自动化，劳动强度较低。所以一般日产量 1000t 以上、井深超过 200m 的矿山，大都在主井采用箕斗提升。箕斗的缺点是必须在井下设置破碎系统，在井口设置矿仓，井下、井口设装卸载装置，井架高度增加，因此加大了投资。若需同时提升多种矿石时不易分类提升。另外箕斗不能运送人员，必须另设提升人员的副井，箕斗井不能作为进风井。

5.2.4.2　箕斗结构

A　翻转式箕斗

箕斗只能用来提升矿石及废石，常用的有翻转式和底卸式两种。这两种箕斗主要用于主井提升。在一般情况下，翻转式箕斗适用于单绳提升，底卸式箕斗适用于多绳提升。

翻转式箕斗的构造与卸载过程如图 5-20 所示。它主要由沿罐道运动的框架 1 与斗箱 2 组成（见图 5-20a）。框架用槽钢或角钢焊成，罐耳和连接装置都固定在框架上。斗箱用钢板铆成，外面用角钢、槽钢或带钢加固，以增加其强度和刚度。箕斗底部和前后部斗壁容易压坏，常敷以衬板，磨损后可以更换。

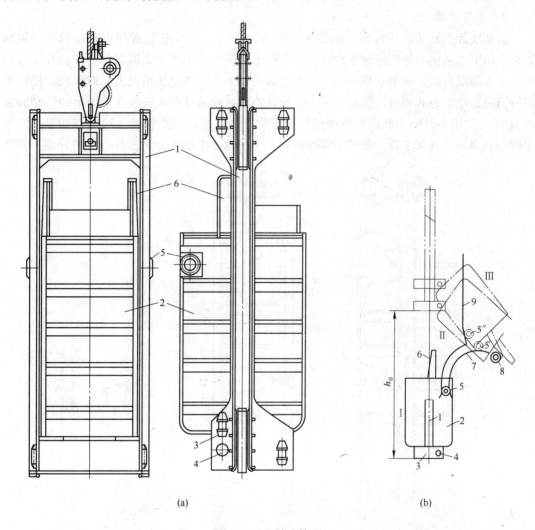

(a)   (b)

图 5-20 翻转式箕斗

（a）翻转式箕斗构造；（b）翻转式箕斗卸载示意图

1—框架；2—斗箱；3—底座；4—旋转轴；5—卸载滚轮；6—角板；7—卸载曲轨；8—托轮；
9—过卷曲轨；Ⅰ—箕斗卸载前位置；Ⅱ—卸载位置；Ⅲ—过卷位置

翻转式箕斗卸载过程如图 5-20(b) 所示，框架下部的底座 3 上固定有旋转轴 4，斗箱两侧各安一卸载滚轮 5，斗箱上部设有角板 6，供箕斗翻转 135° 卸载时，支持在井架支撑轮 8 上。当箕斗进入卸载位置时，滚轮 5 进入卸载曲轨 7，并使斗箱 2 向着储矿仓方向倾倒，借旋转轴 4 作支点转动，直到斗箱翻转 135° 时，框架停止运行，矿石靠自重卸入储矿仓。翻转箕斗在卸载过程中，由于斗箱一部分重量被卸载曲轨支撑，因而产生自重不平衡现象。

当箕斗过卷时，斗箱上部的角板 6 就被支撑在卸载曲轨下面的两个支撑轮 8 上，并使箕斗的重量转到轮 8 上来，滚轮 5 失去支撑，框架继续运行，滚轮 5 上升并转到过卷曲轨 9 上，斗箱沿曲轨 9 进行，但转角不会继续增加，避免造成事故。

当箕斗下放时，斗箱从曲轨中退出，沿曲轨回到原来垂直状态。

B　底卸式箕斗

活动底卸式箕斗的结构和卸载过程如图 5-21 所示。箕斗在装载和提升过程中，依靠装在斗箱下部两侧的导轮挂钩 6 钩住焊在框架下部两内侧的撑子，以保持位置的确定，当箕斗进入卸载点时，框架立柱顶端进入楔形罐道，下部卸载导轨槽嵌入卸载导轨，使框架保持横向稳定。与此同时，装在斗箱上导轮挂钩的导轮垂直进入安装在井塔上的活动卸载直轨 15（见图 5-21b）。卸载直轨通过导轮使钩子绕自身的支点转动，钩子与框架上的撑子脱开。当箕斗继续上升，框架上部的行程开关曲轨 2 作用于固定在井塔上的开关，使箕

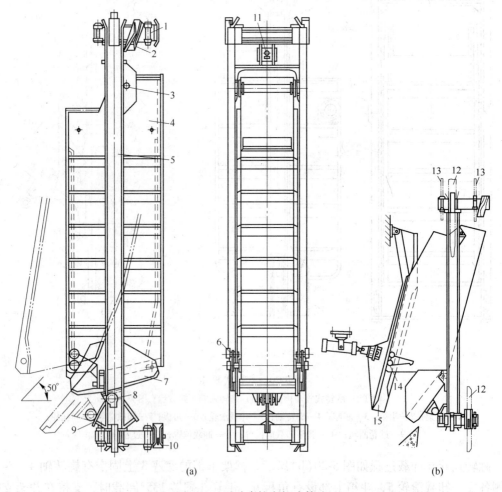

(a)　　　　　　　　　　　　　　　　　　　(b)

图 5-21　活动直轨底卸式箕斗

（a）活动直轨底卸式箕斗结构；（b）活动直轨底卸式箕斗卸载示意图

1—罐耳；2—行程开关曲轨；3—斗箱旋转轴；4—斗箱；5—框架；6—导轮挂钩；7—箕斗底；8—托轮；9—托轮曲轨；
10—导轨槽；11—悬吊轴；12—楔形罐道及导轨；13—钢绳罐道；14—导轮挂钩；15—卸载直轨

斗停止运行。这时，通过电磁气控阀，使活动卸载直轨上的气缸动作，气缸通过卸载直轨将拉力作用在钩子的支承轴上，拉动斗箱往外倾斜。箕斗底的托轮 8 则沿着框架底部的托轮曲轨 9 移动，箕斗底打开，开始卸载。随着气缸的拉动，斗箱摆动至最外边时，箕斗底的倾角为 50°。

卸载后，电磁气控阀反向，气缸推动活动直轨复位，使斗箱和箕斗底也恢复到关闭位置。此时，箕斗可以低速下放。在导轮挂钩的导轮离开卸载直轨后，钩子在自重的作用下回转，钩住框架上的掣子，使斗箱与框架保持相对固定。

5.2.4.3　箕斗的装载卸载装备

箕斗的装矿装置一般都采用计量装矿装置。其分两种，一种是计容装矿装置，如图 5-22 所示，另一种是计重装矿装置，如图 5-23 所示。

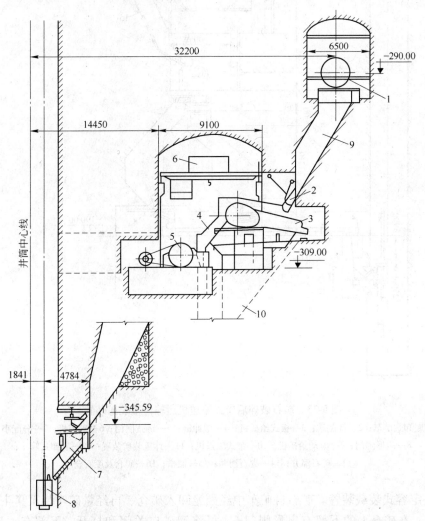

图 5-22　矿石破碎后计容装矿装置

1—翻车机；2—闸门；3—板式给矿机；4—固定筛；5—破碎机；6—起重机；7—计容装矿装置；
8—箕斗；9—溜槽；10—矿仓

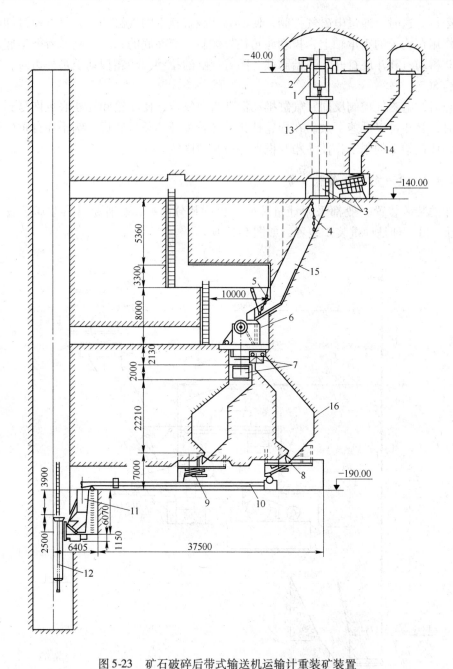

图 5-23　矿石破碎后带式输送机运输计重装矿装置

1—底卸式矿车；2—卸载站；3—板式给矿机；4—缓冲链；5—链式闸门；6—破碎机；7—分配小车；
8—扇形闸门；9—电动给矿机；10—带式输送机；11—计重装矿装置；12—底卸式箕斗；
13—矿石溜井；14—废石溜井；15—溜槽；16—矿仓及废石仓

（1）定容式装载装置。矿石自矿车中经翻笼卸入矿仓、再经量矿斗装入箕斗中。如图 5-24 所示，在矿仓 1 的下部有扇形闸门 6，可将溜矿口关闭和打开。下部有一量矿斗 2，这个量矿斗的容积和箕斗的容积相同。向箕斗装载时打开闸板 4，经溜槽 3 将量矿斗中的全部矿石一次装入箕斗中。

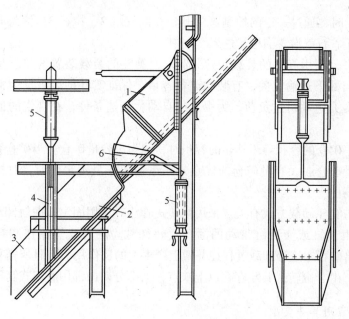

图 5-24　箕斗装载装置

1—矿仓；2—量矿斗；3—溜槽；4—闸板；5—气缸；6—扇形闸门

（2）定量式装载装置。定量装载装置是利用压磁主件计量的箕斗装载的一种设备。如图 5-25 所示，该装置的定量斗箱 1 的装矿量靠其下部的压磁元件测重装置控制。当箕斗到

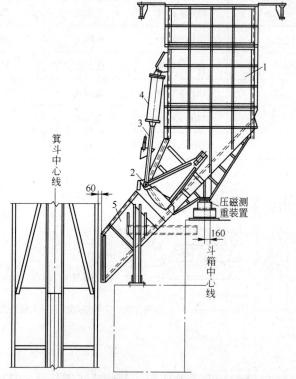

图 5-25　利用压磁元件计量的箕斗装载设备

1—定量仓；2—控制气缸；3—拉杆；4—扇形闸门；5—溜槽

达井底装矿位置时，通过一定的控制阀门开动控制气缸 2、拉杆 3，便将阀门 4 打开，定量矿斗内的全部矿石就沿着溜槽 5 进入箕斗中。

在井底水平，利用箕斗的装载装置装载。对箕斗的装载装置的要求是：使提升设备均衡工作，而与井下运输无关，有装载储备容量，保证箕斗的装载量为常量，以提高提升效率，防止提升电动机过负荷，为提升的自动化创造条件，在规定的最短时间内自动装载。

装载设备中矿仓的容积等于箕斗的容积时，称为小容量矿仓。当矿仓容积大于箕斗容积时，称大容量矿仓。大容量矿仓的优点是在运输工作量不平衡时，对提升工作没有影响，但造价较高。

卸载装置与箕斗卸载方式有关。采用翻转式箕斗时，用固定式曲轨卸载。采用底卸式箕斗时，多用由气缸或液压缸带动的活动直轨卸载。翻转式箕斗在卸载时，斗箱旋转150°，以便卸出矿石，这种卸载过程在井架上产生大的反作用力，且所需行程较长，约为箕斗长的两倍。由于翻转式箕斗存在以上缺点，大部分矿山都用底卸式箕斗。

5.2.4.4　常用箕斗类型

部分常用箕斗类型见表 5-2。

表 5-2　部分常用竖井箕斗

型　号	容积/m³	断面/mm × mm	卸载方式	自重/t	载重/t
DJD1/2-3.2	3.2	1346 × 1214	底卸式	7.65	7
DJS1/2-5	5	1646 × 1204	底卸式	10.3	11
DJS2/3-9 I	9	1800 × 1388	底卸式	15.08	19
DJD2/3-11 II	11	1620 × 1808	底卸式	17.75	23.5
FTD2(4)	2	1100 × 1000	翻转式		4
FTD4(8.5)	4	1400 × 1100	翻转式		8.5

符号举例说明：

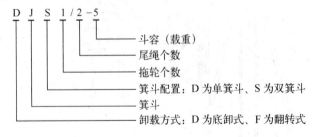

5.2.5　罐笼箕斗

罐笼箕斗（也称箕斗罐笼）是一种实用新型防坠罐笼箕斗，具体地说它是一种带防坠器的罐笼和箕斗双功能竖井提升容器，只需一套提升容器即可完成小矿山的提升、人员升降和其他辅助提升工作。该设备包括防坠器、罐笼两侧板、罐笼两活动底板和侧底卸扇形闸门。罐笼两活动底板抬起固定后作为箕斗提升时的斗箱侧板，箕斗提升时采用侧底卸扇形闸门曲轨自动卸载。整个设备结构合理，运行安全可靠。其实物如图5-26所示。

箕斗罐笼的优点是把箕斗和罐笼二者合二为一，具有箕斗和罐笼二者的功能；缺点是自重大，结构复杂，设计困难，运行自动化程度低，因此很少采用。

5.2.6 平衡锤

平衡锤在竖井提升中用于单罐笼或单箕斗提升系统中，有时在斜井双钩提升中也应用，其作用是平衡提升载荷，减小卷筒上提升钢绳的静张力差，以减小电动机容量。平衡单容器提升的优点是需要的井筒断面小，井底及井口设备简单，便于多中段提升。其缺点是提升效率低，要达到与双容器相同的提升能力，必须加大提升量，这样钢丝绳直径和机械设备的尺寸也随之增大。

由于平衡锤单容器提升工作灵活性大，适合于多中段提升。因此，冶金矿山的辅助提升多采用这种方式。目前在国内外的多绳摩擦提升中，这一提升方式也得到了应用，因为它还可以减小钢丝绳的滑动，并扩大其应用范围。

平衡锤的结构如图5-27所示。它由框架1和重块2组成。框架由型钢焊接而成，重块则为铸铁铸造件，每块质量一般为100~150kg。

图5-26 罐笼箕斗实物图

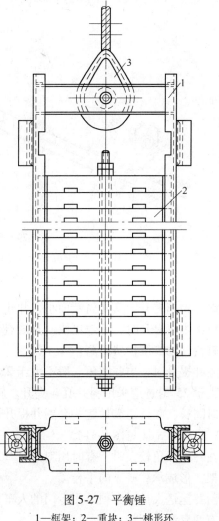

图5-27 平衡锤
1—框架；2—重块；3—桃形环

5.3　斜井提升设备

5.3.1　斜井提升方式

斜井串车（见图 5-28）和斜井箕斗（见图 5-29）提升是矿山常用的提升方式。

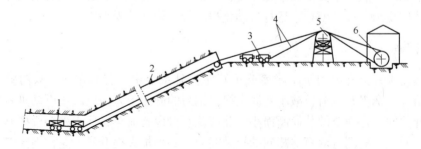

图 5-28　斜井串车提升系统

1—重矿车；2—斜井井筒；3—空矿车；4—钢丝绳；5—天轮；6—提升机

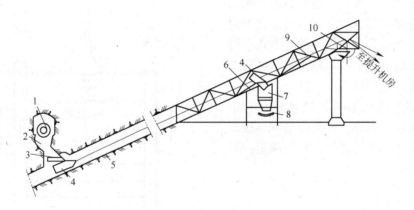

图 5-29　斜井箕斗提升系统

1—翻车机；2—井下矿仓；3—给矿机械；4—箕斗；5—斜井井筒；6—卸载曲轨；

7—地面矿仓；8—转载皮带；9—提升钢丝绳；10—天轮

斜井串车提升因其井筒断面小，井建工程量小，具有投资少、出矿快的优点，尤其是采用单钩串车提升时，见效更快。其缺点是由于提升速度的限制，生产能力较低，钢丝绳磨损较快，井筒维护费用高。

主井提升时，主井倾角一般不大于 25°，否则串车提升时易撒落矿石。所以，当斜井倾角大于 25°时，应采用斜井箕斗提升。斜井箕斗提升需要装卸载装置，故投资多，安装施工时间长，并且还需另建一套副井提升设备。常用斜井的箕斗卸载方法有翻转式（见图 5-30）和后卸式（见图 5-31）。

在井筒倾角较大时，有时用斜井台车，台车又称斜井罐笼。它是在倾斜的底盘上装有三角架，形成承载矿车的平台。

斜井运送人员时必须采用专门的人车，每辆人车必须设有可靠的断绳保险装置，提升机应有两套制动闸。

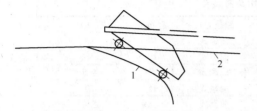

图 5-30　斜井箕斗翻转式卸矿
1—正常轨；2—窄轨

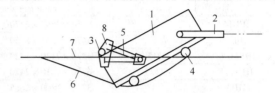

图 5-31　后卸式斜井箕斗
1—斗箱；2—框架；3—小引轮；4—前轮；5—正常轨；
6—曲轨；7—宽轨；8—闸门

5.3.2　常用斜井提升设备

斜井提升容器有斜井箕斗、串车、台车和人车等。

5.3.2.1　斜井箕斗

斜井箕斗有前翻式、后卸式和底卸式三种。前翻式箕斗（见图 5-32）结构简单、坚固、重量轻，适用于提升重载，地下矿使用较多。但卸载时动荷载大，有自重不平衡现象，卸载曲轨较长，在斜井倾角较小时，装满系数小。小型矿山斜井倾角较大时，通常采用前翻式箕斗。后卸式箕斗（见图 5-33）比前翻式箕斗使用范围广，卸载比较平稳，动载荷小，倾角较小时装满系数大。但结构较复杂，设备质量大，卷扬道倾角过大卸载困难。后卸式箕斗优点是卸载容易，缺点是

图 5-32　斜井提升箕斗

结构复杂，自重大，通常在斜井倾角不大时选用后卸式箕斗。底卸式箕斗在斜井中很少使用。

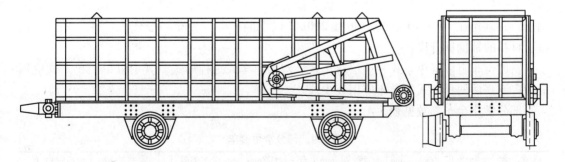

图 5-33　后卸式箕斗

斜井箕斗提升优点是提升运行速度快，提升能力大，机械化程度高，稳定性好，安全；缺点是需要设置箕斗的装载和卸载装置，增加运输环节和工程量。部分常用斜井箕斗参数见表 5-3。

表 5-3　部分常用斜井箕斗

型　号	容积/m³	外形尺寸/mm×mm×mm	卸载方式	自重/t	载重/t	备注
HBJ14	14	6950×2540×2770	前翻式	19	18	
HBJ7	7	5470×2355×2150	前翻式	10	9	应用斜坡
HBJ3.5	3.5	4270×2130×1720	前翻式	5	4.5	
HJJ11.5	11.5	6770×2310×2470	前翻式	15	20	
HJJ3	3	3730×1800×1665	前翻式	4.5	5.4	
HJJ6	6	5250×2115×1920	前翻式	9.4	10.8	应用井下
HXJ-3	3.3	5505×1630×1485	后卸式	3.4	6	
HXJ-6	6.6	7380×1770×1840	后卸式	4.9	12	

5.3.2.2　串车

串车提升又称矿车组提升，容器是矿山运输矿车，其优点是系统环节少，基建工程量小，投资少，可减少粉尘和粉矿的产生；缺点是提升能力小，矿车运行速度慢，易发生跑车或掉道事故，要求串车要用连接装置以保安全。串车提升适用于提升量小，斜井倾角不超过 25°的矿山。考虑到空矿车组顺利下放，斜井倾角一般以不小于 8°为宜，矿车容积一般为 0.5~1.2m³。

斜井串车提升分单钩串车和双钩串车提升。单钩串车提升斜井断面小，初期投资省，但提升能力小。要求提升能力大时，宜采用双钩串车提升。

用于斜井串车提升的矿车的容积一般为 0.5~1.2m³ 的固定式和翻转式矿车。当斜井（坡）倾角较大，采用矿车组提升方式时，应当考虑矿车在运行中的稳定性，此时以选用固定式矿车为宜。为在上、下部车场内调车方便以及运行安全，一组矿车的车数应尽可能与电机车牵引的车数成倍数关系。考虑到车场布置尺寸不宜过大和矿车运行的稳定性，一组矿车的车数不宜过多，一般为 3~5 辆。斜井（坡）提升的车辆，还必须根据矿车连接器和车底架的强度校核矿车组车数。必要时须挂带安全绳。

5.3.2.3　台车

斜井台车提升是利用台车来提升矿石。台车提升的优点是斜井倾角可以较大，阶段运输水平与斜井台车连接简单；缺点是提升能力小，一般是人工推矿车入台车。台车提升适用于斜井倾角在 30°~40°，提升量在 200t/d 以下的矿井。台车一般作为矿井、采区的设备、材料的辅助提升设备。

斜坡台车有单层单车式、单层双车式、双层单车式三种形式。其中以单层单车式应用最为广泛。后两种形式的台车应用较少。

部分常用台车参数见表 5-4。

表 5-4　部分常用台车

名　称	台面尺寸/mm×mm	台面轨距/mm	台车轨距/mm	矿车类型	装载数量	台面倾角/(°)
2t 台车	2000×1800	600	1435	0.75m³ 翻斗车	1	28.5
台　车	2283×1900	762	762	0.75m³ 翻斗车	1	37
台　车	2000×1500	600	900	0.6m³ 翻斗车	1	30
单车台车	1600×1315	600	900	0.6m³ 翻斗车	1	24
双车台车	2600×2100	600	1435	0.75m³ 翻斗车	2	32

5.3.2.4 人车

斜井人车节数一般为 3~4 节，即首车 1 节、挂车 1~2 节、尾车 1 节。人车用提升机直接牵引，完成斜井中运送人员的任务，如图 5-34 所示。

图 5-34 斜井提升人车实物图

斜井倾角大于 30°，垂直深度超过 50m，或倾角虽然小于 30°，但垂直深度超过 100m时，应安设人车升降人员，且斜井人车必须有可靠的保险装置（安全卡）。载人时人车在斜井直线上行驶。人车上的安全装置（包括开动机构、制动机构和缓冲器等）均安设在首车上。当断绳跑车或遇有紧急情况需手动刹车时，通过开动机构中各部件的动作，打开制动器进行制动。

人车制动时，抱爪抱住钢轨的瞬间，乘坐人员的滑架和挂车仍具有很大的动能，因此，在首车上安装了两台钢丝绳螺旋缓冲器，其作用是将人车在制动时所产生的最大减速度限制在乘人能够承受的安全限度内，以防止发生停车碰伤事故。

斜井人车的安全制动装置抓捕方式有两种：一种是抱爪抓捕钢轨进行安全制动的抱轨式斜井人车，另一种是插爪插入枕木进行安全制动。抱轨式斜井人车结构如图 5-35 所示，插爪式斜井人车结构如图 5-36 所示。

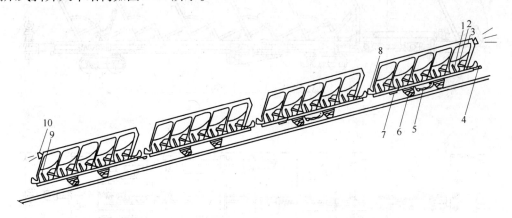

图 5-35 抱轨式斜井人车

1,9—手动操纵装置；2—闭锁装置；3—轨体；4—立拉杆；5—制动装置；
6—轮对；7—缓冲装置；8—连接链及碰头；10—照明灯

部分常用人车参数见表 5-5。

表 5-5 部分常用人车

型 号	外形尺寸/mm×mm×mm	轨距/mm	倾角/(°)	载人数/人	人车总数	备 注
XRC6-6/4	3115×1050×1420	600	6~30	6	2	插爪式
XRC10-6/6	4800×1060×1470	600	6~30	10	4	插爪式
XRC15-9/6	4800×1356×1470	900	6~30	15	4	插爪式

型　　号	外形尺寸/mm × mm × mm	轨距/mm	倾角/(°)	载人数/人	人车总数	备　注
XRB8-6/4	3185 × 1070 × 1579	600	10 ~ 40	8	4	抱轨式
XRB15-9/6	3960 × 1370 × 1538	900	10 ~ 40	15	4	抱轨式
XRB25-1435/6	4186 × 2045 × 1730	1435	10 ~ 40	25	4	抱轨式
XRB12-6/6	4700 × 1040 × 1495	600		12	4	抱轨式
PRB12-6/3	4280 × 1030 × 1480	600		12	4	平　巷
SR-40	3385 × 1050 × 1558	600		8	4	抓轨式

符号举例说明：

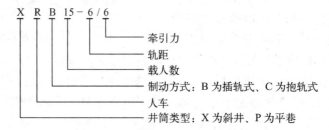

牵引力
轨距
载人数
制动方式：B 为插轨式、C 为抱轨式
人车
井筒类型：X 为斜井、P 为平巷

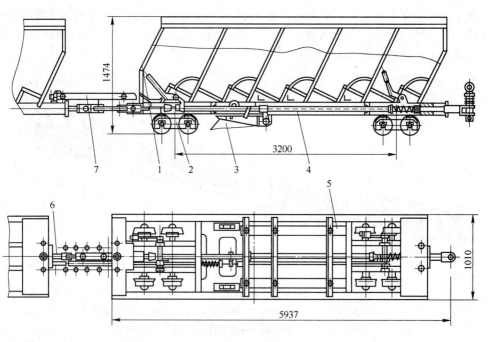

图 5-36　插爪式斜井人车

1—车体；2—转向器；3—制动器；4—联动机构；5—缓冲木；6—连接部分；7—支撑与限位装置

5.3.3　斜井井筒设备应用注意事项

　　我国斜井提升，小型矿山采用串车提升较多，其次是斜井箕斗，斜井台车在我国应用较少。

　　（1）串车提升应用于倾角小于 25°，最大不应超过 30° 的斜井（坡）。当倾角大于 30°

时，应采用箕斗或台车提升。矿石提升量在 300t/d 以上的斜井，宜采用箕斗提升。台车提升应用于倾角在 30°～40°，日提升量小于 200t/d 的斜井（坡）或专用升降设备材料中。

（2）在坡度较小的斜井（坡）提升中，提升加减速度应满足自然加减速度的要求，否则应设尾部拉紧位置。对线路坡度变化大的斜井（坡）提升，当坡度小于 10°时，应验算提升过程中钢丝绳是否会松弛。

（3）副斜井或串车提升的主斜井中不宜设两套提升设备。必须设两套提升设备时，若一套升降人员，则另一套应暂停工作。

（4）斜井（坡）提升宜采用单绳缠绕式提升机。

（5）串车提升用的矿车容积宜为 0.5～0.75m³，最大不超过 2m³，箕斗提升容器的大小，应按提升量和矿石块度确定。

（6）采用串车提升时，斜井（坡）中应有防止跑车的安全设施。

（7）倾角大于 60°的斜井，提升容器必须加设罐道。

（8）提升人员的斜井（坡），当倾角超过 25°时，应采用带平衡锤的人车或采用双钩提升。

5.3.4 斜井提升安全控制

斜井经常出现的安全事故就是斜井跑车。斜井防跑车装置是斜井发生跑车事故后，能将跑下的车辆及时阻止住的一种避免跑车事故的安全装置。

（1）电动式防跑车装置。电动式防跑车装置如图 5-37 所示。该装置为常闭式防跑车装置，安装在井口附近的井筒内，由挡车门、拖门绞车及电控部分等组成。挡车门由拖门绞车正反转控制，沿滑轨左右滑动，使挡车门随时处于关闭或敞开状态。拖门绞车由安装在主提升机深度指示器上的行程开关控制。

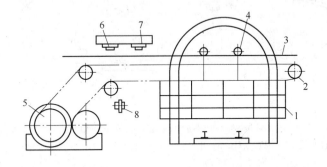

图 5-37 电动式防跑车装置

1—挡车门；2—导向轮；3—滑轨；4—滑轮；5—绞车；6—挡车门拉开开关；7—挡车门关闭开关；8—过卷按钮

（2）常开式手动挡车器。常开式手动挡车器如图 5-38 所示。挡车架用钢轨和型钢弯制而成。在正常情况下，挡车架用钢丝绳吊挂在井筒上方，车可以顺利通过。当井口发生跑车事故时，扳动安装在井口的操纵手柄，使圆环脱离销钉，钢丝绳松弛，挡车架靠自重迅速下落挡住跑车。

（3）自动避车线式安全装置。该安全装置即在斜井轨道上接入一组电动道岔（见图 5-39）。上部车场跑车时，矿车自动通过道岔跑入专设的线路，可防止跑到下部车场，起

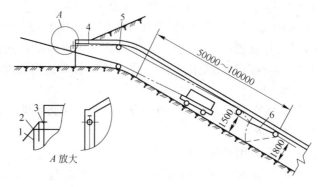

图 5-38 常开式手动挡车器

1—操纵手柄；2—销钉；3—圆环；4—钢丝绳；5—导绳轮；6—挡车器

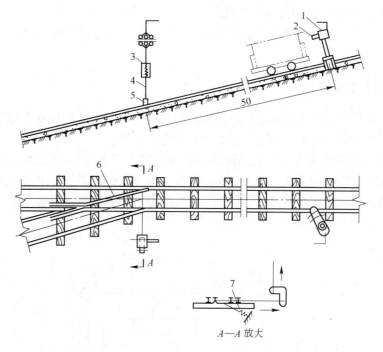

图 5-39 自动避车线式安全装置的布置

1—行程开关；2—悬臂摆杆；3—电磁铁；4—连杆；5—角连杆；6—道岔；7—弹簧

到安全作用。提升过程中，矿车以正常速度通过悬臂摆杆时，岔尖不动作。当斜井轨道上跑车时，高速下滑的车体冲击悬臂摆杆，摆幅增大，行程开关接通，电磁铁动作，通过车杆拨动岔尖，矿车就通过岔道跑入专用线路。

（4）绳网式自动捞车器。绳网式自动捞车器如图 5-40 所示。它属常闭式防跑车装置，适用于倾角为 8°~25°的单钩矿车组斜井提升。该装置由绳网和绳网提升系统及自动控制部分组成。正常提升时，矿车组到达绳网前，绳网提起，让矿车通过，通过后绳网落下。跑车时，绳网不提起，捞住跑车。而自动起落绳网的提升系统由安设在提升机圆盘深度指示器背面的微动开关控制。同时在圆盘深度指示器背面装有一根与深度指示器短针相连并带有凸块的棒，按预定的顺序接动，与微动开关接触，准确地控制绳网的起落。

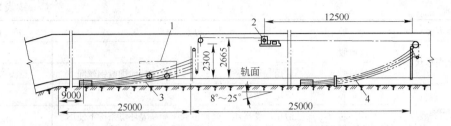

图 5-40 斜井（坡）绳网式自动捞车器

1—矿车；2—绳网提升系统；3，4—绳网

5.4 提升钢丝绳

提升钢丝绳是指在煤矿、黑色、有色、化工等矿山中用作提升用途的钢丝绳，主要包括多股钢丝绳（又称单层钢丝绳，包括圆股和异形股钢丝绳）、阻旋转钢丝绳（多层股钢丝绳或不旋转钢丝绳）、密封钢丝绳（包括全密封和半密封钢丝绳）、平衡用扁钢丝绳，同时还包括压实或压实股钢丝绳以及包覆和/或填充钢丝绳等。

5.4.1 钢丝绳的分类及标记

5.4.1.1 钢丝绳的分类

钢丝绳按用途和生产方法，可进行不同的分类，详见表 5-6 和表 5-7。

表 5-6 按用途分类的钢丝绳表

产品单元	产品品种	产品标准
通用钢丝绳	重要用途钢丝绳	GB 8918—2006
	一般用途钢丝绳	GB/T 20118—2006
	粗直径钢丝绳	GB/T 20067—2006
专用钢丝绳	电梯用钢丝绳	GB 8903—2005
	输送带用钢丝绳	GB/T 12753—2002
	操纵用钢丝绳	GB/T 14451—1993
	平衡用扁钢丝绳	GB/T 20119—2006
	航空用钢丝绳	YB/T 5197—2005

表 5-7 按生产方法分类的钢丝绳表

分类方法	分类	应用	备注
按钢丝绳捻法	同向捻	在两端固定的场合较为适用，在需要克服旋转的场合通常右向捻和左向捻成对使用	
	交互捻	广泛应用在矿井中	
	混合捻	应用少	
按钢丝绳钢丝接触状态	点接触	淘汰	
	线接触	应用领域广泛，优先选用	
	面接触	性能优异，具有推广应用价值	压实型
	包裹、填充	应积极开发并推广应用	

分类方法	分类	应用	备注
按股截面形状	圆形股	应用广泛	
	异形股	应用领域非常广泛，可较大范围替代圆股钢丝绳	
按绳芯类型	纤维芯	应用广泛	
	钢芯	适用于受挤压、受冲击载荷和高温环境条件下使用	
	固态聚合物芯	应用少	

按照国家标准 GB 706—2006，钢丝绳分为单层钢丝绳、阻旋转钢丝绳、扁钢丝绳、密封钢丝绳、平行捻密实钢丝绳、缆式钢丝绳和单股钢丝绳等。

5.4.1.2　钢丝绳的标记

钢丝绳的标记符号中，Z 表示右捻；S 表示左捻；sZ 表示右交互捻；zS 表示左交互捻；zZ 表示右同向捻；Ss 左同向捻；Az 表示右混合捻；aZ 表示左同向捻。

交互捻和同向捻类型中的第一个字母表示钢丝在股中的捻制方向，第二个字母表示股在钢丝绳中的捻制方向；混合捻类型的第二个字母表示股在钢丝绳中的捻制方向。

5.4.2　钢丝绳的绕制

5.4.2.1　钢丝绳的捻法

（1）同向捻：钢丝在股中的捻向和股在钢丝绳中的捻向相同。若股右捻则称为右同向捻，若股左捻则称为左同向捻。这种捻法的钢丝绳使用时表面钢丝与外部接触长度较长，即接触面较大，耐磨性能较好；但自转性稍大，容易发生松捻和扭结现象。

（2）交互捻：钢丝在股中的捻向和股在钢丝绳中的捻向相反。若股右捻、丝左捻则称为右交互捻，若股左捻、丝右捻则称为左交互捻。这种捻法的钢丝绳使用时结构比较稳定，自转性较小，不易发生松捻和扭结现象，容易操作。

（3）混合捻：外层股的捻制为左向捻的股和右向捻的股交替排列，如一半股为左捻，另一半股为右捻。这种捻法的钢丝绳具有同向捻和交互捻的特点，但制造比较困难。

5.4.2.2　钢丝绳中钢丝的接触状态

（1）点接触：两叠加层钢丝之间捻距不同，钢丝直径和捻向相同，相邻层钢丝相互交叉成点接触状态。这种钢丝绳中钢丝间易滑移，使用时钢丝受到二次弯曲应力，接触应力很高，容易磨损疲劳，使用寿命低，破断拉力也低，但柔韧性较好。

（2）线接触：股中所有钢丝一次捻制，各层钢丝捻距相同，相邻层钢丝成线接触状态。它包括西鲁式、瓦林吞式、填充式和组合平行捻式。这种钢丝绳消除了使用时钢丝的二次弯曲应力，耐磨、耐疲劳性能较好。

（3）面接触：股或绳经锻打、轧制或模拔加工，钢丝形状和尺寸发生改变，同层和相邻钢丝呈面状接触，钢丝绳呈密封式光滑表面，结构特别紧密。这种钢丝绳除了没有二次弯曲应力外，使用时三次弯曲应力也较小，抗腐蚀、耐磨性和耐疲劳性能好，破断拉力高，能承受较大的横向力，但柔韧性较差。

（4）包覆、填充：固态聚合物包覆在钢丝绳的外部，或填充到钢丝绳的间隙中，或包裹和填充到钢丝绳中，或衬垫在绳芯和股之间，以减小使用中钢丝绳内外部的接触应力，减少钢丝绳与外部以及内部钢丝之间的磨损，增强钢丝绳的抗腐蚀能力，提高钢丝绳的使用寿命。

5.4.2.3 钢丝绳截面形状

（1）圆形股：各层钢丝绕同心圆捻制，股截面形状近似圆形，可以用相同直径或不同直径的圆钢丝或异形钢丝制成。

（2）异形股：股截面形状不为圆形，常见的股截面形状有三角形、椭圆形，还有近期出现的股截面形状近似矩形的扁带股。这种钢丝绳比圆形股钢丝绳在卷筒上的支撑点大3~4倍，结构密度大，破断拉力高，耐磨性能强，使用寿命长。

5.4.2.4 钢丝绳绳芯类型

（1）纤维芯：由天然纤维或合成纤维制成，天然纤维一般用黄麻、剑麻、马尼拉麻等。具有较好的储油和吸振功能，柔韧性好；但耐高温、耐横向挤压较差，结构伸长较大。

（2）钢芯：由钢丝股或独立钢丝绳制成。具有承载能力大、耐高温、耐横向挤压、抗冲击、结构伸长小等优点；但柔韧性、耐疲劳性能较差。

（3）固体聚合物芯：由圆形或带有沟槽的圆形固态聚合物制成。具有较高的弹性、抗拉、抗酸碱盐腐蚀和抗横向挤压等性能。

5.4.3 矿山常用钢丝绳

5.4.3.1 圆股钢丝绳

圆股钢丝绳共有 6×7、6×19、6×37、8×19、8×37、18×7、18×19、34×7、35×7 九种类型。

（1）6×7 型：6 个圆股，每股外层丝可到 7 根，中心丝（或无）外捻制 1~2 层钢丝，钢丝等捻距。图 5-41 所示为其断面。

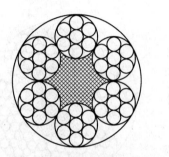
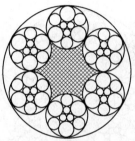

图 5-41 6×7 型圆股纤维芯钢丝绳的断面

（2）6×19 型：6 个圆股，每股外层丝可到 8~12 根，中心丝外捻制 2~3 层钢丝，钢丝等捻距。图 5-42 所示为其断面。

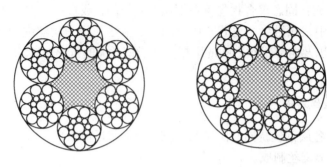

图 5-42　6×19 型圆股纤维芯钢丝绳的断面

（3）6×37 型：6 个圆股，每股外层丝可到 14～18 根，中心丝外捻制 3～4 层钢丝，钢丝等捻距。图 5-43 所示为其断面。

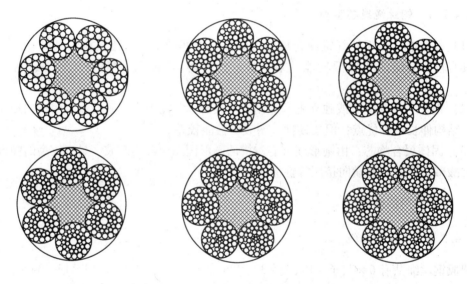

图 5-43　6×37 型圆股纤维芯钢丝绳的断面

（4）8×19 型：8 个圆股，每股外层丝可到 8～12 根，中心丝外捻制 2～3 层钢丝，钢丝等捻距。图 5-44 所示为其断面。

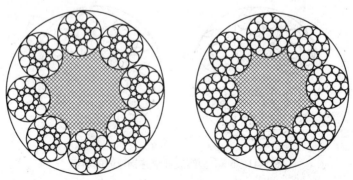

图 5-44　8×19 型圆股纤维芯钢丝绳的断面

（5）8×17 型：8 个圆股，每股外层丝可到 14 ~ 18 根，中心丝外捻制 3 ~ 4 层钢丝，钢丝等捻距。图 5-45 所示为其断面。

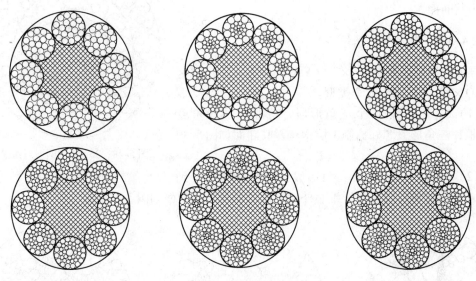

图 5-45 8×17 型圆股纤维芯钢丝绳的断面

（6）18×7 型：17 或 18 个圆股，每股外层丝 4 ~ 7 根，在纤维芯或钢芯外捻制 2 层股。图 5-46 所示为其断面。

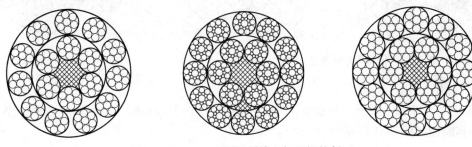

图 5-46 18×7 型圆股纤维芯钢丝绳的断面

（7）18×19 型：17 或 18 个圆股，每股外层丝 8 ~ 12 根，钢丝等捻距，在纤维芯或钢芯外捻制 3 层股。

（8）34×7 型：34 ~ 36 个圆股，每股外层丝可到 7 根，在纤维芯或钢芯外捻制 3 层。图 5-47 所示为其断面。

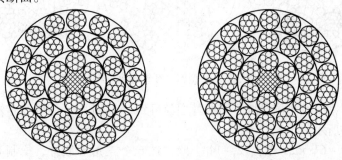

图 5-47 34×7 型圆股纤维芯钢丝绳的断面

（9）35×7 型：25～40 个圆股，每股外层丝 4～8
根，在纤维芯或钢芯（钢丝）外捻制 3 层股。图 5-48
所示为其断面。

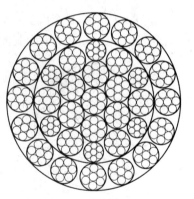

图 5-48　35×7 型圆股纤维芯
钢丝绳的断面

5.4.3.2　异形股钢丝绳

异形股钢丝绳共有 6V×7、6V×19、6V×37、4V×
39、6Q×19+6V×21 五个类型。

（1）6V×7 型：6 个三角形股，每股外层丝可到
7～9 根，三角形股芯外捻制 1 层钢丝。其断面如图 5-49
所示。

（2）6V×19 型：6 个三角形股，每股外层丝可到
10～14 根，三角形股芯或纤维芯外捻制 3 层钢丝。其断面如图 5-50 所示。

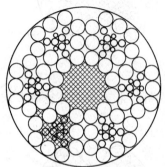

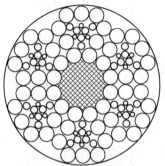

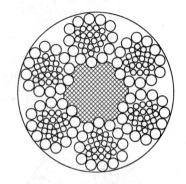

图 5-49　6V×7 型纤维芯钢丝绳的断面

图 5-50　6V×19 型纤维芯
钢丝绳的断面

（3）6V×37 型：6 个三角形股，每股外层丝可到 15～18 根，三角形股芯外捻制 2 层
钢丝。其断面如图 5-51 所示。

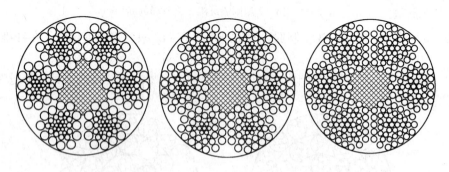

图 5-51　6V×37 型圆股纤维芯钢丝绳的断面

（4）4V×39 型：6 个扇形股，每股外层丝可到 15～18 根，纤维股芯外捻制 3 层钢丝。
其断面如图 5-52 所示。

（5）6Q×19+6V×21 型：12～14 个股，在 6 个三角形股外，捻制 6～8 个椭圆股。
其断面如图 5-53 所示。

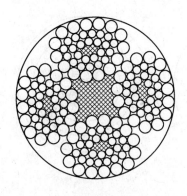
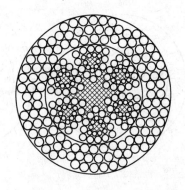

图 5-52　4V×39 型圆股纤维芯钢丝绳的断面　　图 5-53　6Q×19+6V×21 型圆股纤维芯钢丝绳的断面

5.4.3.3　面接触钢丝绳

面接触钢丝绳分为压实股、压实钢丝绳、压实股钢丝绳等，从结构上看它包括 6T×7+FC、6T×19S+FC、6T×19W+FC 和 6T×25Fl+FC 四种。

（1）压实股：通过模拔、轧制或锻打等变形加工后，钢丝的形状和股的尺寸发生改变，而钢丝的金属横截面积保持不变的股，如图 5-54 所示。

（2）压实股钢丝绳：成绳之前，股经过模拔、轧制或锻打等压实加工的多股钢丝绳。

（3）压实（锻打）钢丝绳：成绳之后，经过压实（通常是锻打）加工使钢丝绳直径减小的多股钢丝绳。

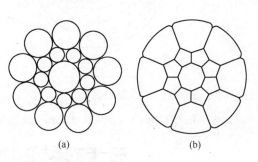

(a)　　　　　　(b)

图 5-54　压实圆股钢丝绳
(a) 压实前；(b) 压实后

5.4.3.4　密封钢丝绳

密封钢丝绳（见图 5-55）按结构分为点接触、点线接触和线接触三种；按钢丝表面状态分为光面和镀锌两种；按最外层钢丝捻向分为左捻（S）和右捻（Z）两种。

5.4.3.5　平衡用扁钢丝绳

平衡用扁钢丝绳由每条子绳由 4 股组成的单元钢丝绳制成。通常子绳为 6 条、8 条或 10 条，左向捻和右向捻交替并排排列，并用缝合线如钢丝、股缝合或铆钉铆接，如图 5-56 所示。

5.4.3.6　包覆和填充钢丝绳

不论是点接触、线接触还是面接触钢丝绳，其失效或报废的根本原因是钢丝绳的腐蚀、磨损和疲劳。

钢丝绳用固态聚合物包覆（涂）和填充。包覆和填充一方面能有效阻隔外界有害介质侵蚀金属，防止尘埃钻入，从而提高钢丝绳的抗腐蚀能力；另一方面，包覆（涂）和填充

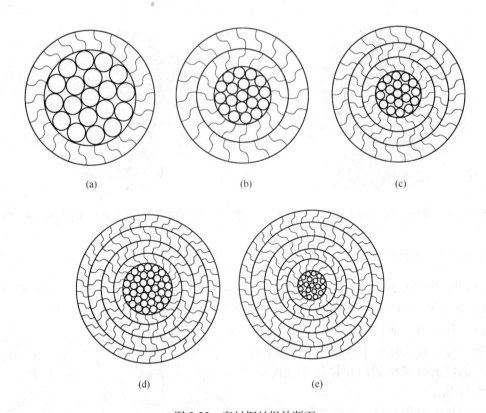

图 5-55 密封钢丝绳的断面

（a）一层 Z 型钢丝；（b）二层 Z 型钢丝；（c）三层 Z 型钢丝；（d）四层 Z 型钢丝；（e）五层 Z 型钢丝

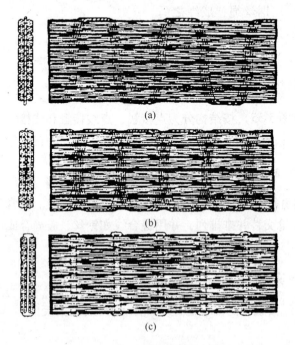

图 5-56 扁钢丝绳的不同缝合方法

（a）单线缝合；（b）双线缝合；（c）铆钉铆接

或衬垫材料能有效改变钢丝绳各组件钢丝的接触和摩擦状态，减小钢丝间的接触应力，减少钢丝间的挤压，提高钢丝绳的抗磨损、抗疲劳性能。另外包覆（涂）和填充或衬垫钢丝绳还可以改善与绳轮的接触状态，提高钢丝绳的抗冲击能力、抗横向挤压性能，增加钢丝绳柔韧性，这些均有利于增加钢丝绳的使用寿命。包覆和填充钢丝绳断面如图5-57所示。

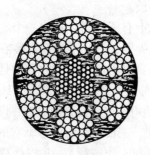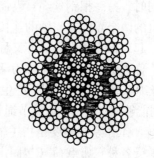

图5-57　包覆和填充钢丝绳的断面

5.5　矿井提升机

5.5.1　矿井提升机的分类与组成

5.5.1.1　矿井提升机的分类

（1）按动力传输类型分：缠绕式提升机（单绳缠绕式、多绳缠绕式），摩擦式提升机（单轮摩擦式、多轮摩擦式）。

（2）按井筒倾角分：竖井提升机，斜井提升机。

（3）按电气拖动方式分：交流提升，直流提升（高速直流、低速直流）。

（4）按提升机位置分：地面式，井下式。

（5）按卷筒类型分：圆柱形（单筒双筒），圆锥形，圆柱圆锥形，绞轮。

我国生产及应用的提升机主要有单绳缠绕式（有单筒和双筒矿井提升机）、摩擦式有多绳落地式和塔式多绳摩擦式提升机。

5.5.1.2　矿井提升机的组成

矿井提升机由机械部分、导向部分、电气部分三部分组成。

（1）机械部分。机械部分由工作系统（主轴装置）、传动系统、制动系统、控制系统、保护系统组成。

（2）导向部分。导向部分由天轮、导向轮、摩擦提升车槽装置组成。

（3）电气部分。电气部分由拖动电机（主、微）、电气控制装置、电气保护装置组成。

A　单绳缠绕式提升机的组成

单绳缠绕式提升机是较早出现的一种提升机。其工作原理是：将两根提升钢丝绳的一端以相反的方向分别缠绕并固定在提升机的两个卷筒上，另一端绕过井架上的天轮分别与两个提升容器连接。这样，通过电动机改变卷筒的转动方向，可将提升钢丝绳分别在两个卷筒上缠绕和松放，以达到提升或下放容器，完成提升任务的目的。

单绳缠绕式提升机是一种圆柱形卷筒提升机，根据卷筒的数目不同，可分为双卷筒和单卷筒两种。

单卷筒提升机只有一个卷筒，一般仅用作单钩提升。如果单卷筒提升机用作双钩提升，则要在一个卷筒上固定两根缠绕方向相反的提升钢丝绳。提升机运行时，一根钢丝绳向卷筒上缠绕，同时，另一根钢丝绳自卷筒上松放。

双卷筒提升机的两个卷筒在与轴的连接方式上有所不同：其中一个卷筒通过楔键或热装与主轴固接在一起，称为固定卷筒，又称为死卷筒；另一个卷筒滑装在主轴上，通过离合器与主轴连接，称为游动卷筒，又称为活卷筒。采用这种结构的目的是考虑到在矿井生产过程中提升钢丝绳在终端载荷作用下产生弹性伸长，或在多水平提升中提升水平的转换，需要两个卷筒之间能够相对转动，以调节绳长，使得两个容器分别对准井口和井底水平。

（1）工作系统。工作系统主要是指主轴装置、主轴承和卷筒等，它的作用是缠绕或搭挂提升钢丝绳，承受各种正常载荷（包固定载荷和工作载荷），并将此载荷经过轴承传给基础，承受各种紧急事故情况下所造成的非常载荷，调节丝绳长度。

（2）传动系统。在用一般交流感应电动机或高速直流电动机拖动时，其传动系统主要包括减速器和联轴器。在用直流低速电动机拖动时，其传动系统不需要减速器和联轴器（如采用直流低速直联悬挂式电动机）或仅需要一个联轴器（如采用一般通用低速流电动机）。减速器的作用是减速和传递动力，联轴器的作用是连接两个旋转运动的部分，并通过其传递动力。

（3）制动系统。制动系统包括制动器和制动器控制装置两部分。

制动器的作用是：1）在提升机停车时能可靠地闸住机器；2）在减速阶段及重物下放时，参与提升机速度控制；3）起安全保护作用或紧急事故情况下使提升机迅速停车，以避免事故发生；4）对单绳缠绕式双筒提升机，在节约钢丝绳长度或更换水平时，应能闸住游动卷筒，松开固定卷筒。

控制装置的作用是调节制动力矩，在任何事故状态下进行紧急制动（即安全制动），为单绳双筒提升调绳装置提供调绳离合器油缸所需的压力油（用盘形制动器的提升机）。

（4）控制系统。该系统主要由深度指示器、深度指示器传动装置和操纵台组成。

深度指示器有牌坊式、圆盘式、小丝杠式三种形式。它的传动装置有牌坊式深度指示器传动装置、圆式深度指示器传动装置、监控器。

深度指示器传动装置或监控器的作用是根据提升设备的位置及状态对提升系统进行控制，保证提升系统的安全。

操纵台有斜面操纵台与组合式操纵台两种。操纵台上装设的各种手把和开关用来操纵提升机完成提升、下放及各种动作；操纵台上装设的各种仪表用来向司机反映提升机的运行情况及设备工作状况。

（5）保护系统。保护系统主要包括测速发电机装置、护板、护栅、护罩等。其中测速发电机装置的作用是通过设在操纵台上的电压表向司机指示提升机的实际运行速度，参与等速运和减速阶段的超速保护。

B 多绳摩擦式提升机的组成

摩擦式提升机是利用提升钢丝绳与摩擦轮摩擦衬垫之间的摩擦力来传递动力，使重载侧钢丝绳上升，空载侧钢丝绳下放。

　　摩擦式最初使用的是单绳摩擦式提升机，后来随着矿井深度和产量的增加，提升钢丝绳的直径越来越大，不但制造困难和悬挂不便，而且使提升机的有关尺寸也随之增大，因此在单绳摩擦式提升机的基础上制造出了以几根钢丝绳来代替一根钢丝绳的多绳摩擦提升机。

　　多绳摩擦式提升机具有安全性高、钢丝绳直径细、主导轮直径小、设备重量轻、耗电少、价格便宜等优点，发展很快。除用于深立井提升外，还可用于浅立井和斜井提升。钢丝绳搭放在提升机的主导轮（摩擦轮）上，两端悬挂提升容器或一端挂平衡重（锤）。运转时，借主导轮的摩擦衬垫与钢丝绳间的摩擦力，带动钢丝绳完成容器的升降。钢丝绳一般为 2 ~ 10 根。

　　多绳摩擦式提升机又可分为井塔式多绳摩擦式提升机和落地式多绳摩擦式提升机两类。

　　井塔式提升机的机房设在井塔顶层，与井塔合成一体，节省场地；钢丝绳不暴露在外，不受雨雪的侵蚀，但井塔的重量大，基建时间长，造价高。井塔式多绳摩擦式提升机如图 5-58 所示。

　　落地式提升机的机房直接设在地面上，井架低，投资小，抗振性能好；缺点是钢丝绳暴露在外，弯曲次数多，影响钢丝绳的工作条件及使用寿命。落地式多绳摩擦式提升机如图 5-59 所示。

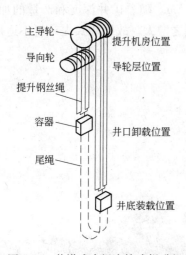

图 5-58　井塔式多绳摩擦式提升机

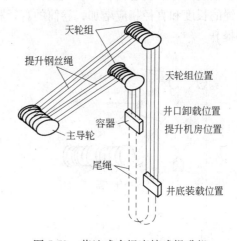

图 5-59　落地式多绳摩擦式提升机

　　多绳摩擦式提升机主要由主轴装置、制动器装置、液压站、减速器、电动机、深度指示器系统、操纵台、导向轮装置（落地式为天轮装置）、车槽装置（落地式带有拨绳装置）、弹性联轴器、齿化联轴器等部件组成（见图 5-60）。主导轮表面装有带绳槽的摩擦衬垫。衬垫应具有较高的摩擦系数和耐磨、耐压性能，其材质的优劣直接影响提升机的生产能力、工作安全性及应用范围。目前使用较多的衬垫

图 5-60　多绳摩擦式提升机

材料有聚氯乙烯或聚氨基甲酸乙酯橡胶等。由于钢丝绳与主导轮衬垫间不可避免的蠕动和滑动，停车时深度指示器偏离零位，故应设自动调零装置，在每次停车期间使指针自动指向零位。车槽装置用于车削绳槽，保持直径一致，有利于每根钢丝绳张力均匀。为了减少振动，可采用弹簧机座减速器。

5.5.2 单绳缠绕式提升机

根据卷筒数目单绳缠绕式提升机可分为单卷筒和双卷筒两种：（1）单卷筒提升机，一般作单钩提升。钢丝绳的一端固定在卷筒上，另一端绕过天轮与提升容器相连。卷筒转动时，钢丝绳向卷筒上缠绕或放出，带动提升容器升降。（2）双卷筒提升机，作双钩提升（见图 5-61）。两根钢丝绳各固定在一个卷筒上，分别从卷筒上、下方引出。卷筒转动时，一个提升容器上升，另一个容器下降。缠绕式提升机按卷筒的外形又分为等直径提升机和变直径提升机两种。等直径卷筒的结构简单，制造容易，价格低，得到普遍应用。深井提升时，由于两侧钢丝绳长度变化大，力矩很不平衡。早期采用变直径提升机（圆柱圆锥形卷筒），现多采用尾绳平衡。

缠绕式提升机的主要部件有主轴、卷筒、主轴承、调绳离合器、减速器、深度指示器和制动器等（见图 5-62）。双卷筒提升机的卷筒与主轴固接的称固定卷筒，经调绳离合器与主轴相连的称活动卷筒。中国制造的卷筒直径为 2 ~ 5m。随着矿井深度和产量的加大，钢丝绳的长度和直径相应增加，卷筒的直径和宽度也随之增大，故缠绕式提升机不适用于深井提升。

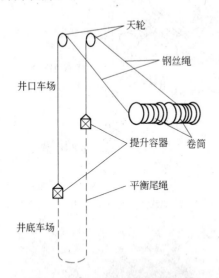

图 5-61　等直径双卷筒提升系统

图 5-62　单绳缠绕式提升机

多绳缠绕式提升机在超深井运行中，尾绳悬垂长度变化大，提升钢丝绳承受很大交变应力，影响钢丝绳寿命；尾绳在井筒中还易扭转，妨碍工作。

5.5.2.1 我国缠绕式提升机的发展

A　KJ、JK-A 型矿井提升机

KJ、JK-A 型矿井提升机是 20 世纪 50 年代生产的产品，现已停止生产，但目前有的矿山还在使用。这种提升机的结构特点是：卷筒由两半的铸铁法兰盘与薄钢板弯制的筒壳组成，主轴是二支点或三支点的，用带乌金瓦滑动轴承支承，主轴与卷筒通过切向键连接，卷筒上铺木衬。制动器是一个单回路的角移瓦块式制动器系统，由制动器杠杆、液压缸、重锤等组成。工作制动是由司机通过移动操纵台上的制动手柄，手动控制液压系统的压力调节阀的进油量，使液压缸中的活塞运动，从而使挂在活塞杆上的重锤上下，进而带动杠杆转动，使角移式制动器上的闸瓦作用到装在卷筒法兰盘上的制动轮上，进行制动或松闸。安全制动是由电气回路自动作用后，由电磁铁作用安全阀后使制动器作用进行的。

深度指示器是由卷筒的主轴转动，带动轴端的锥齿轮和传动轴，传动到机械牌坊式指示器上的两个不同旋向的丝杆，从而使丝杆上的带指针的螺母一个向上、一个向下移动。指针运动即代表提升容器在井筒中的运动，指针的位置代表容器在井筒中的位置。

该型提升机采用多级平行轴、软齿面的渐开线型齿轮减速器，减速器的轴承是滑动轴承，减速器输出轴通过齿轮联轴器与卷筒主轴连接，输入轴也通过齿轮联轴器与电动机连接。

随着生产的发展又出现了直径 3m 以上的提升机，其特点是卷筒为全焊接结构；制动器为杠杆传动，平移式大瓦块式闸，为双路系统（即一个卷筒分别有一个制动器），制动器控制装置由气动式压力调节器控制，有二级制动，工作制动与安全制动独立；卷筒调绳联合器是气动遥控齿轮轴向移动离合齿轮式；深度指示器是机械牌坊式带离心式机械限速器；减速器分单级和双级。

这类提升机由于卷筒的力学结构不合理，并且过于单薄，制动系统因杠杆多、惯量大、动作不灵敏，现在已经很少使用。

B　XKT 型、XKT-B 型矿井提升机

20 世纪 70 年代，在吸收国外矿井提升机的新技术，结合我国矿井提升机系列参数的条件下，设计了我国第一台大型单绳矿井提升机。

（1）XKT 型单绳缠绕式矿井提升机。XKT 型提升机存在的主要问题是：

1）不成熟的电子数字式深度指示器。

2）在没有彻底掌握尼龙性能的情况下就采用了大直径尼龙瓦。

3）采用了间隙调节困难、闸瓦磨损不均的单面盘形闸，减速器齿面承载压力过大，虽然减速器的尺寸、重量变小了，但齿轮的损伤加快。

4）设计的制动摩擦系数取得过高，不仅使闸瓦磨损加快，而且也不安全。

5）把双套的液压系统、双套的润滑油站不合理地改为单套系统。

6）电控上采用金属水冷电阻的电控等。

（2）XKT-B 型单绳缠绕式矿井提升机。XKT-B 型是 XKT 型的修改产品，主要把电子数字式深度指示器改为圆盘式自整角机指示器；尼龙瓦改为铜套；单面盘形制动器改为双面盘型制动器；单套制动液压泵等改为双套等。

此类提升机现在虽然不生产，但在许多老矿山仍然在使用。

C　JK 系列提升机

JK 系列提升机是现在主要生产和应用的矿井单绳缠绕式提升机。JK 系列提升机相对 XKT-B 型作了以下完善，并由此制定颁布了 GB/T 20961—2007。

（1）把有些减速器的尺寸规格作了适当的放大，尤其是一些使用应力过高的减速器。

（2）盘形制动器不仅由单面改为双面，而且把选用过高的设计摩擦系数减小，有些规格的提升机的制动盘由一个改为两个，卷筒结构和制动器的结构也进行了完善，制动器更换和装拆更加方便。

（3）制动系统的液压站不仅由单路改为双路，而且加强了油的过滤，尤其是电液调压部分的过滤，提高了液压系统的稳定性。

（4）恢复一些重要部件的双套配置，其中一套备用，以方便维护及应对紧急情况。

（5）深度指示器除圆盘式外，恢复供应牌坊式指示器。

（6）卷筒除保留原有的两半结构外，又增加了四半结构。

（7）电控调速方面，取消金属水冷电阻，改为金属电阻等。

5.5.2.2 JK 型缠绕式提升机

JK 系列提升机有 JKA、JKB、JKE 几种型号，其型号标注举例说明如下。

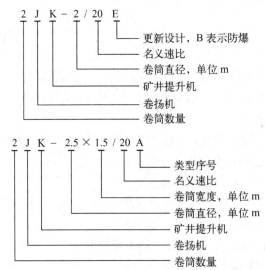

JK 系列缠绕式提升机的工作原理是：电动机通过减速器将动力传给缠绕钢丝绳的卷筒，实现容器的提升和下放；通过电气传动实现调速，盘形制动器由液压和电气控制进行制动；通过各种位置指示系统，实现容器的深度指示；通过各种传感器的控制元件组成的机、电、液联合控制系统实现整机的监控与保护；通过计算机和网络技术实现提升机内、外的信息传输。

图 5-63、图 5-64 分别是 JK、JKA 系列缠绕式提升机总体结构图。

JK 系列的缠绕式提升机的特点是：

（1）采用整体式、两瓣式、四瓣式多种形式的卷筒。

（2）卷筒绳槽采用加工螺旋绳槽、折线绳槽或木衬及塑衬压制的螺旋绳槽，层间设置钢绳过渡装置。

（3）采用油缸后置式盘形制动器，电-液联合控制；液压站分中低压和中高压两种类型。中低压液压站有恒制动力电气延时和液压延时二级制动两种；中高压液压站有恒减速和恒制动力矩二级制动两种形式。液压站可配有压力传感器、压力继电器。

（4）主轴与卷筒采用平面大扭矩摩擦连接。

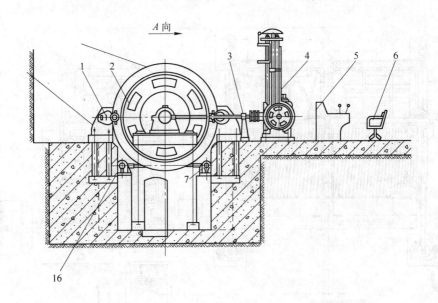

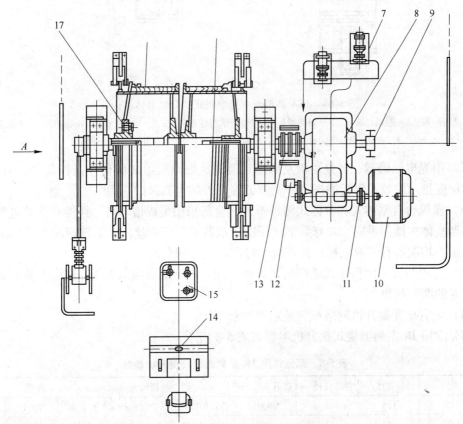

图 5-63　JK 型双卷筒矿井提升机总体结构

1—盘形制动器；2—主轴装置；3—牌坊式深度指示器传动装置；4—牌坊式深度指示器；5—斜面操纵台；
6—司机椅子；7—润滑油站；8—减速器；9—圆盘式深度指示器传动装置；10—电动机；11—弹簧联轴器；
12—测速发电机装置；13—齿轮联轴器；14—圆盘式深度指示器；15—液压站；16—锁紧器；17—齿轮离合器

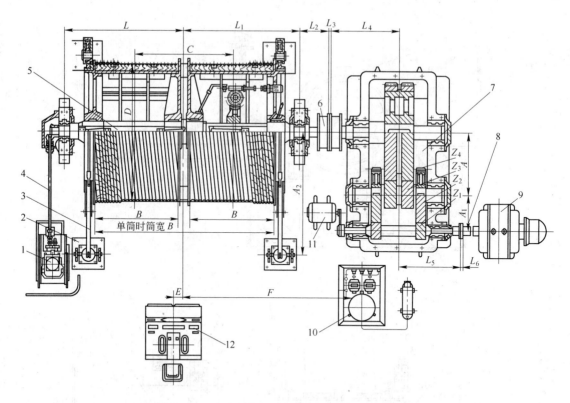

图 5-64   JKA 型单绳双筒缠绕式提升机总体结构

1—深度指示器；2—制动缸装置；3—制动器；4—深度指示器传动装置；5—主轴；6—齿轮联轴器；7—减速器；
8—弹簧；9—电动机；10—液压传动装置；11—测速发电机；12—操纵台

（5）由光电编码器、自整角机及低速直流测速发电机组成的信号监控装置，有超速、过卷、深度指示失效、闸瓦磨损、弹簧疲劳等完善的监测保护功能。

（6）操纵台有整体式和分体式两种形式，全部采用集成信号灯、性能可靠的电气仪表以及新型整体式操作手柄，并有数字式深度指示器及数字和丝杠式深度指示为一体的深度指示系统，均配备有工业电视或计算机、打印机等专用台面。

（7）天轮装置采用整体式或两瓣式焊接结构，采用滚动轴承支承，轮缘上装有聚氯乙烯或尼龙的摩擦衬垫。

（8）配有矿井提升机网络控制及远程诊断系统。

部分常用 JK 系列缠绕式提升机参数如表 5-8 所示。

表 5-8   部分常用 JK 系列缠绕式提升机参数

型 号	卷筒宽度/m	卷筒直径/m	提升高度/m	减速器	外形尺寸/mm × mm × mm	自重/t	备注
JK-2/2	1.5	2	900	ZHLR-115K	9 × 9 × 3.5	23.1	中信重型机械
2JK-2/20	1	2	565	ZHLR-115	9.5 × 9 × 3.5	27.3	
JK-2.5/20	2	2.5	1335	KZHLR-150K	10 × 9.5 × 3.5	37.1	
2JK-2.5/20	1.2	2.5	739	ZHLR-130K	10 × 9.5 × 3.5	37	
2JK-3/20	1.5	3	970	ZHLR-150K	11 × 10 × 3.5	53.1	
2JK-3.5/15.5	1.7	3.5	670	ZHLR-170K	13.5 × 11 × 3.55	98	

型 号	卷筒宽度/m	卷筒直径/m	提升高度/m	减速器	外形尺寸/mm × mm × mm	自重/t	备注
JK2.5 × 2 20/30	2	2.5	1475	JSZ-2 × 650			四川机械
JK3 × 2.2 20/30	2.2	3	996	MT-400			
2JTP1.2 × 1.2 20/30	1.2	1.2	464	JSZ-2 × 350			
2JK2 × 1 20/30	1	2	652	JSZ-2 × 500			
2JK3 × 1.5 20/30	1.5	3	624	MT-300			
JK-2/20	1.5	2	1025		6.8 × 6.5 × 3		山西机械
JKB-2.5/31.5	2.3	2.5	1100		11.8 × 9.3 × 3		
JK-2/30A	1.5	2			7 × 6.9 × 2.73		锦州机械
2JK-2/30A	1	2			8.1 × 6.3 × 2.7		
2JK-2.5 × 1.5/20A	1.5	2.5			12 × 10 × 3		

5.5.3 多绳摩擦式提升机

5.5.3.1 摩擦式提升机

摩擦提升是靠摩擦力提升重物，其工作原理与缠绕提升有显著区别：钢丝绳不是缠绕在井筒上，而是搭在摩擦轮上，两端各悬挂一个提升容器，借助安装在摩擦轮上的衬垫与钢丝绳之间的摩擦力来传动钢丝绳，使提升容器上下移动，从而完成提升或下放重物的任务。

由于单绳缠绕式提升机提升高度受到滚筒容绳量及提升动力的限制，提升能力又受到单根钢丝绳强度的限制，因此对于产量大的矿井，单绳缠绕式提升机已不能满足提升的需要，多采用多绳摩擦式提升机。

多绳摩擦式提升机按布置方式可分为塔式（见图 5-65）与落地式（见图 5-66）两大

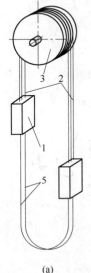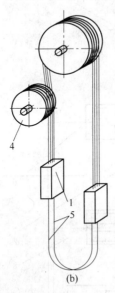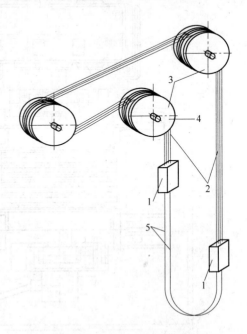

(a)　　　　　　　　(b)

图 5-65　塔式多绳摩擦提升机

（a）无导向轮的多绳摩擦提升系统；

（b）有导向轮的多绳摩擦提升系统

1—提升容器或平衡锤；2—提升钢丝绳；

3—摩擦轮；4—导向轮；5—尾绳

图 5-66　落地式多绳摩擦提升机

1—提升容器或平衡锤；2—提升钢丝绳；

3—摩擦轮；4—导向轮；5—尾绳

类。我国多采用塔式多绳摩擦提升，其优点是：（1）工业场地集中，节省土地；（2）省去天轮；（3）全部载荷垂直向下，井架稳定性好。但塔式较落地式的设备费要昂贵得多。因为提升塔较普通井架更为庞大且复杂，需要更多的钢材。

塔式多绳摩擦提升又可分为无导向轮系统（见图 5-65a）和有导向轮系统（见图 5-65b）。前者结构简单。后者的优点是使提升容器在井筒中的中心距不受主导轮直径的限制，减小井筒的断面，同时可以加大钢丝绳在主导轮上的围包角；缺点是使钢丝绳产生了反向弯曲，直接影响钢丝绳的使用寿命。

多绳摩擦提升机在煤矿，金属矿竖井既可作为主井提升又可作为副井提升，多绳摩擦提升机可用于双箕斗双罐笼提升系统，也可用于带平衡锤的单容器提升系统。我国应用比较多的是应用于主井的箕斗提升系统。

图 5-67 是 JKM 多绳摩擦式提升机总体结构图。

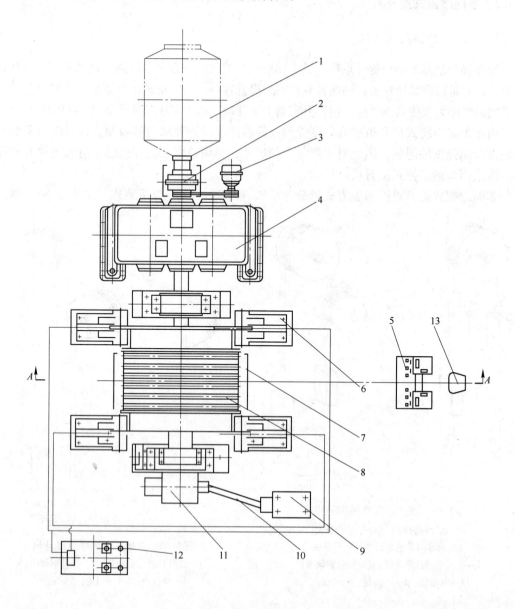

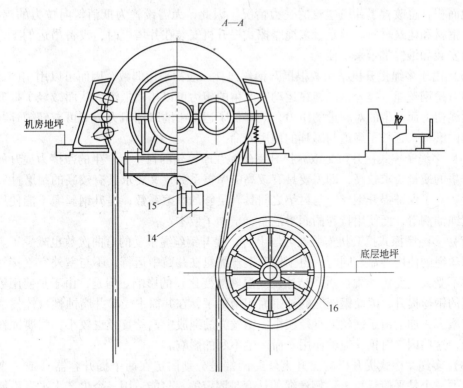

图 5-67　JKM 多绳摩擦式提升机总体结构

1—电动机；2—弹簧联轴器；3—测速发电机装置；4—减速器；5—斜面操纵台；6—盘形制动器；
7—摩擦轮护板；8—主轴装置；9—深度指示器系统；10—万向联轴节；11—精针发送装置；
12—液压站；13—司机椅子；14—车槽架；15—车槽装置；16—导向轮

多绳摩擦式提升机具有下列特点：

（1）由于钢丝绳不是缠绕在摩擦轮上，对摩擦轮无容绳量要求，因而摩擦轮的宽度较缠绕式卷筒小，可适应深度和载荷较大矿井的使用要求。

（2）由于提升容器是由数根提升钢丝绳共同悬挂的，故提升钢丝绳直径比相同载荷下单绳提升的小，摩擦轮直径也小。因而在同样提升载荷下，多绳提升机具有体积小、重量轻、节省材料、制造容易、安装和运输方便等优点。同时在发生事故的情况下多根钢丝绳同时断裂的可能性极小，因而安全可靠性较高，不需要再在提升机容器上装设断绳防坠器，这也给采用钢丝绳作罐道的矿井提供了有利条件。

（3）由于多绳提升机的运动质量小，故拖动电动机的容量与耗电量均相应减小。在卡罐和过卷的情况下，钢丝绳有打滑的可能性，因而可以避免断绳事故的发生。但是，由于提升容器是由数根提升钢丝绳共同悬挂的，因而悬挂新绳和更换钢丝绳的工作量都比较大。维护（调整、检验绳）较复杂。同时，为了保证每根钢丝绳运行中的受力相等（或趋于相等），除了在提升容器上要设平衡装置外，对提升钢丝绳的质量和结构的要求都比较高；当提升钢丝绳中有一根需要更换时，必须将提升钢丝绳全部同时更换，且要求换用具有同样弹性模量、规格和强度的钢绳，以保证在实际运动中的钢丝绳具有相同的伸长性能。

（4）多绳摩擦式提升机一般安装在井塔上，简化了提升系统及井口地面的布置，减少了占地面积，也改善了井塔建筑的受力情况。因此，无需设置为抵消斜向拉力的支撑腿，节约了钢材和建筑材料。但是，多绳摩擦式提升机安装在井塔上时，设备吊运的工作量较大，给安装和维修都带来不便。

（5）由于多绳提升机采用数根提升钢丝绳，一般都采用偶数，因而可以用相同数量的左捻和右捻钢丝绳。提升钢丝绳在运动中产生的扭力可以相互抵消，从而减轻了提升容器因钢丝绳扭力而产生的对罐道的压力，既降低了运动中的摩擦阻力，又可减轻罐耳与罐道间的单向磨损，延长了罐道与罐耳的使用寿命。

（6）多绳摩擦式提升机是依靠提升钢丝绳在摩擦轮的衬垫上产生的摩擦力提升的，因而对衬垫的质量要求较高，即需要具有较高的摩擦系数，又要求具有较高的耐磨性和一定的弹性。为了保证提升钢丝绳与衬垫之间具有足够的摩擦系数，提升钢丝绳不能使用普通的钢丝绳油润滑，而使用特殊的润滑油脂，增加了成本。

（7）多绳摩擦式提升机安装在井塔上时，提升钢丝绳承受的弯曲次数也减少了。可以延长钢丝绳的使用寿命。同时，由于提升钢丝绳只在井筒中运行，不与室外空气接触，因而几乎不受天气变化（雨、雪、结冰及气温骤然变化）的影响。但是，由于是使用数根直径较细的钢丝提升，因而钢丝绳的外露面积增加了，在井筒中受矿井腐蚀性气体侵蚀的面积相应增大，加上由于钢丝绳直径较小，钢丝绳的绳股中钢丝直径也较小，耐腐蚀性能显著降低，这些因素对钢丝绳的使用寿命产生不利的影响。

（8）多绳摩擦式提升机的提升钢丝绳两端是分别固定在两个提升容器（或一个提升容器，另一个是平衡锤）上，钢丝绳的长度是固定的，只能适用一个生产水平，不能使用双容器提升，为多水平的生产服务。

5.5.3.2　摩擦式提升机的应用

我国从 1958 年开始设计和制造多绳摩擦式提升机（见图 5-60），先后生产了 DM 型、DMT 型提升机。现在生产的 JKM（A、B、C、E）型多绳提升机有 16 种规格，还有部分 JKD 型。目前，国内外多绳摩擦提升机在向大型、全自动化和遥控方向发展，并研究各种新型和专用提升设备，发展落地式和斜井多绳摩擦式提升机。

型号标注方法举例：

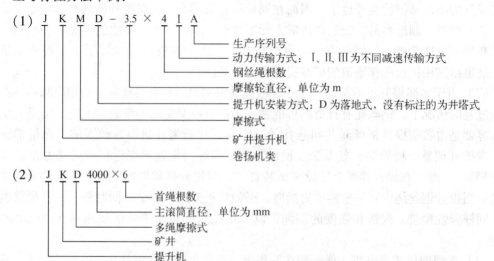

（1）　J K M D – 3.5 × 4 Ⅰ A
— 生产序列号
— 动力传输方式：Ⅰ、Ⅱ、Ⅲ为不同减速传输方式
— 钢丝绳根数
— 摩擦轮直径，单位为 m
— 提升机安装方式：D 为落地式，没有标注的为井塔式
— 摩擦式
— 矿井提升机
— 卷扬机类

（2）　J K D 4000 × 6
— 首绳根数
— 主滚筒直径，单位为 mm
— 多绳摩擦式
— 矿井
— 提升机

部分常用多绳摩擦式提升机相关参数见表5-9。

表5-9　部分常用多绳摩擦式提升机参数

型　　号	卷轮直径/m	钢绳根数	提升方式	减速器	外形尺寸/mm×mm×mm	自重/t	备注
JKM-2×4	2	4				29.5	
JKM-4×4	4	4	井塔式			84	
JKM-1.6×4E	1.6			XP560	6.4×7×1.75	17.5	中信
JKM-2.8×6	2.8	6				46.3	重型
JKMD-2.8×2E	2.8			XP800	7.8×10×2.65	47.3	机械
JKMD-3.5×4E	3.5		落地式	P2H800	8×9.5×3	101	
JKMD-4×4E	4			XP1250	11×10×3.4	141	
JKM-2.25×4	2.25			MT200	8×8×2.3	28.5	四川
JKM-3.25×4	3.25		井塔式	MT560	9×9×3		矿山
JKM-4.5×6	4.5				10×9.5×4		机械
JKD2100×4	2.1	4	井塔式	ZGH70			上海
JKD1850×4	1.85	4		ZGH70			

5.5.4　缠绕式提升机工作机构

提升机的工作机构是单绳缠绕式矿井提升机的主要部件，主要由传动动力的主轴及卷筒组成。它的作用是：（1）缠绕提升钢丝绳；（2）承受各种正常载荷；（3）承受各种紧急情况下出现的非正常载荷；（4）对于双筒提升机，调节钢丝绳长度。

单筒提升机采用双钩提升时，左侧钢绳为下出绳，右侧钢绳为上出绳；单钩提升时为上出绳。双筒提升是左边卷筒上的钢绳为下出绳，右边卷筒上的钢绳为上出绳，与固定卷筒和游动卷筒的相对位置无关。

5.5.4.1　JK系列矿井提升机工作机构

本系列产品的主轴装置具有单圆柱卷筒和双圆柱卷筒两种基本形式，主要由主轴、卷筒、支轮、轴承座和调绳离合器等零部件组成，如图5-68所示。

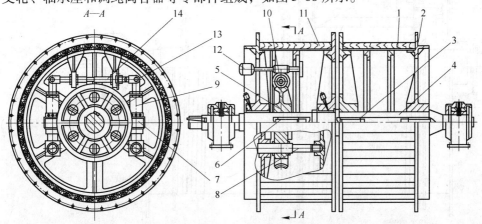

图5-68　JK系列提升机工作机构

1—筒壳；2—法兰盘；3，6—切向键；4—主轴；5—蜗轮；7—蜗杆；8—轴；9—心轴；10—小蜗轮对；
11—木衬；12—小电动机；13—传动螺母；14—传动螺杆

（1）主轴。主轴有两种不同的结构，A 为光轴（见图 5-69、图 5-71），B 为带有两个法兰盘的轴（见图 5-70、图 5-72）。A、B 两种提升机的主轴装置在结构方式上有较大的不同，其主要的不同之处在于：A 种提升机主轴装置的主轴和固筒支轮靠过盈配合装在一起，固定卷筒（单筒仅此卷筒）和主轴通过装在主轴上的两固定支轮，用螺栓连接成一体；B 种提升机主轴装置的主轴与固定卷筒的连接是直接通过主轴上的两法兰盘与固定卷筒用螺栓连接在一起。

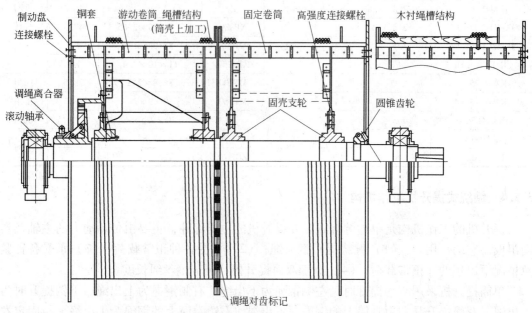

图 5-69　JK 型双筒提升机 A 种主轴装置

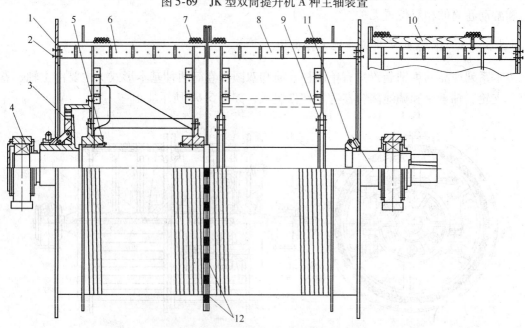

图 5-70　JK 型双筒提升机 B 种主轴装置

1—制动盘；2—连接螺栓；3—调绳离合器；4—滚动轴承；5—铜套；6，8—游动卷筒；7—绳槽结构；
9—高强度连接螺栓；10—木衬结构；11—圆锥齿轮；12—调绳对齿标记

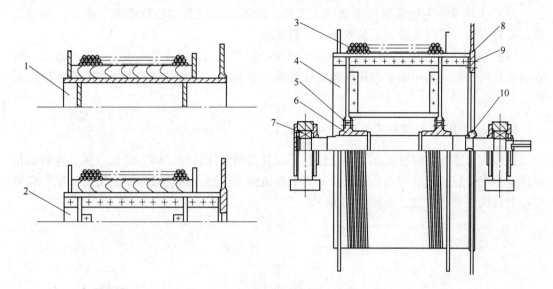

图 5-71 JK 单筒提升机 A 种主轴装置

1—整体木衬式结构；2—两半木衬式结构；3—两半带槽式结构；4—卷筒；5—高强度螺栓；6—支轮；
7—滚动轴承；8—制动盘；9—普通螺栓；10—圆锥齿轮

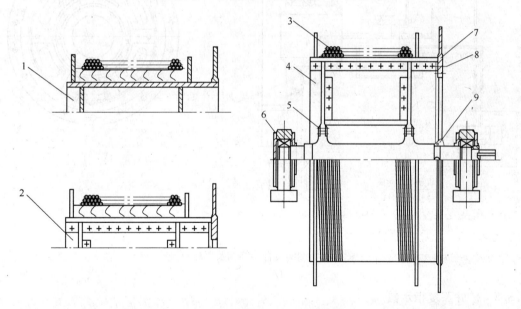

图 5-72 JK 单筒提升机 B 种主轴装置

1—整体木衬式结构；2—两半木衬式结构；3—两半带槽式结构；4—卷筒；5—高强度螺栓；
6—滚动轴承；7—制动盘；8—普通螺栓；9—圆锥齿轮

（2）卷筒。卷筒有单筒和双筒两种。单筒主轴工作装置由卷筒、主轴、主轴承，左右轮毂等组成，主轴承是支承主轴、卷筒及其他载荷用的。双筒提升机主轴工作装置由主轴、主轴承、两个卷筒、多个轮毂、调绳离合器等主要零部件组成。

JK 系列的卷筒全是由 16Mn 钢板焊接而成，卷筒内部没有其他支环和斜撑，属于厚壳弹性支撑结构。辐板由钢板制成，其上开有若干小孔。

（3）主轴承。主轴承采用滚动轴承结构，轴承选用双列向心球面滚子轴承，结构简单，安装方便，可提高设备运转效率，降低能耗。

（4）钢绳出绳方法和出绳口。单筒提升机一般均采用钢绳在卷筒上侧出绳的方式。双卷筒提升机一般均采用固定卷筒的钢绳在卷筒上侧出绳，游动卷筒的钢绳在卷筒下侧出绳的方式。

5.5.4.2　JK 系列调绳离合器

调绳离合器用以解决多水平提升问题，以及当钢绳伸长时，调节绳长达到双容器的相应准确停车位置。该装置由齿块、齿圈等工作机构，油缸、移动毂等驱动机构，操作联锁等控制机构三部分组成，如图 5-73 所示。

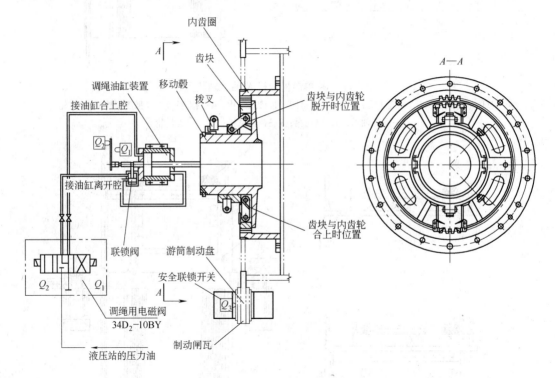

图 5-73　调绳离合器结构及工作原理

5.5.5　矿井深度指示器

深度指示器是标示提升容器位置的一种机械。常用的矿井深度指示器有单绳牌坊式、圆盘式、丝杠式三种。

5.5.5.1　单绳牌坊式深度指示器

单绳牌坊式深度指示器由两部分组成，一部分是与提升机主轴轴端成直角连接的传递运动的装置，即牌坊式深度指示器传动装置（见图 5-74），另一部分是深度指示器（见图 5-75），二者通过联轴器相连。其工作原理如图 5-76 所示。

提升机主轴的旋转运动由传动装置传给深度指示器，经过齿轮对传给丝杠，使两根垂

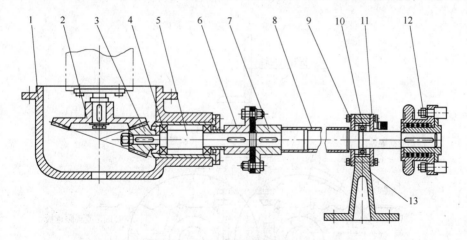

图 5-74　牌坊式深度指示器传动装置

1—支承盖；2—大伞齿轮；3—小伞齿轮；4—单列向心轴承；5—轴；6—左半联轴器；7—右半联轴器；
8—传动轴；9—左压盖；10—轴承；11—右压盖；12—联轴器；13—轴承座

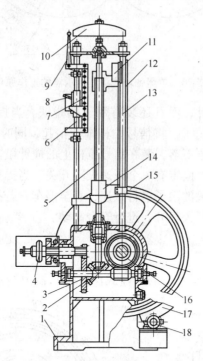

图 5-75　牌坊式深度指示器

1—箱体；2—伞齿轮对；3—齿轮对；4—离合手轮；5—丝杠；6，13—立柱；7—信号拉杆；8—减速极限
开关位置；9—撞针；10—信号铃；11—过卷极限开关装置；12—标尺；14—梯形螺母；
15—限速圆盘；16—蜗轮传动装置；17—限速凸轮板；18—自整角机限速装置

直丝杠以互为相反的方向旋转。当丝杠旋转时，带有指针的两个梯形螺母也以互为相反的
方向移动，即一个向上，另一个向下。丝杠的转数与主轴的转数成正比，因而也与容器在
井筒中位置相对应，因此螺母上指针在丝杠上的位置也与之相对应，通过指针便能准确地
指出容器在井筒中的位置。

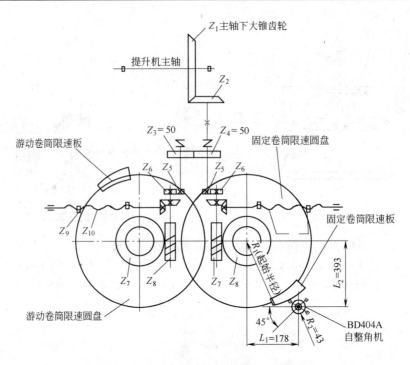

图 5-76　单绳牌坊式深度指示器的工作原理

梯形螺母上不仅装有指针，而且还装有掣子和碰铁。当提升容器接近井口卸载位置时，掣子带动信号拉杆上的销子，将信号拉杆渐渐抬起，同时销子在水平方向也在移动。当达到减速点时销子脱离掣子下落，装在信号拉杆上的撞针敲击信号铃，发出减速开始信号，在信号拉杆旁边的立柱上固定有一个减速极限开关，当提升容器到达一定位置时，信号拉杆上的碰块碰减速器开关的滚子进行减速，直至停车。若提升机发生过卷，则梯形螺母上的碰铁将把过卷扬极限开关打开，进行安全制动。

5.5.5.2　圆盘深度指示器

如图 5-77 所示，单绳提升机用的圆盘式深度指示器由指示圆盘、精针、粗针、有机

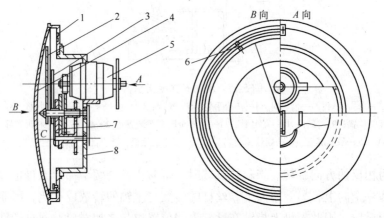

图 5-77　圆盘式深度指示器

1—指示圆盘；2—精针；3—粗针；4—有机玻璃罩；5—接收自整角机；6—停车标记；7—齿轮；8—架子

玻璃罩、接收自整角机、停车标记、齿轮、架子等零件组成。

自整角机 5 接收来自深度指示器传动装置讯号,经过三对减速齿轮带动粗针 3,进行粗针指示。精针 2 是一对减速齿轮进行传动的。指示圆盘 1 上有两条环形槽,槽中备有数个红、绿色橡胶标记,用来表示减速或停车的位置。

圆盘深度指示器的工作原理为:如把发送自整角机(自整角机中主动旋转的)连到主轴上,接收自整角机(自整角机中进行角度跟随的)装上指针,那么,随着卷筒的转动,接收自整角机上的指针就跟着转动,指示出容器的实际位置。实际使用中指示器中装了两个指针,配置了传动比 $i=125$ 的一套齿轮,带动的是粗针,指示精度略低,用于指示运动中提升容器的大致位置。配置传动比 $i=5$ 的一对齿轮带动的是精针,能较精确地指示容器位置,可作司机停车的依据(见图 5-78)。

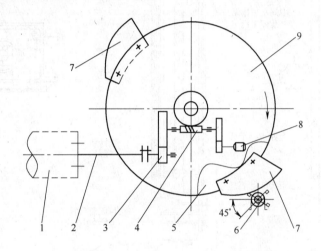

图 5-78 圆盘式深度指示器的工作原理

1—减速器输出轴;2—传动轴;3—更换齿轮对;4—蜗轮副;5—前限速圆盘;6—限速自整角机;
7—取速凸板;8—发送自整角机;9—后限速圆盘

用于单绳缠绕式提升机的圆盘深度指示器传动装置(见图 5-78)由传动轴、更换齿轮、左右限速圆盘、蜗轮蜗杆、机座等组成。更换齿轮是根据提升机规格和用户实际使用的提升高度进行选配的。

主轴转动通过传动轴和更换齿轮传给左右限速圆盘。左右圆盘上均装有碰板装置和限速凸轮板,通过减速开关、过卷开关及自整角机发出讯号,进行减速和安全保护。限速凸轮板由用户按实际速度图进行配制。

蜗杆轴右端连接有发送自整角机 BD-404A。由它和深度指示器(装在操纵台上)上的接收自整角机 BS-404A 组成的电轴能够将主轴的转动讯号准确地输送给深度指示器,从而正确地指示容器在进筒中的位置。

自整角机限速装置的自整角机 BD-404A 轴上装有杠杆,使左右限速圆盘上的限速凸轮板在减速时碰压杠杆上的滚子,使自整角机轴回转,要求从限速凸轮板碰压滚子开始到限速结束自整角机回转 45°。

圆盘深度指示器虽然有结构简单,指标精度高等优点,但它的指针做圆周运动,与提升机容器没有直观上的"上""下"对应关系。

5.5.5.3　丝杠式粗针指示器

如图 5-79 所示，自整角机传动的丝杠式粗针指示器由游动针、指示灯及固定指针、齿轮对、接收自整角机、丝杠、丝母、导向钢丝、日光灯等组成。丝杠式粗针指示器通常是和圆盘精针指示器配合使用。其接收自整角机接收来自深度指示器传动装置中发送自整角机的讯号，经过一对齿轮带动丝杠和螺母带动游动指针进行深度指示。刻度板上固定有指示灯，固定指针可用来作为停车标记或减速标记。

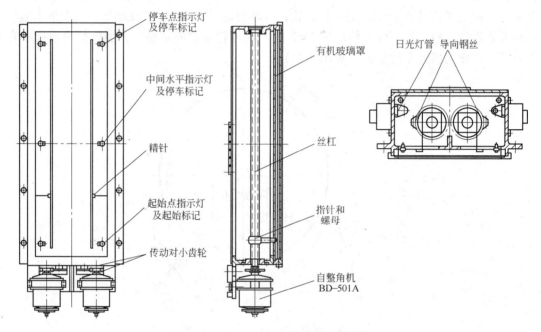

图 5-79　丝杠式粗针指示器

5.5.6　提升机减速机构

提升机减速机构即提升机减速器（见图 5-80），是机械传动常用的减慢电动机转速的机械，产品一般已经定型。减速器有许多类型，矿山提升机常用齿轮减速器。其作用主要是传递回转运动和动力，即把电动机输出的转速经减速器降至提升卷筒所需的工作转速；把电动机输出的扭矩和力经减速器增至提升卷筒所需的工作扭矩和力。

（1）渐开线行星齿轮减速器。我国在提升机传动系统中，从 20 世纪 80 年代开始应用行星齿轮减速器，其结构外形如图 5-81、图 5-82 所示。渐开线行星齿轮减速器具有体积小、重量轻、承载能力大、传动效率高和工作平稳等优点。

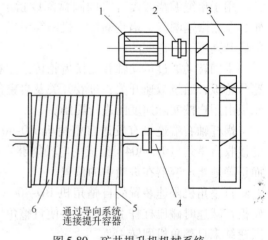

图 5-80　矿井提升机机械系统
1—电动机；2，4—联轴器；
3—减速器；5—钢丝绳；6—卷筒

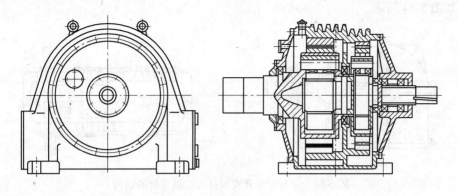

图 5-81 同轴行星齿轮减速器的结构

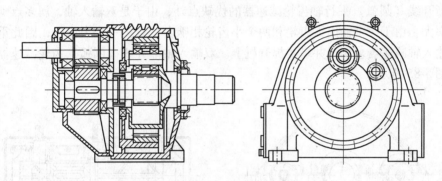

图 5-82 平行轴行星齿轮减速器的结构

（2）平行轴圆弧齿轮减速器。由于传动噪声和振动大等缺点，故在矿井提升减速器中逐步被渐开线齿轮减速器所代替。但是，过去由于技术原因，渐开线齿轮减速器有某些不足，平行轴圆弧齿轮减速器在矿井提升中应用很广。平行轴圆弧齿轮减速器的结构外形如图 5-83 所示。

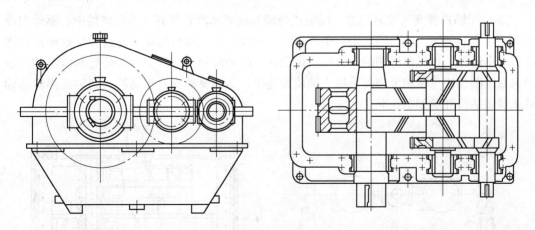

图 5-83 平行轴圆弧齿轮减速器的结构

（3）平行轴渐开线圆柱齿轮减速器。渐开线齿轮减速器具有传动速度和功率范围大，传动效率高，对中心距的敏感性小、装配和维修简单。平行轴渐开线圆柱齿轮减速器的结构外形如图 5-84 所示。

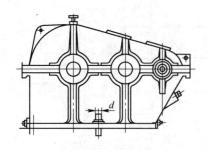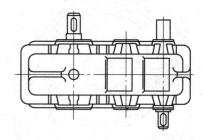

图 5-84　平行轴渐开线圆柱齿轮减速器的结构

（4）双输入轴渐开线（圆弧）齿轮减速器。双输入轴渐开线（圆弧）齿轮减速器除具备有渐开线（圆弧）平行轴齿轮减速器的优缺点外，由于是双输入轴，属多点啮合，故传动功率大。由于一个输出大齿轮和两个小齿轮相啮合，省去一个大齿轮，因此重量比较轻。双输入轴减速器多用于井塔式提升机上。双输入轴渐开线（圆弧）齿轮减速器的结构外形如图 5-85 所示。

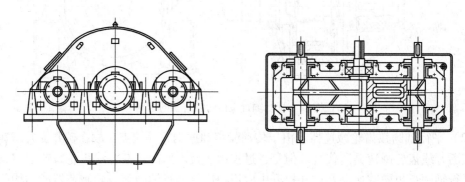

图 5-85　双输入轴渐开线（圆弧）齿轮减速器的结构

（5）同轴式弹簧基础减速器。同轴式弹簧基础减速器是带有弹簧机座的中心驱动型减速器，减速器的输入轴与输出轴的中心在同一轴线上。电动机的动力通过弹性联轴器传递给高速小齿轮，再经由两侧的高速级大齿轮、中间轴齿轮，传到低速大齿轮和输出轴，输出轴通过刚性法兰联轴节与提升机主轴装置连接，从而驱动提升机运转。同轴式弹簧基础减速器的结构外形如图 5-86 所示。

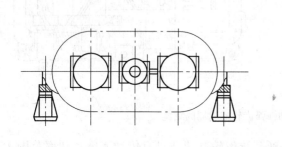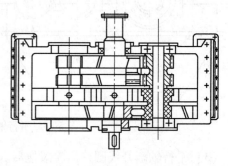

图 5-86　同轴式弹簧基础减速器的结构

矿山提升机常用减速器及相关参数见表5-10。

表 5-10　部分常用减速器表

型　号	总中心距 /mm	外形尺寸 /mm × mm × mm	传动比	提升机型号	结构特点	备注
UO-120	2 × 1200	3600 × 1650 × 2700	7.35，11.5		滚动轴承支承	单机双电机驱动
ZD-120	2 × 1200	3600 × 1655 × 2695	7.35			
ZHD2R-120	2 × 1200	3600 × 1755 × 2705	7.35，10.5，11.5	JKM-1.85 × 4		
ZD-2 × 200	2 × 2200	6200 × 3495 × 4685	10.59，11.52	2JK-5/10.5，11.5		
ZHD2R-180	2 × 1800	5100 × 3125 × 4080	11.53，11.88	JKM-4 × 4 JK2-4/10.5		
ZHLR-130	1300	2630 × 2235 × 1840	11.5，20，30	JK2-2.5/11.5	滑动轴承支承	侧传动减速器
HLR-100A	1000	2090 × 1690 × 1390	12.5，20，30			
ZHLR-115	1150	2340 × 1850 × 1750	11.5，20，30	2JK-2/11.5 JK-2/11.5		
ZG-70	2 × 700	3300 × 2075 × 1600	7.35，10.5，11.5		弹性轴滑动轴承支承	中心驱动弹簧减速器
ZG-90	2 × 900	4240 × 2810 × 1986	7.35，10.5，11.5			
ZGF-70	2 × 700	3760 × 2570 × 1837	7.35，10.5，11.5	JKM-2.8 × 4		

5.5.7　提升机制动机构

5.5.7.1　提升机制动机构的要求

提升机制动机构由制动器（通常称作闸）和传动装置两部分组成。制动器直接作用于制动轮或制动盘上，产生制动力矩。传动装置控制并调节制动力矩。制动装置的作用是在提升机正常停车时能可靠地闸住提升机，在减速阶段及下放重物时能控制提升机，发生紧急事故或意外情况时能迅速而合乎要求地闸住提升机，在提升机维护、调整水平、检修时能够闸住提升机的游动滚筒而松开固定滚筒。

矿山安全规程及技术规范对提升机制动装置要求如下：

（1）提升机必须装设司机不离开座位即能操纵的常用闸（即工作闸）和保险闸（即安全闸）。常用闸和保险闸共同使用一套闸瓦制动时，操纵部分必须分开。双滚筒提升机的两套闸瓦的传动装置必须分开，司机不得擅自调节制动闸。

（2）保险闸必须采用配重式或弹簧式的制动装置，除由司机操纵外，保险闸必须能在紧急时自动发生动作，在抱闸的同时使提升装置自动断电。常用闸必须采用可调节的机械制动装置。

（3）提升机应加设定车装置，以便在调整滚筒位置（钢丝绳的长度）或修理制动装置时使用。

（4）保险闸的空动时间压缩空气驱动闸瓦式制动器不得超过0.5s；储能液压驱动闸瓦式制动器不得超过0.6s；盘式制动器不得超过0.3s；施闸时，在杠杆和闸瓦上不得发生显著的弹性摆动。

（5）提升机的常用闸和保险闸制动时，所产生的力矩和实际提升最大静荷重旋转力矩之比都不得小于3；双滚筒提升机在调整滚筒力矩时（此时游动滚筒与主轴脱离连接），制动装置在各滚筒闸轮上所产生力矩，不得小于该滚筒所悬重量（钢丝绳重量与提升容器重量之和）形成的旋转力矩的1.2倍。

（6）摩擦式提升装置常用闸和保险闸发生作用时，在各种负荷和各种状态（上提或下放重物）下，保险闸所产生的制动减速度，不得超过滑动极限，即钢丝绳都不得出现滑动，严禁用常用闸进行紧急制动。

（7）制动器的工作行程不得超过全行程的3/4，必须留有1/4作为调整之用。司机操纵台上制动手柄移动应当灵活，在抱闸位置时，应有定位器来固定手柄，防止手柄从抱闸位置自动向前移动。

（8）制动轮（闸瓦式）的椭圆度在使用前不得超过1mm；制动轮（盘式）的端面跳动在使用前不得超过0.5mm。

5.5.7.2　块闸式制动器

块闸式制动器按结构分为角移式、平移式和综合式三种。

（1）角移式制动器。角移式制动器结构如图5-87所示。焊接结构的前制动梁2和后制动梁7，经杠杆5用拉杆4彼此连接，木制或压制石棉塑料的闸瓦6固定在制动梁上。利用拉杆4左端的调节螺母来调节闸瓦6与制动轮9之间的间隙，挡钉（钉丝）1用来支撑制动梁以保证制动轮两侧的松闸间隙相同。当进行制动时，三角杠杆5的右端按逆时针方向转动，带动前制动梁2，同时经拉杆4带动后制动梁7绕其轴承3转动一个不大的角度，使两个闸瓦压向制动轮9产生制动力。

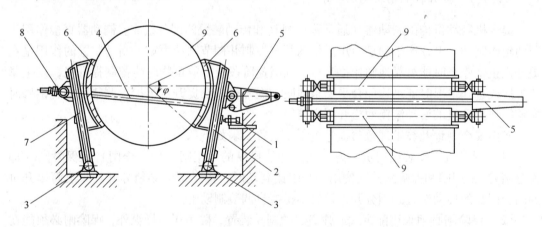

图5-87　角移式制动器

1—钉丝；2—前制动梁；3—轴承；4—拉杆；5—三角杠杆；6—闸瓦；7—后制动梁；8—调节螺母；9—制动轮

（2）平移式制动器。平移式制动器结构如图5-88所示。后制动梁10用铰接立柱7支承在地基上。后制动梁10的上、下端安设三角杠杆6，用可调节拉杆12保持联系。前制动梁10用铰接立柱7和辅助立柱支承在地基上。前后制动梁用三角杠杆6和横拉杆11彼此连接，通过立杆4、杠杆8，受工作制动气缸3和安全制动气缸2控制。工作制动气缸充气时抱闸，放气时松闸，安全制动气缸工作情况与之相反。

当工作制动气缸3充气或安全制动气缸2放气时都可使立杆4向上运动，通过三角杠

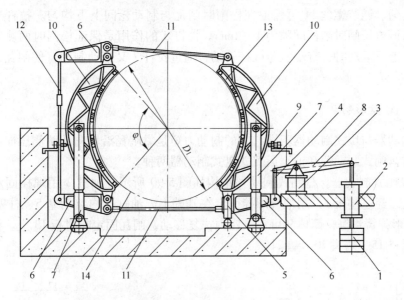

图 5-88 平移式制动器

1—安全制动重锤；2—安全制动气缸；3—工作制动气缸；4—制动立杆；5—辅助立柱；6—三角杠杆；

7—立柱；8—制动杠杆；9—顶丝；10—制动梁；11—横拉杆；12—可调节拉杆；13—闸瓦；14—制动轮

杆 6、拉杆 11 等驱使前后制动梁上的闸向制动轮 14 产生制动作用。反之，若 3 放气或 2
充气，都使立杆 4 向下运动，实现松闸。这种制动器后制动梁因为只有一根立柱来支承，
很难保证其平移性，所以用顶丝 9 来辅助改善其工作情况。前制动梁受立柱 7 和 5 的支
承，形成四连杆机构，当其接近垂直位置时，基本上可保证前制动梁的平移性。

（3）综合式制动器。综合式制动器如图 5-89 所示，它由一对制动梁 2、3，活瓦块
10，拉杆 7，三角杠杆 1 组成。制动臂安装在轴承座 6 上，在制动臂上装有活瓦块 10，活
瓦块上装有闸瓦 4，活瓦块在制动臂上可绕销轴 9 转动，从而使闸瓦与制动轮接触均匀，

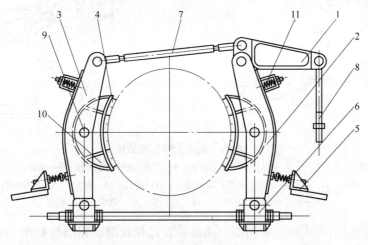

图 5-89 综合式制动器

1—三角杠杆；2—前制动梁；3—后制动梁；4—闸瓦；5—挡钉；6—轴承座；

7—横拉杆；8—立杆；9—销轴；10—活瓦块；11—调节螺丝

闸瓦磨损均匀。调节螺丝 11 可保证在松闸时闸瓦与制动轮间上下均匀。拉杆 7 的两端为左右螺纹以调整松闸时闸瓦间隙为 1 ~ 2mm。挡钉 5 的作用是保证松闸时两侧闸瓦间隙相等。立杆 8 上下运动时，带动三角杠杆转动，通过拉杆 7 又带动制动臂使闸瓦靠近或离开制动轮。

5.5.7.3　盘形制动器

盘形制动器与块式制动器不同，它的制动力矩是靠闸瓦沿轴向从两侧压向制动盘而产生的。它有盘闸式制动器和油缸后置式盘式制动器两种。

（1）盘闸式制动器。盘闸式制动器结构如图 5-90 所示，油缸 3 用螺栓固定在整体铸钢支座 2 上，经过垫板 1；用地脚螺栓固定在基础上。油缸 3 内装活塞 5、柱塞 11、调整螺母 6、碟形弹簧 4 等，筒体 9 可在支座内往复移动，闸瓦固定在衬板 13 上。油缸 3 上还装有放气螺钉 15、塞头 20、垫 21。

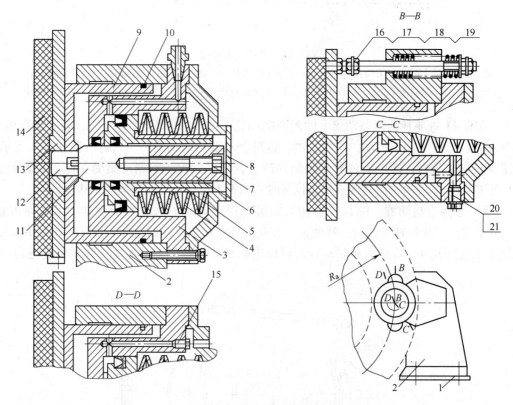

图 5-90　盘闸式制动器结构

1—垫板；2—支座；3—油缸；4—碟形弹簧；5—活塞；6—调整螺母；7—螺钉；8—盖；
9—筒体；10—密封圈；11—柱塞；12—销子；13—衬板；14—闸瓦；15—放气螺钉；
16—加复弹簧；17—螺栓；18，21—垫；19—螺母；20—塞头

（2）液压油缸后置式盘式制动器。油缸后置式盘式制动器结构如图 5-91 所示。它由闸瓦 26、带筒体的衬板 25、碟形弹簧 2、液压组件（挡圈 4，V 形密封圈 5，Yx 形密封圈 22、8，油缸 21，调节螺母 20，活塞 10，密封圈 12、16、19，油缸盖 9 等）、连接螺栓 13、后盖 11、密封圈 14 和制动器体 1 等组成。

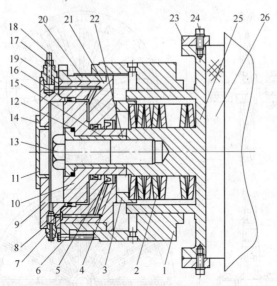

图 5-91 液压油缸后置式盘式制动器

1—制动器体；2—碟形弹簧；3—弹簧座；4—挡圈；5—V 形密封圈；6—螺钉；7—渗漏油管接头；

8，22—Yx 形密封圈；9—油缸盖；10—活塞；11—后盖；12，14，16，19，23—密封圈；

13—连接螺栓；15—活塞内套；17—压力油管接头；18—油管；20—调节螺母；

21—油缸；24—螺栓；25—带筒体的衬板；26—闸瓦

5.5.8 井架和天轮

5.5.8.1 井架

井架是支撑天轮并承受外力与井架及其上面设备的自重，固定伸出井筒的罐道及其卸载装置，支撑井口的罐笼附属设备。井架有斜支式井架、四脚式井架、井塔式井架。

我国矿山广泛采用金属井架或者金属混凝土井架，塔式井架用于采用摩擦轮提升机的情况，提升机安装在井架上。

5.5.8.2 天轮

天轮安设在井架上，供引导钢丝绳转向之用。其根据结构形式不同可分为两类：铸造辐条式天轮、型钢装配式天轮（见图 5-92）。

5.5.9 摩擦式提升机工作机构

多绳摩擦提升机工作机构（也叫主轴装置）主要由摩擦轮、轮毂、主轴、主轴承、轴承梁及锁紧器组成。井塔式提升机摩擦衬垫为单绳槽，落地式提升机摩擦衬垫为双绳槽，这是其主轴装置结构的不同之处。

多绳摩擦式提升机的主轴装置的结构形式，如图 5-93、图 5-94 所示。

JKD 型摩擦式提升机主轴装置由主导轮轮壳 3、主轴 4、轴承 1、连接板 9 等组成。

主轴用 45 号钢锻成，轴的中部锻出两个法兰凸缘，用铰孔螺栓与主导轮连接。主轴右端与联轴器相连接，另一端与电动机连接，电动机转子在轴外侧悬挂固定在轴头法兰

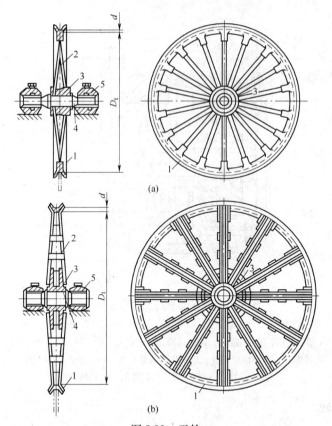

(a)

(b)

图 5-92 天轮

（a）铸造辐条式天轮；（b）型钢装配式天轮

1—轮缘；2—轮辐；3—轮毂；4—轴；5—轴承

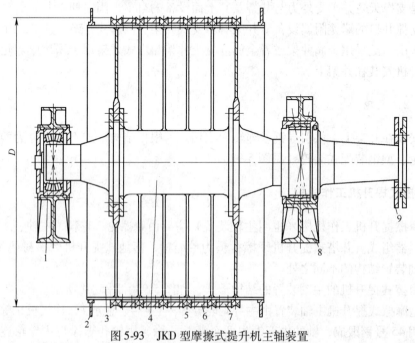

图 5-93 JKD 型摩擦式提升机主轴装置

1—轴承；2—制动盘；3—轮壳；4—主轴；5—摩擦衬垫；6—固定块；7—压块；8—轴承座；9—连接板

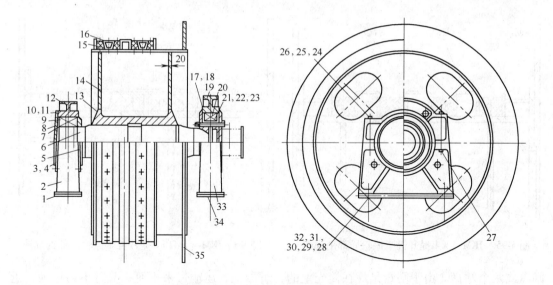

图 5-94　JKM 型多绳摩擦式提升机主轴装置

1，34—垫板；2，33—轴承座；3—端盖；4，18—垫；5—两半盖；6—主轴；7—螺钉；8—挡环；
9，20—轴承；10，21—螺栓；11—垫圈；12，19—轴承盖；13—轮毂；14—主导轮；
15—摩擦衬块；16—固定衬块；17—半端盖；22，23，25，26，30—螺母；
24，27，28—拉紧螺栓；29—方螺母；31—开口销；32—基础板；35—制动盘

上，其结构紧凑，传动可靠。主轴支承在滚动轴承上。滚动轴承的优点是较滑动轴承效率高，宽度小，维护简单，使用寿命长。

制动盘 2 用电焊固定在主导轮轮壳上，也可设计成拆卸式制动盘。

轴承座采用对开式、装入双列向心球面滚子轴承，能承受很大的径向负载和较大的挠曲度，并有较长的使用寿命。轴承座为铸铁件，两边有轴承盖盖紧，防止漏油。左边的轴承直接装入轴承座中，上下座体用螺钉紧固，而右边的轴承放在一个轴承套中，其外部为筒形，与轴承座安在一起，可以转动一个角度。这样在主轴产生挠曲时能自行调位，保证提升机工作正常进行。

JKM 型多绳摩擦式提升机主轴装置由主导轮 14、主轴 6、两个轴承 9、锁紧器等组成。轮壳采用合金钢板焊接结构，制动盘焊在轮壳的边上，摩擦衬块 15 用固定衬块 16 压紧在主导轮 14 表面上，为了安放提升钢丝绳，衬垫上车有绳槽。衬垫之间的间距一般取钢丝绳直径的 10 倍左右，并与钢丝绳和提升容器间的悬挂装置的结构尺寸有关。

为了更换钢丝绳、摩擦衬垫和修理盘或制动器的方便与安全，在一侧轴承梁上装有一个固定主导轮的锁紧器。

5.5.9.1　主轴工作装置

（1）摩擦轮。摩擦轮是传递扭矩，并承受着两侧钢丝绳拉力的装置，其上有压块、固定块和衬垫。摩擦轮采用普通低合金结构（16Mn）钢板焊接而成，由筒壳、闸盘、辐板、支环及挡绳板组成。其结构如图 5-95、图 5-96 所示。

（2）制动盘。制动盘焊在筒壳端部，根据使用盘形制动器个数的多少，可以焊有一个

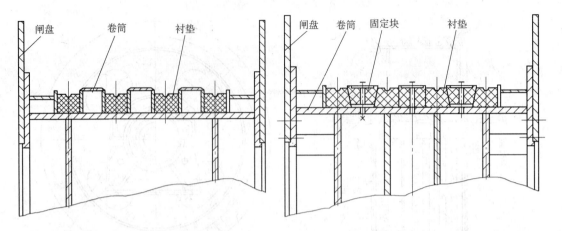

图 5-95　JKM-4×4 提升机摩擦轮局部剖视图　　　图 5-96　JKM-4×4(E)提升机摩擦轮局部剖视图

闸盘或两个闸盘。由于闸盘是焊在筒壳上的，对加工、运输带来不便，并且不易更换。近几年来多绳提升机的闸盘采用组合式，即用螺栓把闸盘与摩擦轮连接起来，这样既方便加工又方便运输，并可以更换闸盘。

（3）锁紧器。锁紧器是栓式结构部件，主要是在更换钢丝绳、摩擦衬垫、维修盘形制动器时为保证安全而设置的辅助部件。当使用完毕后，一定要检查插销是否已从摩擦轮辐板退出，否则不准开车。

（4）主轴承。主轴承是承受整个主轴装置自重和钢丝绳上所有载荷的支承部件，它由滚动轴承和轴承体（包括轴承盖和轴承座）组成。

（5）主轴。主轴是主轴装置的重要零件，是承受整个重量和传递扭矩的零件。一般选用 45 号炭素钢锻造后加工而成，并进行热处理。

（6）轮毂。轮毂是连接主轴和摩擦轮的零件，它与主轴通过静配合，采用摩擦传递扭矩，不用键连接。轮毂与摩擦轮辐板采用焊接连接或者采用高强度螺栓连接方法，后者方便运输和摩擦轮的更换。

（7）摩擦衬垫。摩擦衬垫是提供传动动力关键部件，要求摩擦衬垫与钢丝绳对偶摩擦时有较高的摩擦系数，且摩擦系数对水和油的影响较小。同时还要求摩擦衬垫具有较好的耐压性能，较好的耐磨性能，且磨损时的粉尘对人和机器无害。衬垫材料有木材、皮革、运输胶带、聚氯乙烯衬垫、铝合金、聚氨基甲酸酯橡胶等，现在主要采用聚氯乙烯（PVC）衬垫，摩擦系数可达 0.23 以上。

5.5.9.2　摩擦式提升导向装置

摩擦式提升导向装置有导向轮、天轮、车槽装置。

（1）导向轮。当摩擦轮直径大于两个提升容器或提升容器与平衡锤之间的距离时，为了将摩擦轮两侧的钢丝绳相互移近一些，以适应两提升容器中心距离的要求，需要装设导向轮。

导向轮装置的结构如图 5-97 所示，它由一个固定轮和若干个游动轮组成，两种轮子总数目与主导轮上钢丝绳的根数相同。

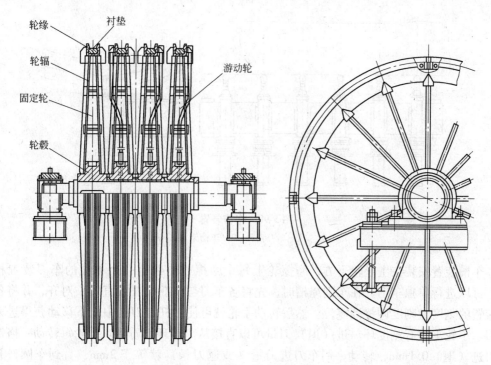

图 5-97 导向轮

导向轮由轮毂、轮辐和轮缘组成。轮缘绳槽内装有夹布橡胶带（或运输带）的衬垫，磨损后可以自行更换，导向轮的衬垫现普遍采用 PVC 工程塑料和尼龙。

（2）天轮装置。多绳摩擦提升机如果采用落地式，需要有两组天轮。天轮结构如图 5-98 所示。天轮采用全焊接结构，轮毂、轮缘一般采用铸钢件，轮辐为槽钢或角钢，焊后进行热处理，以消除焊接应力。钢丝绳槽采用 PVC 工程塑料和尼龙衬垫。

（3）车槽装置。多绳提升机在开始运转时，为了增加钢丝绳和衬垫的接触面积，使提升载荷均匀地分布在几条提升钢丝绳上，应保证主导轮上的各摩擦衬垫绳槽的直径相等。然而，在运动中由于磨损不均匀，各绳槽直径产生偏差，因此需要重新车槽，调整绳槽直径，以保证几条钢丝绳的张力相等，这样才能使提升机运行良好。为便于日常调整维修工作以及便于更换新衬垫后加工绳槽，多绳摩擦轮提升机均附带有专设的车绳槽装置。如图 5-99 所示，车槽装置由车槽架及车刀装置组成。

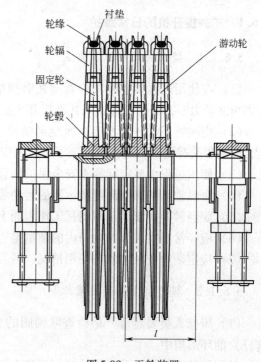

图 5-98 天轮装置

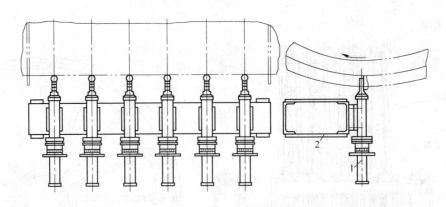

图 5-99　车槽装置
1—车刀装置；2—车槽架

车槽装置安装在主导轮下方，摩擦轮上每个摩擦衬垫都有一个单独的车刀装置相对应，可以进行单独车削。在车削绳槽时，先将各车刀与校准尺（或直尺）对齐，并将各车刀装置的刻度盘刻度调整到零位。然后转动手轮就可使刀杆在刀套中上下移动获得进刀或退刀。手轮上镶有刻度环。进（退）刀量可以直接从刻度环上看到。手轮每转动一格等于车刀进（退）0.1mm，转动一周车刀进刀量（或退刀量）就等于 2mm，直到车圆，并使各车刀的进刀量都达同一刻度（即同一进刀量）时，即完成车削绳槽工作。车削绳槽的最大车削深度以最小槽直径为基准。这样可以达到最小切削量，使衬垫达到最长使用寿命。

5.6　矿井提升设备维护

5.6.1　矿井提升机的日常维护

5.6.1.1　提升机日常维护要点

（1）在使用过程中要经常检查闸瓦磨损情况，如闸瓦磨损超出 7mm，需及时调整以免影响制动力矩，同时要检查闸瓦磨损开关是否起作用。

（2）更换闸瓦时注意不要一次全部换掉，这样会造成由于接触面积小而影响制动力矩，应逐步交替更换，这样既保证了运转的安全性又不影响生产。

（3）使用过程中要定期检查安全保护装置的可靠性，防止安全保护装置失效。

（4）要经常清洗圆盘深度指示器的运动装置，以免灰尘等脏物卡住，造成减速失效。

（5）要经常检查制动盘和闸瓦工作表面上是否沾有油污。

（6）应经常观察液压站油箱内的油量是否在油面指示线范围内。

（7）应定期检查减速器的使用情况，若发现问题应及时停车检查和处理。

5.6.1.2　提升机主轴的日常维护

（1）维修人员要经常严格检查联锁阀的全部销子是否可靠地插入游筒左支轮（或活塞杆）的环形槽中。

（2）维修人员要经常严格检查调绳离合器闭锁装置工作是否正常。

（3）调绳之前必须将固定卷筒上的提升容器下放到井底并将游动卷筒闸住，然后打开调绳离合器，稍将固定卷筒提起一点，测试制动器能否闸住，以免发生调绳坠罐事故。

（4）维修人员要经常严格检查主轴装置游动卷筒、主轴滑动配合表面润滑情况。

（5）拆装主轴上相关零部件时注意防止打伤或碰伤主轴配合表面。

5.6.1.3　提升机日常检修

矿井提升机的检修类别划分为小、中、大修三类。

（1）小修是对提升机进行局部修理、修理或更换个别磨损件或配件及填料，清洗部件及润滑件，检查和局部修理个别部件，调整部分机械的窜量和间隙，局部恢复精度，加油或更换油脂，清扫及检查电气部位。

（2）中修是对提升机某些主要部件进行解体检查，修理或更换较多的磨损零件，更换成套部件以及更换电动机的个别线圈或全部绝缘，清洗复杂部件零件，清洗疏通各润滑部件，减速器换油，更换油毡和油线，处理各漏油部件，给提升机有关部件喷漆和补漆等。

（3）大修是对提升机进行全面修理，需要把提升机全面解体，进行彻底修理。主要工作是把提升机各部件全部拆卸，对所有零件进行清洗，做出修复更换鉴定，更换或加固重要的零件或机构，恢复提升机应有的精度和性能，调整提升机各部件和电气操作系统及控制系统，检查地基和基础架子，配齐各安全保护装置及必要的附件，给提升机重新喷漆或电镀等。

5.6.1.4　摩擦式提升机日常维护

（1）要按时更换摩擦轮上的摩擦衬块。

（2）要按时清洗主钢丝绳。摩擦轮上挂绳或更换新钢丝绳时，应清洗钢丝绳表面和芯部的油，避免摩擦系数降低而打滑。

（3）要按时按要求完成摩擦衬块绳槽的更换。

（4）认真观察提升机使用中制动盘偏摆量是否增大，光洁度是否符合要求，否则应重新车削制动盘。

（5）认真观察提升机运行中制动盘（实际是摩擦轮）有无轴向窜动，查明原因后及时处理。

（6）深度指示器不能自动调零时应从调零讯号和传动两方面检查自动调零机构。

（7）注意观察落地多绳提升机在冰冻环境中的滑动问题，出现问题及时解决。

5.6.2　提升机减速器的日常维护

（1）减速器所使用的负荷、工作环境、传递速度、润滑油牌号等，必须符合减速器规格参数表中规定的数值。

（2）减速器在使用期间，润滑油油面的高度应符合设计要求的高度范围，并随时检查各润滑点的供油情况，定期检查润滑油中所含杂质、酸度、水分及其黏度变化情况，如发现超标或不合格时应及时对润滑油进行处理或更换新油，换油时应仔细冲洗轴承、油池等。

（3）在减速器工作时，应随时检查轴承及油池的温升、减速器的噪声，如发现有不正常情况时应立即停机寻找产生的原因，待排除故障后才可重新开机使用。

（4）定期对减速器内各齿轮的齿面情况进行检查。若齿面上出现有点蚀、擦伤、胶合、塑变甚至断齿现象时，应停止使用。

（5）工作中还应定期对减速器各连接件进行检查，看是否有松动现象。

（6）定期检查弹簧底座的减速器的水平度、轴间和径向摆幅。每年检查和测量一次弹性轴的刚性。

5.6.3　提升机制动器的日常维护

5.6.3.1　盘形制动器的日常维护

（1）在正常使用中应经常检查闸瓦间隙，闸瓦不得沾上油，以免影响制动力。

（2）下放重物时，不能全靠机械制动，应采用动力制动。

（3）更换闸瓦时应注意将闸瓦压紧，尺寸不符合时应修配。

（4）制动器油缸漏油应及时更换密封圈。

5.6.3.2　块式制动器日常维护

（1）经常检查制动力在两副制动器的闸瓦上是否均匀分配，以免造成一副制动器闸瓦的发热和过度磨损。

（2）经常检查制动器各铰接处销轴的锈蚀磨损程度。

（3）经常检查制动器制动时力矩的大小，保持正常的制动力。

（4）经常检查制动器两个制动缸活塞的同步，提供足够的制动力。

5.6.4　提升钢丝绳的日常维护

5.6.4.1　使用之前的验收

新的钢丝绳到货后应立即开包检查，核对实物与产品质量证明书和标牌的符合性，并对产品外观和性能进行验收，以确保钢丝绳及其端部能够与其配套使用的机器或设备相匹配。

（1）外观检查：检查钢丝绳直径、结构、长度和重量是否与订货要求相符，检查表面和捻制质量是否存在有关产品标准中不允许出现的缺陷。

（2）性能检验：主要检验钢丝绳的破断拉力或破断拉力总和，拆股钢丝的抗拉强度、反复弯曲、扭转和镀层重量等理化性能指标。

5.6.4.2　应用中检查

（1）检查周期。钢丝绳的检查一般分为日常检查、定期检查和专项检查，检查的项目、部位和周期应按照相关的规程或标准的规定执行。

1）提升用钢丝绳使用前必须进行试验，试验后的钢丝绳贮存时间不得超过6个月。

2）提升钢丝绳使用6个月必须试验一次，有腐蚀性气体的矿山3个月试验一次。

3）提升矿石的钢丝绳首次试验时间为12个月，以后6个月试验一次。

　　4）提升钢丝绳必须每月进行一次详细的检查，不合格的应该立即更换。

　　5）钢丝绳的提升安全系数必须符合相应用途规定的数值。

　　（2）检查部位。钢丝绳全长所有可见部位都应进行检查，其中应特别注意下列部位：

　　1）运动绳和固定绳的始末。

　　2）通过滑轮或绕过滑轮的绳段。在重复作业的机构中，应特别注意机构吊载期间绕过滑轮的任何部位。

　　3）位于定滑轮的绳段。

　　4）由于外部因素（如轮槽边缘）可能引起磨损的绳段。

　　5）腐蚀和疲劳的内部检查。

　　6）卷筒上钢丝绳由上层转到下层的临界段。

　　7）处于热环境的绳段。

　　8）绳端固定部位检查。应检查从固定端引出的绳段、绳端固定装置的变形或磨损、可拆卸装置的内部绳段和绳端。

　　（3）报废标准。钢丝绳的报废标准应按照相关的规程和标准（GB 8918—2006）的具体规定执行。

复习思考题

5-1　何为钢绳运输，钢绳运输有哪些类型？

5-2　钢绳运输中的钢丝绳应如何选择？

5-3　为防止跑车事故，常用的安全措施有哪些？

5-4　矿井提升容器有哪些类型，各有何优缺点？

5-5　简述矿用箕斗装载设备的类型及特点。

5-6　简述防坠器的主要作用及其工作原理。

5-7　为什么摩擦提升钢丝绳的安全系数随提升高度的增加而减小？

5-8　为什么提升钢丝绳要定期试验？简述试验内容及更换标准。

5-9　简述矿井提升机的类型及适用范围。

5-10　选择提升机时应满足哪些条件？

5-11　矿井提升机调绳的目的是什么，如何进行调绳？

5-12　简述调绳离合器的类型及其特点。

5-13　盘式制动器的性能包括哪些，如何测试？

5-14　多绳摩擦提升的优点是什么，它的适用范围如何？

5-15　多绳摩擦提升与单绳缠绕提升相比在结构上有何特点？

5-16　多绳摩擦提升有何特殊问题？

6 矿井提升技术

6.1 矿井提升机的运行

6.1.1 提升容器的选择

6.1.1.1 小时提升量的计算

$$A_s = \frac{CA}{t_r t_s}$$

式中 A_s——小时提升量，t/h；

        C——提升不均衡系数，箕斗提升取 1.15，罐笼取 1.2；

        A——年提升量，t/a；

        t_r——年工作日，d/a；

        t_s——日工作小时数，h/d，对于箕斗提升，提一种矿石时，取 19.5h；提两种矿石时，取 18h；对于罐笼提升，作主提升时取 18h，兼作主副提升时取 16.5h；对于混合井提升，有保护隔离措施时按上面数据选取，若无保护隔离措施则箕斗或罐笼提升的时间均按单一竖井提升时减少 1.5h 考虑。

6.1.1.2 提升速度的确定

$$v = 0.3 \sim 0.5 \sqrt{H'}$$

式中 v——提升速度，m/s；

       H'——加权平均提升高度，m；

 $0.3 \sim 0.5$——系数，提升高度在 200m 以内时取下限，600m 以上时取上限，箕斗提升比罐笼提升取值可适当增大。

     H' 值应该根据提升井所服务的各阶段矿量，以加权平均的方法求得。求出的 H' 值与初期投产时的提升高度相差很大时，应对初期若干生产阶段以加权平均法求提升高度。同时作有关技术经济比较。

$$H' = \frac{H_1 Q_1 + H_2 Q_2 + H_3 Q_3 + \cdots + H_n Q_n}{Q_1 + Q_2 + Q_3 + \cdots + Q_n}$$

式中 H_1，Q_1——第一阶段提升高度和阶段矿量（对于箕斗提升则为第一装矿点提升高度和矿量）；

       H_2，Q_2——第二阶段提升高度和阶段矿量（对于箕斗提升则为第二装矿点提升高度和矿量）；

     其他符号类推。

     提升速度除按上述方法计算外，还必须符合下列要求：

（1）根据冶金矿山安全规程规定，竖井用罐笼升降人员，其最大速度不应超过下式的计算值，同时不得大于 12m/s。

$$V_m = 0.5 \sqrt{H}$$

式中　V_m——最大速度，m/s；

　　　H——提升高度，m。

（2）根据冶金矿山安全规程规定，竖井升降物料时，提升容器的最大速度，不得超过下式的计算值：

$$V_m = 0.6 \sqrt{H}$$

根据以上方法计算所得的提升速度，再按所选择提升机的绳速选取。

6.1.1.3　一次提升量计算

A　主井

双容器提升：

$$V' = \frac{A_s}{3600\gamma C_m}(K_1 \sqrt{H'} + u + \theta)$$

单容器提升：

$$V' = \frac{A_s}{1800\gamma C_m}(K_1 \sqrt{H'} + u + \theta)$$

式中　V'——容器的容积，m³；

　　　u——箕斗在曲轨上减速与爬行的附加时间，10s；

　　　C_m——装满系数，取 0.85~0.9；

　　　γ——松散矿石密度，t/m³；

　　　θ——停歇时间，箕斗提升时见表6-1，罐笼提升时见表6-2；

　　　K_1——系数，按表6-3选取。

表6-1　箕斗装载停歇时间

箕斗容积/m³	<3.1		3.1~5	≤8
箕斗类型	计量	不计量	计量	计量
停歇时间/s	8	18	10	14

表6-2　罐笼进、出车停歇时间

罐笼		推车方式				
		人工推车		推车机		
		矿车容积/m³				
层数/层	每层装车数/辆	≤0.75	≤0.75	≤0.75	1.2~1.6	2~2.5
		停歇时间/s				
		单面	双面	双面	双面	双面
单	1	30	15	15	18	20
双	1	65	35	35	40	45
双（同时进车）	2	—	20	20	25	—

表 6-3　系数 K_1 值

提升速度 /m·s⁻¹	$0.3\sqrt{H'}$	$0.35\sqrt{H'}$	$0.4\sqrt{H'}$	$0.45\sqrt{H'}$	$0.5\sqrt{H'}$
K_1	3.73	3.327	3.03	2.82	2.665

求出 V' 后，再选定提升容器，然后计算一次有效提升量。

$$Q = C_m \gamma V$$

式中　Q——一次有效提升量，t；

　　　V——提升容器的容积，m^3，罐笼提升时以矿车的容积计算。

B　副井

所选的罐笼一般应考虑以下因素：

（1）提升废石使用的矿车应与罐笼配套。其计算方法与上述罐笼提升时的情况相同，只是在核算提升能力时，应按最大班提升量考虑。

（2）提升最大设备的外形尺寸和质量与罐笼相适应，尽可能考虑罐笼内能装载最大设备，特殊情况下可考虑在罐笼底部吊装。

（3）最大班提升井下生产人员的时间不超过 45min，特殊情况可取 60min。

（4）当罐笼作为主井提升时，可以参考箕斗公式计算，此时 $u = 0$，θ 按表 6-1 计算。

6.1.2　提升机与井筒的相对位置

6.1.2.1　钢丝绳弦长的确定

影响缠绕式提升机安装位置的主要参数及关系如图 6-1 所示。从图中可以看出，为了完成卸载任务，井架必须有一定高度，我们称地面至天轮中心线的距离为井架高度 H_j。提升机卷筒轮缘至天轮轮缘的距离，称为弦长 L_x。弦长 L_x 与井架高度 H_j 及井筒提升中心至提升机卷筒中心线距离 L 成一定的几何关系。在绳弦所在平面内，从天轮轮缘作垂线使之垂直于卷筒中心线，则绳弦与垂线所形成的角度称为偏角 α（见图 6-2）。下绳弦与水平线

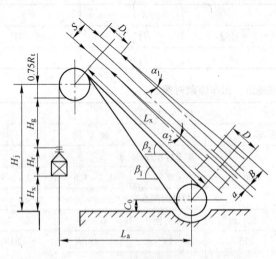

图 6-1　影响提升机安装位置的
主要参数及关系

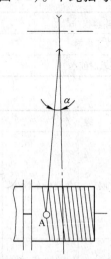

图 6-2　钢丝绳在卷筒上
缠绕时的"咬绳"现象

形成仰角 β。矿山安全规程对偏角、弦长等有严格的限制，一些提升机对仰角也有一定的要求。

限制偏角的原因及具体规定是：

（1）偏角过大将加剧钢丝绳与天轮轮缘的磨损，降低钢丝绳的使用寿命，严重时，有可能发生断绳事故。因此，安全规程规定，内外偏角均应小于 $1°30'$。

（2）某些情况下，当钢丝绳缠向卷筒时，会发生"咬绳"现象。如图 6-2 所示，若内偏角过大，绳弦的脱离段与邻圈钢丝绳不是相离而是相交，如图中 A 点所示，这就是"咬绳"现象。有时，虽然内偏角并不很大，但由于卷筒上绳圈间隙 ε 较小、钢丝绳直径 d 较大或卷筒直径 D 较大，也会发生"咬绳"现象。"咬绳"加剧了钢丝绳的磨损。

在提升过程中，弦长和偏角是变化的，且相互制约。

为了防止运转时钢丝绳跳出天轮轮缘，L_x 不宜过大。L_x 过大时，绳的振动幅度也增大。因此将弦长 L_x 限制在 60m 以内。由图 6-1 可以看出，上、下两条绳弦长度不相等，但在计算中，近似地认为卷筒中心至天轮中心的距离即为弦长。

由图 6-1 可见，当右钩提升即将开始时，右钩钢丝绳形成最大外偏角 α_1，左钩钢丝绳形成最大内偏角 α_2，当左钩提升即将开始时，左钩钢丝绳形成最大外偏角 α_1，右钩形成最大内偏角 α_2。

（1）由图 6-1 可以看出，外偏角与弦长 L_x 的关系式为：

$$\alpha_1 = \arctan \frac{B - \dfrac{S-a}{2} - 3(d+\varepsilon)}{L_x} \tag{6-1}$$

式中　B——卷筒宽度，m；

　　　S——天轮中心距，其值取决于容器形式及其在井筒中的布置方式，与井筒所用罐道形式也有关系，m；

　　　a——两卷筒之间距离，不同形式的提升机，数值不同，m。

将偏角最大允许值 $1°30'$ 代入式（6-1），即可求出相应的最小弦长。

（2）内偏角 α_2 与弦长 L_x 的关系为：

$$\alpha_2 = \arctan \frac{\dfrac{S-a}{2} - \left[B - \left(\dfrac{H+30}{\pi D} \right) + 3(d+\varepsilon) \right]}{L_x} \tag{6-2}$$

式中　H——提升高度，m；

　　　30——钢丝绳试验长度，m；

　　　3——摩擦圈数。

同理，将内偏角最大允许角度代入式（6-2），即可求出相应的最小弦长。

选择以上两种方法计算中的大值，定为最小弦长 L。若求出的 L 值不超过 60m，则所定偏角、弦长均合理；若 L 已超过 60m，应设法解决。

以上结论适用于单层缠绕的提升机。对于双层或多层缠绕的提升机，由于层与层之间已加剧了钢丝绳的磨损，故一般不再考虑"咬绳"问题。

6.1.2.2　井架高度的确定

由图 6-1 可知，H_j 应由下列各部分组成：

$$H_j = H_x + H_r + H_g + 0.25D_t \qquad (6-3)$$

式中　H_j——井架高度，m；

　　　　H_x——卸载高度，指井口水平至卸载位置的容器底座的距离，m；对于罐笼提升，若在井口装卸载，$H_x = 0$，对于箕斗提升，地面要装设矿仓，可根据实际取值；

　　　　H_r——容器全高，指容器底部至连接装置最上面一个绳卡的距离，m；H_r 可从容器规格表中查得；

　　　　H_g——过卷高度，指容器从正常的卸载位置自由地提升到容器连接装置上绳头、同天轮轮缘相接触的一段距离，m；

　　　　D_t——天轮直径，m；$0.25D_t$ 是一段附加距离，因为从容器连接装置上绳头与天轮轮缘的接触点到天轮中心约为 $0.25D_t$。

一般均将式（6-3）的计算值圆整成整数值。

6.1.2.3　井筒提升中心线至卷筒中心线距离

井筒提升中心线至卷筒中心线距离应按式（6-4）确定。

$$L_a = \sqrt{L_x^2 - (H_j - C_0)^2} + \frac{D_t}{2} \qquad (6-4)$$

式中　C_0——卷筒中心线至井口水平的高度，m，一般为 $1.5 \sim 2$m。

对于需要在井筒与提升机房之间安装井架斜撑的矿井，对式（6-4）的距离值要按式（6-5）检验。

$$L_a \geqslant 0.6H_j + D + 3.5 \qquad (6-5)$$

6.1.2.4　下绳弦与水平线夹角

仰角 β 的大小影响着提升机主轴受力情况。JK 型提升机主轴设计时，是以下出绳角 β_1 为 15° 考虑的，若 $\beta_1 < 15°$，钢丝绳有可能与提升机基础接触，增大了钢丝绳的磨损。一般考虑井架建筑和受力的要求，仰角应大于 25° ～ 30°。

$$\beta_1 = \arctan \frac{H_j - C_0}{L_a - \dfrac{D_t}{2}} + \arcsin \frac{D + D_t}{2L_x}$$

6.1.3　矿井提升运动学

6.1.3.1　提升速度图

（1）罐笼提升速度图。罐笼提升一般采用三阶段速度图，如图 6-3 所示。图中 t_1 为加速运行时间，t_2 为等速运行时间，t_3 为减速运行时间，T_1 为一次提升运行时间，T 为一次提升全时间，v_m 为最大提升速度。

当采用等加速度 a_1 和等减速度 a_3 时，加速和减速阶段中速度按直线变化，并与时间轴成 β_1 和 β_2 角，故三阶段速度图为梯形。交流电动机拖动的罐笼提升设备采用这种速度图。

（2）箕斗提升速度图。箕斗提升在开始阶段，下放的空箕斗在卸载曲轨内运行，为了减小曲轨和井架所受的动负荷，其运行速度及加速度受到限制。当提升将近终了时，上升重箕斗进入卸载曲轨，其速度及减速度同样受到限制。但在曲轨外箕斗则可以较大的速度和加减速度运行，故单绳提升非翻转箕斗一般采用对称五阶段速度图（见图6-4）。翻转式箕斗因卸载距离较大，为了加快箕斗的卸载而增加一个等速（爬行）阶段，这样翻转式箕斗提升速度图便成为六阶段速度图（见图6-5）。对于多绳提升底卸式箕斗当用固定曲轨卸载时用六阶段速度图，当用气缸带动的活动直轨卸载时可采用非对称的（具有爬行阶段）的五阶段速度图（见图6-6）。

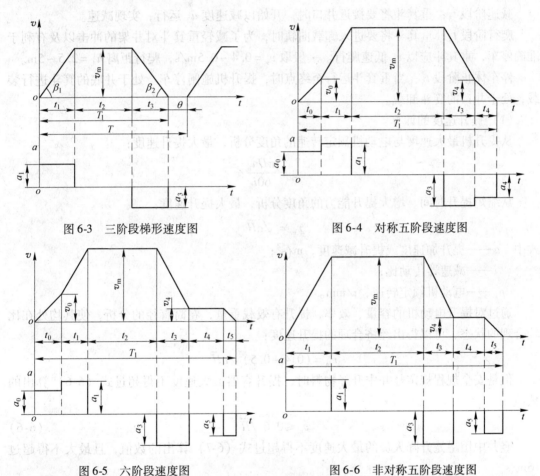

图6-3 三阶段梯形速度图 图6-4 对称五阶段速度图

图6-5 六阶段速度图 图6-6 非对称五阶段速度图

对于罐笼提升，为了补偿容器在减速阶段的误差，提高停车的准确性，也需要有一个低速爬行阶段，故目前罐笼提升特别是自动化罐笼提升多采用非对称五阶段速度图。此外，对于采用钢绳罐道的提升设备，为了保证容器在提升终了时以较低的速度由钢绳罐道平稳地进入刚性罐道，也需要有一个低速爬行阶段，在此种情况下，罐笼提升也应采用非对称的五阶段速度图。

6.1.3.2 提升参数的计算

速度图表达了提升容器在一个提升循环内的运动规律，现以箕斗提升图6-5为例简述如下：

初加速度阶段 t_0：提升循环开始，处于井底装载处的箕斗被提起，而处于井口卸载位置的箕斗则沿卸载曲轨下行，为了减少容器通过卸载曲轨时对井架的冲击，对初加速度 a_0 及容器在卸载曲轨内的运行速度 v_0 要加以限制，一般取 $v_0 \leqslant 1.5\mathrm{m/s}$。

主加速阶段 t_1：当箕斗离开曲轨时，则应以较大的加速度 a_1 运行，直至达到最大提升速度 v_m，以减少加速阶段的运行时间，提高提升效率。

等速阶段 t_2：箕斗在此阶段以最大提升速度 v_m 运行，直至重箕斗接近井口开始减速时为止。

减速阶段 t_3：重箕斗将要接近井口时，开始以减速度 a_3 运行，实现减速。

爬行阶段 t_4：重箕斗将要进入卸载曲轨时，为了减轻重箕斗对井架的冲击以及有利于准确停车，重箕斗应以 v_4 低速爬行。一般取 $v_4 = 0.4 \sim 0.5\mathrm{m/s}$，爬行距离 $h_4 = 2.5 \sim 5\mathrm{m}$。

停车休止阶段 t_5：当重箕斗运行至终点时，提升机施闸停车。处于井底的箕斗进行装载，处于井口的箕斗卸载。

（1）提升速度的计算。

从提升机最大速度与电动机额定转速的角度分析，最大提升速度：

$$v_\mathrm{m} = \frac{\pi D n_\mathrm{e}}{60i}$$

从缩短提升时间、增大提升能力的角度分析，最大提升速度：

$$v_\mathrm{m} = \sqrt{aH}$$

式中　a——提升加速度或提升减速度，$\mathrm{m/s^2}$；

　　　i——减速器传动比；

　　　n_e——电动机额定转速，$\mathrm{r/min}$。

通过对提升电动机的容量、效率，提升有效载重量，卷筒直径的分析，使其均处在比较合理的状态，可以得出经济合理的提升速度：

$$v_\mathrm{m} = (0.4 - 0.5)\sqrt{aH}$$

但是安全规程规定竖井中升降物料时，提升容器最大速度不得超过式（6-6）算出的数值。

$$v_\mathrm{m} \leqslant 0.6\sqrt{H} \qquad\qquad\qquad (6\text{-}6)$$

竖井中用罐笼升降人员的最大速度不得超过式（6-7）算出的数值，且最大不得超过 $16\mathrm{m/s}$。

$$v_\mathrm{m} \leqslant 0.5\sqrt{H} \qquad\qquad\qquad (6\text{-}7)$$

（2）提升加速度和减速度的计算。

当进行提升运动学计算时，即计算速度图各参数时，应已知提升高度及最大速度。同时还应该已知加速度 a_1 及减速度 a_3，通常加速度及减速度是根据矿井提升设备在最有利的运转方式下求出，减速度是在比较各种减速方式之后确定。当不作精确计算时，加速度及减速度可以在下列范围内选定：罐笼提升人员时不能大于 $0.75\mathrm{m/s^2}$；提升货载时不宜大于 $1\mathrm{m/s^2}$。一般对较深矿井采用较大的加减速度，浅井采用较小的数值。箕斗提升一般不得大于 $1.2\mathrm{m/s^2}$，斜井提升不得大于 $0.5\mathrm{m/s^2}$。

（3）提升时间和距离的计算。

1）罐笼提升（见图 6-3）各段时间和距离计算如下：

加速运行时间 t_1 和距离 h_1：

$$t_1 = \frac{v_m}{a_1} \qquad h_1 = \frac{1}{2}v_m t_1$$

减速运行时间 t_3 和距离 h_3：

$$t_3 = \frac{v_m}{a_3} \qquad h_3 = \frac{1}{2}v_m t_3$$

等速运行时间 t_2 和距离 h_2：

$$t_2 = \frac{h_2}{v_m} \qquad h_2 = H - h_1 - h_3$$

一次提升运行时间 T_1：

$$T_1 = t_1 + t_2 + t_3$$

一次提升全部时间 T：

$$T = T_1 + \theta$$

2）箕斗提升（见图 6-5）各段时间和距离计算如下：

初加速阶段运行时间 t_0 和初加速度 a_0：

$$t_0 = \frac{2h_0}{v_0} \qquad a_0 = \frac{v_0}{t_0}$$

式中，h_0 为卸载高度，一般取 2.35m；v_0 为箕斗在卸载曲轨段运行的最大速度，一般取 1.5m/s。

主加速阶段运行时间 t_1 和运行距离 h_1：

$$t_1 = \frac{v_m - v_0}{a_1} \qquad h_1 = \frac{v_m + v_0}{2}t_1$$

减速阶段运行时间 t_3 和运行距离 h_3：

$$t_3 = \frac{v_m - v_4}{a_3} \qquad h_3 = \frac{v_m + v_4}{2}t_3$$

式中，v_4 为爬行速度，一般取 0.4 ~ 0.5m/s。

爬行阶段运行时间 t_4：

$$t_4 = \frac{h_4}{v_4}$$

式中，h_4 为爬行阶段运行距离，一般取 2.5 ~ 5m，自动控制取小值，手动控制取大值。

等速运行阶段距离 h_2 和时间 t_2：

$$h_2 = H - h_0 - h_1 - h_3 - h_4$$

$$t_2 = \frac{h_2}{v_m}$$

抱闸停车阶段减速度 a_5 和距离 h_5：

$$a_5 = \frac{v_4}{t_5} \qquad h_5 = \frac{v_4}{2}t$$

式中，t_5 为抱闸停车时间，取 1s，距离 h_5 在计算中忽略不计。

一次提升时间：

$$T = t_0 + t_1 + t_2 + t_3 + t_4 + t_5$$

6.1.4　矿井提升动力学

图 6-7 所示为矿井的提升系统。

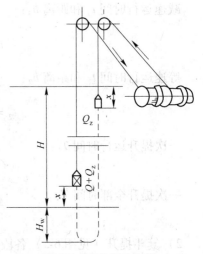

提升电动机必须给出恰当的拖动力，系统才能按设计速度图运转。6.1.3 节研究的速度及加速度代表着提升容器、钢丝绳的速度和加速度，也就是卷筒圆周处的线速度和线加速度。这就使研究电动机作用在卷筒圆周处的拖动力较为简便。

电动机作用在卷筒圆周处的拖动力 F，应能克服提升系统的静阻力和惯性力。其表达式为：

$$F = F_j + F_d$$

$$F_d = \Sigma ma$$

式中　F_j——提升系统静阻力，N；

　　　F_d——提升系统所有各运动部分作用在卷筒圆
　　　　　　　周处的惯性力之和，N；

　　　Σm——提升系统所有运动部分变位到卷筒圆周处的总变位质量，kg；

　　　a——卷筒圆周处的线加速度，m/s^2。

图 6-7　矿井提升系统

（1）提升系统静阻力 F_j。提升系统静阻力是由容器内有益载荷、容器自重、钢丝绳重以及矿井阻力等组成的。矿井阻力是指提升容器在井筒中运行时，气流对容器的阻力、容器罐耳与罐道的摩擦阻力以及提升机卷筒、天轮的轴承阻力等。经过分析和简化计算：

$$F_j = kQg + (p - q)(H - 2x) \tag{6-8}$$

式中　Q——一次提升量，kg；

　　　p——钢丝绳单位长度的重力，N/m；

　　　q——尾绳单位长度的重力，N/m；

　　　H——提升高度，m；

　　　x——提升开始到某瞬间的距离，m；

　　　k——矿井阻力系数，罐笼提升 $k = 1.2$，箕斗提升 $k = 1.15$。

从式（6-8）可以看出 F_j 是 x 的线性函数，当选用 $q = 0$（无尾绳提升）的静力不平衡提升系统时，提升开始时的 F_j 最大。若矿井很深，H 的增大也导致 p 值增大，这时提升开始所需拖动力必定很大，只能选择大容量的电动机。但在提升接近终了时，由于 F_j 很小，再计入惯性力，提升机必须产生较大的制动力矩才能安全停车。这是静力不平衡提升系统的缺点。如不用尾绳，将使系统简单且降低设备费。我国中等深度的矿井和浅井都采用这种系统，这时采用缠绕式提升机。

目前，大产量或较深矿井均优先选择多绳摩擦提升系统。为了防止摩擦提升机与提升钢丝绳产生滑动，均带有尾绳，同时克服了静力不平衡系统的缺点。

选择多绳摩擦提升系统时，应优先考虑选用 $p = q$ 的系统，有特殊需要时才选用重尾绳系统。采用尾绳时，增加了井筒开拓量和尾绳费用，同时也增加了各项维修工作量。由于是有尾绳系统，所以多绳摩擦提升系统不能应用于多水平同时提升的矿井。解决的办法之一是采用单容器平衡锤提升系统。显然，与双钩提升系统比较，这种系统生产率较低。在金属矿，这种系统较为普遍。

尾绳一般多选用不旋转钢丝绳或扁钢丝绳。利用悬挂装置，将尾绳两端分别接在两个容器的底部。为了防止尾绳扭结，可在绳环处安装挡板或挡梁。

（2）变位重量。提升设备在工作时，提升容器及其所装货载、未缠在卷筒上的钢丝绳作直线运动，它们的速度和加速度都相等；而卷筒及缠于其上的钢丝绳、减速齿轮、电动机转子和天轮作旋转运动，它们的旋转速度和旋转半径各不相同，因此提升设备是一个复杂的运动系统。为了简化提升系统惯性力的计算，用集中在卷筒圆周（缠绕圆周）上的质量来代替提升系统所有运动部分的质量，该集中质量的动能等于提升系统所有运动部分的动能之和。这种集中的代替质量称为提升系统的变位质量。

提升系统运行时，一些设备做直线运动，一些设备做旋转运动。做直线运动的设备有提升容器、容器内有益载荷、提升钢丝绳和尾绳，它们运动时的加速度就是卷筒圆周处的加速度，因此，这些部分无需变位。做旋转运动的设备有天轮、提升机中的卷筒及减速器齿轮、电动机转子等，它们需要计算变位重量。

变位重量的计算是非常烦琐复杂的，一般设备的变位重量可以直接从设备的技术性能表查出。现在说明电动机转子的计算，原则是保持变位前后的动能相等，经分析推导得：

$$G_d = \frac{(GD^2)_d}{D^2} i^2$$

式中　G_d——电动机转子的变位重力，N；

　　$(GD^2)_d$——电动机的回转力矩，N·m²；

　　　　D——卷筒直径，m；

　　　　i——减速比。

通常，$(GD^2)_d$ 与电动机的结构及形式有关，可以从电动机规格表中查到，所以需要初选电动机。提升系统其他旋转部分的变位质量虽也可以利用上述方法计算，但提升机制造厂、天轮制造厂都已给出这些设备变位到卷筒圆周处的变位重力。

电动机功率可用下式估算：

$$P = \frac{kQgv_m}{1000\eta_j}\rho$$

式中　P——预选电动机的功率，kW；

　　ρ——动力系数，箕斗提升取 1.2~1.4，罐笼提升取 1.4；

　　η_j——减速器传动效率，一般取 0.85。

多绳摩擦提升系统需要计算变位重量时，必须根据多绳提升的布置方式（塔式或落地式）、有无导向轮、主绳和尾绳根数及长度等具体情况决定。

各种设备（罐笼、箕斗）提升时的各个阶段拖动力的变化规律和计算方法可以参考设计手册或其他书籍。

6.2　矿井提升机的拖动与控制

6.2.1　矿井提升机拖动的现状

6.2.1.1　晶闸管整流装置供电的直流拖动

在近20多年的时间里，伴随着电力电子技术的飞速发展，晶闸管整流装置供电的直流拖动系统得到迅速发展和普及。为获得可逆运行特性以实现四象限调速，系统通常采取两种电气控制方案：一种是电枢可自动调速方案，通过改变直流电动机的电枢电压的极性，改变提升机运行方向；另一种是磁场可逆自动调速方案，通过改变直流电动机励磁电流方向，来改变提升机的运行方向。不论采取哪种方案，调速方法一般以调压为主，调磁为辅。电枢可逆方案需改变电动机电枢回路电流的方向，由于电枢回路电感较小，时间常数小（约几十毫秒），反向过程进行快，因此适用于频繁启动、制动的多水平提升系统。但是，这种方案主回路要两套容量较大的晶闸管变流装置，一次性投资较大。提升机容量越大，这个问题就越突出。磁场可逆方案主回路只用一套晶闸管变流装置，励磁回路采用两套晶闸管变流装置。由于励磁功率较小，所以设备总容比电枢可逆方案小得多，一次性投资较少。但是，由于励磁回路电感量比较大，时间常数大（约零点几秒到几秒），因此，这种系统反向过程较慢，在采用强迫励磁之后，其快速性可得到一定程度的补偿，但切换时间仍几百毫秒以上。矿井提升机一般容量较大，且对快速性要求不高，因此，磁场可逆方案采用更为普遍。

目前，矿井提升机 V-M 直流调速系统有模拟控制方式和数字控制方式，此外还存在一种模拟数字混合控制方式。对于模拟数字混合控制，它是在模拟控制的基础上将易于实现数字化的改为数字控制，如无环流逻辑切换、安全保护冗余控制、故障监视与自诊断、给定值与限幅值的设定、各种电源开关的状态控制点，这样就构成了模拟数字混合控制。模拟数字混合控制方案吸收了两种控制方案的优点，并克服了各自的缺点，具有简单、经济、高性能、高可靠性和方便维护等一系列长处，不仅是一种改造已有模拟控制系统的可供选择的方案，而且是一种独立的具有竞争力的调速控制方案。决不能把它单纯看做是模拟式控制方案向全数字式控制方案发展的一种过渡方案，它本身在某些场合可以优于单独的模拟控制方案和全数字控制方案而成为优选方案。

6.2.1.2　交-交变频器供电的交流拖动

1982 年，世界上第一台交-变频器供电同步电动机拖动的矿井提升机投入使用，一举获得了巨大成功，从此，矿井提升机的电力拖动进入了交流变频拖动阶段。交-交变频器是将三相交流电源从固定的电压和频率直接变换成电压和频率可调的交流电源，不需设置中间耦合电路。其主要优点是只进行一次能量变换，所以效率较高。此外，像晶闸管整流装置一样，交-交变频器也是靠电源电压自然换流，不需设置强迫换流装置，从而简化了设备，提高了可靠性。它的缺点在于主回路所使用的晶闸管元件数量较多，一个单相交-交变频器如果采用三相桥式接线方式，需要 12 只晶闸管，那么三相交-交变频器就需要 36 只晶闸管，这比直流拖动中的晶闸管整流装置复杂得多。但由于当前大功率电子技术的迅速发展，其制造成本不断下降，使得交-交变频器的应用前景十分广阔。虽然交流拖动中的变频装置较直流拖动中的整流装置复杂，相应的投资费用也较高，但由于交流电动机本身较直流电动机制造简单，单位容量费用低，因此，交-交变频器供电的交流拖动系统较晶闸管整流装置供电的直流拖动系统的一次性投资要少。

6.2.2 矿井提升机拖动的动力

从电力拖动而言，矿井提升机可分为交流拖动和直流拖动两大类。

6.2.2.1 交流拖动

交流拖动系统常见的有以下两种拖动方案：绕线型异步电动机转子回路串电阻调速系统和交流电动机交-交变频调速系统。

绕线型异步电动机转子回路串电阻调速系统的主要缺点是启动阶段电能损耗较大，当用于要求频繁启动或不同运行速度的多水平提升机时就更为不经济。但用于单水平深井提升时，其提升效率与用发电机组供电的直流拖动系统相当。此外，在调速性能方面，交流拖动系统一般不如直流拖动系统优越，但使用了动力制动、低频制动、可调机械闸、负荷测量、计量装载等辅助装置后，交流拖动系统也可获得满意的调速性能。但由于交流开关容量的限制，单台交流拖动电动机的容量一般不能大于 1000kW，当功率超过 1000kW 而又需要用交流拖动时，则可利用两台绕线型异步电动机并轴进行拖动，即所谓双机拖动。

6.2.2.2 直流拖动

直流拖动系统一般采用直流他励电动机作为主拖动电动机。根据供电方式不同，直流拖动系统又可分为两类，一类是发电机组供电的系统（简称 G-M 系统），另一类是晶闸管供电的系统（简称 V-M 系统）。

G-M 系统的特点是过载能力强，所需设备均为常规定型产品，供货容易，运行可靠，维护工作量大，但技术要求不高，对系统以外的电网不会造成有害的影响，即不会引起电力公害等。

与 G-M 系统相比，V-M 系统具有功率放大倍数大、快速响应性好、功耗小、效率高、调速范围大、运行可靠、设备费用低等优点。

因此，在大型提升机方面，目前世界各国大多采用直流拖动方案，而尤以 V-M 系统为主。但是，生产实践经验表明，V-M 系统尚存在晶闸管元件的过载能力（过电压、过电流）较低、有冲击性的无功功率等缺点。

6.2.2.3 各种电力拖动的调速

（1）交流拖动。绕线式异步电动机转子回路串电阻调速。鼠笼式异步电动机尽管结构简单、价格便宜、维护方便，但很难满足提升机启动和调速性能的要求，因此，矿井提升机交流拖动系统均选用绕线式异步电动机作为主拖动电动机，绕线式异步电动机转子串电阻后能限制启动电流和提高启动转矩，并能在一定范围内进行调速。

（2）G-M 直流拖动系统。G-M 机组直流拖动系统简称 G-M 系统，主提升电动机采用他励式直流电动机，由同步电动机带动的直流发电机对其供电，通过调节直流发电机的励磁改变直流电动机电枢两端的电压，从而改变电动机的转速，达到了提升机的调速目的。

（3）V-M 直流拖动系统。晶闸管变流器-电动机（简称 V-M）直流电力拖动系统，为获得可逆运转特性以实现四象限调速，通常有两种电气控制方案可供选择。一种是电枢可逆自动调速系统，用改变电动机电枢供电电压极性的方法来改变电动机的转向；另一种是磁场可逆自动调速系统，用改变电动机励磁电流方向的方法来改变电动机的转向。

（4）交-交变频器同步电动机调速系统。现代大容量矿井提升机（2000kW 以上）多采用低速大转矩直流电动机直联传动方案，同等容量、等转速的低速同步电动机与直流电动机相比，具有重量轻、体积小、效率高和飞轮力矩明显减小的特点。飞轮力矩小可以加快拖动系统的过渡过程和减小电动机的平均功率，还可缩短提升机抱闸停车时间。同时，同步电动机与直流电动机相比，还具有结构简单、价格低、维护工作量小等优点。

6.2.3　矿井提升机的控制

为了得到设计的速度（也称给定速度）和拖动力，必须对提升机进行必要的控制。为了保护提升机安全运转，还必须设置一系列的保护装置。提升机采用了大量的电气保护和控制元件，若与矿井其他固定设备相比较，相应的电气控制线路要复杂得多。目前我国生产的提升机电控制设备均已标准化。

（1）加速阶段。电动机加速前，转子内串接全部附加电阻。若欲使提升机正转，司机可将电动机操纵手柄自中性位置迅速推向前方极端位置，这时主令控制器的全部触头均闭合。利用已按给定速度图、力图整定好的一系列继电器，配合接触器共同控制着附加电阻。当附加电阻逐段适时地被切除时，电动机转速逐渐上升。经加速一定时间后，附加电阻全部被切除，电动机获得额定转速。若罐笼用于副井提升其他设备时，因速度图、力图不尽相同，这时可采用手动控制。司机应根据具体情况适时前推操纵手柄，即主令控制器触头的闭合情况，亦即切除电阻的时机，这全决定于司机的控制。

（2）等速阶段。等速阶段无需任何控制。

（3）减速阶段。减速阶段的控制方法与采用的减速方式有关。

1）电动机减速方式。与加速阶段控制方法相仿，司机适时地将电动机操纵手柄逐渐移至中性位置，各段附加电阻逐级串入。

2）机械制动减速方式。与采用自由滑行减速方式的控制方法有些相同。减速开始后，应迅速将电动机操纵手柄移至中性位置。为了防止意外事故，另安有减速开关。若司机未能及时移动手柄，减速开关可自动将电动机自电网断开。

3）动力制动减速方式。交流电动机与电源断开后，将其中两相改接直流电。这时，电动机的定子不再产生旋转磁场，而是形成一个静止的磁场。减速阶段，由于惯性力的作用，电动机转子以顺时针方向在上述磁场内旋转。这时转子导体内必有感应电流。转子电流与磁场相互作用必然形成与转子旋转方向相反的制动力矩，因此，提升电动机将逐渐减速直至停止。

6.2.4　矿井提升拖动方式的选择

6.2.4.1　各种拖动方式的特点

提升机工作需要启动力矩大、启动平稳、具有调速功能、短时正反转反复工作的拖动装置。目前应用于提升机拖动的电动机有三类。

（1）交流绕线式异步电动机（国内常用型号为 YR、JR 系列）。由于交流接触器的限制，单机运行功率不超过 1000kW，双机运行功率不超过 2000kW。交流绕线式异步电动机拖动是目前应用最为广泛的拖动方式，主要满足 $1.5 \times 10^6 t/a$ 以下矿井主、副井提升的需要。交流绕线式异步电动机具有结构简单，重量轻，制造方便，运行可靠等优点，与直流电动机相比，价格低，又不需要另外的供电电源变换装置。它的缺点是调速性能不如直流电动机，调速时电耗大，运行不经济。

（2）直流他励电动机。功率 800～1250kW 以下的一般可以选用高速直流电动机带减速器，1250kW 以上一般都采用低速直流电动机与提升机直联方式驱动。直流拖动具有调速性能好，启动转矩大等优点。因此，在副、主井提升电动机功率大于 2000kW 时，较多采用直流拖动。直流电动机降低电压启动、调速是最经济、最方便的方法。由于可控硅技术的发展，通过控制晶闸管触发角，就可以无级调节晶闸管整流装置的输出直流电压，从而可以调节直流电动机的转速。

（3）交流变频调速同步电动机。近十几年来随着电子技术的发展，采用了可控硅交-交变频装置才使这类交流同步电动机应用于提升机的拖动。一些特大型矿井已使用了 3000kW 以上的交-交变频同步电动机拖动的全套提升设备。

直流拖动虽然在调速和控制上优点很多，是交流异步机所无法比拟的，但由于结构复杂等原因限制了更大的发展。随着晶闸管交-交变频技术和微机技术的出现，产生了交流无换向器电动机，近十年来大型矿井提升机大量采用了这种拖动方式。

1）由于没有直流电动机的换向器和电刷，结构简单，维修量小，寿命长。重量比直流电动机轻，轴向尺寸短，而且功率容量基本上不受限制，已达到 7000kW。

2）调速范围广，控制方便，可保持较高的效率和功率因数。

3）交-交变频后的波形接近于正弦波，因而谐波含量很低，一般不需补偿装置。

4）可控硅元件数量多，需要的耐压低，但维修量可能大。

5）交-交变频装置的投资较高，制造技术要求很高。

6.2.4.2　各种拖动方式的适用性

（1）副井提升：

1）功率在 800kW 以下一般宜选用交流绕线式异步电动机。

2）功率在 800kW 以上应选用直流拖动方式，在 1250kW 以下可采用高速直流电动机连接行星齿轮减速器减速方式。

3）功率在 1250kW 以上，由于减速器的限制应选直联方式。

4）副井提升电动机所需功率一般不超过 2000kW，如果达到 3000kW 一般应选用直流电动机。

（2）主井提升：与副井提升相比，主井提升品种单一，负载基本不变，一般不需要下放重物，因此主井提升机拖动方式选择原则可考虑以下几点：

1）功率 2000kW 以下时，一般应选用交流绕线异步电动机，也可以选用直流电动机配可控硅供电方式。

2）功率在 2000～3000kW 时，应选用直流电动机。

3）当功率大宜选用交-交变频同步电动机拖动的提升机。

6.3　斜井提升技术

6.3.1　斜井提升方式

斜井提升有斜井串车、斜井箕斗及斜井胶带输送机等三种提升方式。

6.3.1.1　斜井串车提升

斜井串车提升有单钩及双钩之分。其按车场形式不同又分为采用甩车场的串车提升和采用平车场的串车提升。

斜井串车提升具有投资少和建井速度快的优点。采用单钩串车提升时，井筒断面较小，建井工程量少，更能节约初期投资。但单钩串车提升能力较低，故年产量较大时（2×10^5t），宜采用双钩串车提升。

（1）采用甩车场的单钩串车提升。采用甩车场的单钩串车提升如图6-8(a)所示，在井底及井口均设甩车道。提升开始时，重车在井底车场沿重车甩车道运行。由于甩车道的坡度是变化的，而且又是弯道，为了防止矿车掉道，要求初始加速度小于 0.3m/s^2；速度小于 1.5m/s。其速度图如图6-9所示。当全部重串车提过井底甩车场进入井筒后，加速至最大速度 v_m，并以最大速度等速运行。在到达井口停车点前，重串车以减速度 a_3 减速。全部重串车提过道岔 A 后停车，重串车停在栈桥停车点。扳动道岔 A 后，提升机换向，重串车以低速 v_sc 沿井口甩车场重车道运行。停车后，重

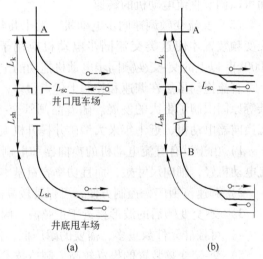

图 6-8　采用甩车场的串车提升系统
（a）单钩提升；（b）双钩提升

串车摘钩并挂上空串车。提升机把空串车以低速 v_sc 沿井口甩车场提过道岔 A 后在栈桥停车。扳动道岔 A 且提升机换向，下放空串车到井底甩车场。空串车停车后进行摘挂钩，挂

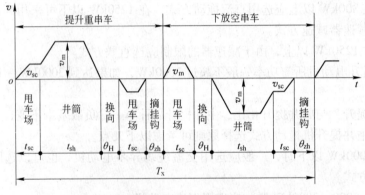

图 6-9　采用甩车场的单钩串车提升速度图

上重串车后开始下一提升循环。整个提升循环包括提升重串车及下放空串车两部分。

（2）采用甩车场的双钩串车提升。如图6-8（b）所示，它采用的甩车场形式与单钩提升系统基本类似，所不同的是提升重串车和下放空串车同时进行。其速度图如图6-10所示。提升开始时，空串车停在井口栈桥停车点。当重串车沿井底甩车场以低速v_{sc}运行时，空串车沿井筒下放。重串车进入井筒后以最大速度v_m运行。当空串车到达井底甩车场前，提升机以减速度a_3减速到v_{sc}，空串车沿井底甩车场运行。重串车通过道岔A后，在井口栈桥停车点停车，此时井底空串车不摘钩。提升机换向，重串车沿井口甩车场下放，此时空串车又沿井底甩车场向上运行。重串车停在井口甩车场进行摘挂钩，挂上空串车后，沿井口甩车场提升到井口栈桥停车点停车，此时井底空串车又回到井底甩车场，停车后摘钩挂上重串车，准备开始下一个提升循环。

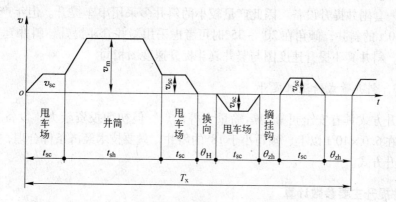

图6-10 采用甩车场的双钩串车提升速度图

另外应指出，井口可以采用两侧甩车，也可以采用单侧甩车。单侧甩车即将左右两钩串车都甩向一侧甩车场。为防止矿车压绳，单侧甩车场应设置压绳道岔。

（3）采用平车场的双钩串车提升。平车场一般多用于双钩串车提升，如图6-11所示。

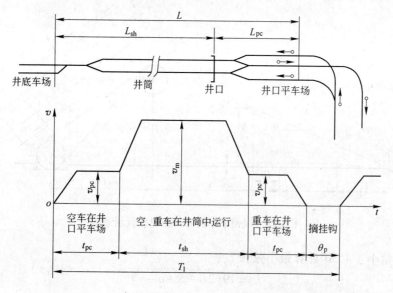

图6-11 采用平车场的双钩串车提升示意图及速度图

提升开始时，在井口平车场空车线上的空串车，由井口推车器向下推送。同时井底重串车向上提升（与空串车运行相适应），此时加速度为 a_0，速度为 $v_{pc} \leqslant 1.0\mathrm{m/s}$。当全部重串车进入井筒后，提升机加速到最大速度 v_m 并等速运行。重串车运行至井口，而空串车运行至井底时，提升速度减至 v_{pc}，空、重串车以速度 v_{pc} 在井下和井上车场运行，最后减速停车。井口平车场内重串车在重车线上借助惯性继续前进，当钩头行到摘挂钩位置时迅速将钩头摘下，并挂上空串车，与此同时井下也进行摘挂钩工作。

6.3.1.2　斜井箕斗提升

斜井箕斗提升具有生产能力大、装卸载自动化等优点，但需安设装卸载设备和矿仓，故较串车提升投资大、设备安装时间长。此外，为了解决废石、材料设备和人员的运送问题，还需设一套副井提升设备。因此产量较小的斜井多采用串车提升。但年产量在 $3.0 \times 10^5 \sim 6.0 \times 10^5\mathrm{t}$ 的斜井，倾角在 $20° \sim 35°$ 时可考虑采用斜井箕斗提升。斜井箕斗多采用双钩提升系统，斜井箕斗提升速度图与竖井箕斗提升速度图相同。

6.3.1.3　斜井带式输送机提升

这种提升方式具有安全可靠、运输量大等优点，但初期投资较大，设备安装时间较长，年产量在 $6.0 \times 10^5\mathrm{t}$ 以上、倾角小于 $18°$ 的斜井，只要技术经济条件合理，可以选用带式输送机提升方式。

6.3.2　斜井提升主要参数计算

6.3.2.1　双钩平车场

双钩平车场井口相对位置如图 6-12 所示。

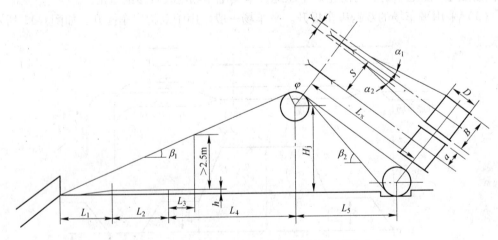

图 6-12　双钩平车场井口相对位置示意图

按外偏角小于 $1°30'$ 计算最小弦长 L_x：

$$L_x = 19(2B - S + a - y)$$

按内偏角小于 $1°30'$ 计算最小弦长 L_x：

$$L_x = 19(S - a - y)$$

式中　S——井筒中轨道中心间距，m，$S \geqslant b_c + 0.2$，其中 b_c 为矿车最突出部分宽度；

　　　B——提升机卷筒宽度，m；

　　　a——两卷筒之间的距离，m；

　　　y——游动天轮的游动距离，m。

井架高度 H_j 的计算：

$$H_j = \frac{(2.5 + h)(L_1 + L_2 + L_4)}{L_1 + L_2 + L_3} - R_t$$

式中　L_1——井口至阻车器的距离，一般为 $7 \sim 9$m；

　　　L_2——阻车器到摘钩点距离，此值取 1.5 倍串车组长度；

　　　L_4——摘钩点到井架中心的水平距离；

　　　R_t——天轮半径，m；

　　　h——矿车过钢丝绳下部处的地面标高与井口标高之差，m。

钢丝绳在井口处的牵引角 β_1 为：

$$\beta_1 = \arctan \frac{H_j + R_t}{L_1 + L_2 + L_3}$$

说明：摘钩后的矿车通过下放串车的钢丝绳的下部时，钢丝绳距地面的高度不得小于 2.5m。该点距离摘钩点的距离为 L_3，一般取 4m。为了防止矿车在井口出轨掉道，井口处的钢丝绳牵引角 β_1 要小于 9°。

6.3.2.2　甩车场

在提升机侧与平车场相同，在井口侧串车出井筒后运行在栈桥上，井架和天轮在栈桥顶端，井口至天轮处的斜长 L_{xc} 为：

$$L_{xc} = L_k + L_2 + L_g - 0.75R_t$$

式中　L_k——井口到道岔 A 的距离，一般为 $10 \sim 15$m；

　　　L_2——道岔 A 到串车停止时钩头位置的距离；

　　　L_g——过卷距离。

则井架高度 H_j 为：

$$H_j = L_{xc} \sin\beta_q$$

式中　β_q——栈桥倾角，一般取 9° ~ 12°。

关于斜井提升的其他参数、设备（钢丝绳、天轮）、运动学和动力学计算可以参考设计手册或其他书籍。

6.4　竖井提升设备选型实例

××矿副井单绳平衡锤单罐笼提升设备选型设计实例。

6.4.1　设备选型部分

6.4.1.1　设计依据

（1）矿井地面高 +15，采矿中段标高 -245，采准中段标高 -305。

（2）井下运输设备：

1）YFC-0.7-（6）型矿车：容积 $V = 0.7 m^3$，自重 $q_1 = 500 kg$，矿石装载量 $Q_1 = 1330 kg$，废石装载量 $Q_1' = 1260 kg$；

2）YLC-1-（6）型材料车：名义载重量 1000kg，自重 580kg，每车运送木材 $1 m^3$；

3）0.5t 炸药车：载重 500kg，自重 720kg。

（3）井底车场形式：双面。

（4）每日提升工作量：见表 6-4。

表 6-4 设备工作量

项　　目	中　　段	每天提升量	备　　注
副产矿石	由 -305 至 -245	70t	晚　班
废　石	-245	20t	晚　班
废　石	-305	170t	早、中班
人　员	-245	600 人	早班 270 人
木　材	-245	$11 m^3$	早、中班
钢轨及管子	-305	10 根	早　班
炸　药	-245	1200kg	三　班
保健车	-245	7 次	三　班
设　备		6 次	三　班
其他非固定任务		12 次	三　班

6.4.1.2 选择罐笼

根据矿车类型选择 5 号单层罐笼（YJGG-4-1），其技术规格为：装载 $0.7 m^3$ 矿车 2 辆，最大载重 5t，自重 $Q_{rg} = 4.5 t$，乘人数 30 人，断面尺寸 4000mm × 1450mm，罐笼全高 7m（估）。

矿石一次提升量：　　　　　　　　$Q = 2Q_1 = 2660 kg$

废石一次提升量：　　　　　　　　$Q' = 2Q_1' = 2520 kg$

一次提升矿车总量：　　　　　　　$q = 2q_1 = 1000 kg$

6.4.1.3 确定平衡锤重量

为使在各种提升情况下，系统的静张力差最小，平衡锤的重量应为：

$$Q_c = Q_{rg} + \frac{Q' + 2q}{2} = 4500 + \frac{2520 + 2 \times 1000}{2} = 6760 kg$$

平衡锤的规格（长×宽）为 1700mm × 600mm。

6.4.1.4 选择钢丝绳

（1）最大悬垂长度。

$$H_0 = h_{ja} + H_j = 15 + 320 = 335 m$$

式中　H_j——矿井最大深度，$H_j = 15 + 305 = 320 m$；

　　　h_{ja}——井架高度，暂取 15m。

（2）钢丝绳每米重量。

$$p' = \frac{Q + Q_{rg} + q}{1.1\frac{\sigma_b}{m} - H_0} = \frac{2660 + 4500 + 1000}{1.1 \times \frac{17000}{7.5} - 335} = 3.78\text{kg/m}$$

选择 6×19 钢丝绳，其技术规格为：绳径 $d = 34\text{mm}$，每米绳重 $p = 4.1\text{kg/m}$，钢丝破断力总和 $Q_d = 73600\text{kg}$，钢丝绳公称抗拉强度 $\sigma_b = 170\text{kg/mm}^3$。

（3）验算安全系数。

$$m' = \frac{Q_d}{Q + Q_{rg} + q + pH_0} = \frac{73600}{2660 + 4500 + 1000 + 4.1 \times 335} = 7.74 > 7.5$$

6.4.1.5 选择提升机

（1）卷筒直径。

$$D \geqslant 80d = 80 \times 34 = 2720\text{mm}$$

初选标准直径 $D = 3\text{m}$。

（2）卷筒宽度。

$$B = \left(\frac{H + L_s}{\pi D} + 3\right)(d + \varepsilon) = \left(\frac{320 + 20}{\pi \times 3} + 3\right) \times (34 + 3) = 1447\text{mm}$$

式中　H——最大提升高度，$H = H_j = 320\text{m}$；

$\quad\quad L_s$——钢丝绳试验长度，一般为 $20 \sim 30\text{m}$。

（3）钢丝绳最大静张力（提升矿石时）。

$$\begin{aligned} T_{jmax} &= Q + Q_{rg} + q + pH \\ &= 2660 + 4500 + 1000 + 4.1 \times 320 = 9470\text{kg} \end{aligned}$$

（4）钢丝绳最大静张力差（提升废石时）。

$$\begin{aligned} \Delta T_j &= Q' + Q_{rg} + q - Q_c + pH \\ &= 2520 + 4500 + 1000 - 6760 + 4.1 \times 320 = 2570\text{kg} \end{aligned}$$

（5）合理提升速度。

$$v = 0.3\sqrt{H} = 0.3\sqrt{320} = 5.36\text{m/s}$$

选择 2JK-3/20 型提升机，其技术规格为：卷筒直径 $D = 3\text{m}$，宽度 $B = 1.5\text{m}$，钢丝绳最大静张力 $T_{jmax} = 13000\text{kg}$，最大静张力差 $\Delta T_j = 8000\text{kg}$，减速器速比 $i = 20$，配套电动机转速 720r/min，标准速度为 5.6m/s，机器旋转部分变位重量 $G_{ij} + G_{ic} = 17000\text{kg}$。

6.4.1.6 选择天轮

选取 $D_t = D = 3\text{m}$。

6.4.2 提升技术部分

6.4.2.1 确定提升机与井筒相对位置

（1）井架高度。

$$h_{ja} = h_r + h_{gj} + \frac{1}{4}D_t = 7 + 6 + \frac{1}{4} \times 3 = 13.75\text{m}$$

取 $h_{ja} = 15\text{m}$。

（2）卷筒中心至井筒提升中心线间的水平距离。

$$b_{\min} \geqslant 0.6 h_{ja} + 3.5 + D = 0.6 \times 15 + 3.5 + 3 = 15.5\text{m}$$

取 $b = 30\text{m}$。

（3）钢丝绳弦长。

$$L_1 = \sqrt{\left(b - \frac{D_t}{2}\right)^2 + (h_{ja} - c)^2} = \sqrt{\left(30 - \frac{3}{2}\right)^2 + (15 - 1)^2} = 31.75\text{m}$$

$$L_2 = \sqrt{\left(b - \frac{D_t}{2}\right)^2 + (h_{ja} - c)^2 - \frac{1}{4}(D + D_t)^2}$$

$$= \sqrt{\left(30 - \frac{3}{2}\right)^2 + (15 - 1)^2 - \frac{1}{4} \times (3 + 3)^2} = 31.61\text{m}$$

式中　c——卷筒轴中心线高出井口水平的距离，$c = 1$。

（4）钢丝绳偏角。

外偏角：

$$\tan\alpha_1 = \frac{B - \dfrac{S - a}{2} - 3(d + \varepsilon)}{L_2}$$

$$= \frac{1.5 - \dfrac{1.6 - 0.128}{2} - 3 \times (0.034 + 0.003)}{31.61} = 0.0207$$

$$\alpha_1 = 1°11' < 1°30'$$

式中　S——两容器轴线之间的距离，$S = 1600\text{mm}$；

　　　a——两卷筒内的距离，$a = 128\text{m}$。

内偏角：

$$\tan\alpha_2 = \frac{\dfrac{S - a}{2} - \left[B - \left(\dfrac{H + L_s}{\pi D} + 3\right)(d + \varepsilon)\right]}{L_2}$$

$$= \frac{\dfrac{1.6 - 0.128}{2} - \left[1.5 - \left(\dfrac{320 + 20}{3\pi} + 3\right) \times (0.034 + 0.003)\right]}{31.61} = 0.0216$$

$$\alpha_2 = 1°14' < 1°30'$$

（5）钢丝绳仰角。

$$\beta_1 = \tan^{-1} \frac{h_{ja} - c}{b - \dfrac{D_t}{2}} = \tan^{-1} \frac{15 - 1}{30 - \dfrac{3}{2}} = 26°10'$$

$$\beta_2 = \beta_1 + \tan^{-1} \frac{D + D_t}{2L_2} = 26°10' + \tan^{-1} \frac{3 + 3}{2 \times 31.61} = 31°35'$$

6.4.2.2　提升运动学计算

罐笼提升采用三阶段梯形速度图。

（1）选择加减速度。根据安全规程规定，升降人员时加、减速度应不大于 0.75m/s^2。因此选取加速度 $a_1 = 0.7\text{m/s}^2$，减速度 $a_3 = 0.7\text{m/s}^2$。

（2）速度图各参数的计算。计算结果见表6-5。

表6-5 计算结果

提升中段	由 -305 至 -245	由 -245 至地面	由 -305 至地面
提升高度 H/m	60	260	320
加速时间 $t_1 = \dfrac{v_\text{m}}{a}/\text{s}$	8	8	8
加速距离 $h_1 = \dfrac{1}{2}v_\text{m}t_1/\text{s}$	22.4	22.4	22.4
减速时间 $t_3 = \dfrac{v_\text{m}}{a_3}/\text{s}$	8	8	8
减速距离 $h_3 = \dfrac{1}{2}v_\text{m}t_3/\text{m}$	22.4	22.4	22.4
等速距离 $h_2 = H - h_1 - h_3/\text{m}$	15.2	215.2	275.2
等速时间 $t_2 = \dfrac{h_2}{v_\text{m}}/\text{s}$	3	39	49
一次提升时间 $T_1 = t_1 + t_2 + t_3/\text{s}$	19	55	65

（3）最大班（早班）提升时间平衡见表6-6。

表6-6 早班提升时间平衡表

项 目		单位	提升工作量/kg	每次提升量/kg	每班提升次数/次	一次提升运行时间 T_1/s	两次提升之间休止时间 θ/s	一次提升全时间 $T = 2(T_1 + \theta)/\text{s}$	每班提升时间/min
	下降人员	人	270	30	9	55	40	190	28.5
	上升人员	人	135	30	5	55	40	190	15.9
	检修及技术人员	人			6	55	40	190	19
-245 中段	木材	m^3	6	1	6	55	40	190	19
	炸药	kg	500	500	1			300（估）	5
	保健车				3	55	65	240	12
	设备				2			1800（估）	60
	其他				4			360（估）	24
-305 中段	废石	t	85	2.52	34	65	20	170	96.4
	钢轨及管子	根	10		1			2400（估）	40
合 计						319.8min（5.33h）			

6.4.2.3 提升动力学计算

（1）预选电动机。

电动机近似容量：$N' = \dfrac{K\Delta T_\text{j}v_\text{m}}{102\eta}\rho = \dfrac{1.2 \times 3070 \times 5.6}{102 \times 0.85} \times 1.2 = 285\text{kW}$

选择 JRQ1410-8 型电动机，其技术规格为：额定容量 $N = 280\text{kW}$，额定转速 $n = 740\text{r/min}$，额定电压 $U = 600\text{V}$，最大过负荷系数 $\lambda = 2.4$，转子飞轮力矩 $(GD^2)_{\text{d}} = 180\text{kg/m}^2$。

（2）提升系统的变位重量。

单项变位重量包括：

1）矿石重量：　　　 $Q = 2660\text{kg}$

2）废石重量：　　　 $Q' = 2520\text{kg}$

3）罐笼重量：　　　 $Q_{\text{rg}} = 4500\text{kg}$

4）矿车重量：　　　 $q = 1000\text{kg}$

5）平衡锤重量：　　 $Q_{\text{c}} = 6760\text{kg}$

6）钢丝绳重量：　　 $2pL_{\text{p}} = 2 \times p\left(H_0 + \dfrac{1}{2}\pi D_{\text{t}} + L + L_{\text{s}} + 3\pi D\right)$

$$= 2 \times 4.1 \times \left(335 + \dfrac{\pi}{2} \times 3 + 31.75 + 20 + 3\pi \times 3\right)$$

$$= 3445\text{kg}$$

7）机器旋转部分的变位重量：　 $G_{\text{Ij}} + G_{\text{Ic}} = 17000\text{kg}$

8）天轮的变位重量：　　 $2G_{\text{Ij}} = 2 \times 90 \times D_{\text{t}}^2 = 2 \times 90 \times 3^2 = 1620\text{kg}$

9）电动机转子的变位重量：　 $G_{\text{Id}} = \dfrac{(GD^2)_{\text{d}}}{D^2}i^2 = \dfrac{180}{3^2} \times 20^2 = 8000\text{kg}$

因此，总变位质量

1）提升矿石时：

$$\Sigma M_{\text{Q}} = \frac{\Sigma G}{g} = \frac{1}{g}(Q + Q_{\text{rg}} + q + Q_{\text{c}} + 2pL_{\text{p}} + 2G_{\text{It}} + G_{\text{Ij}} + G_{\text{Ic}} + G_{\text{Id}})$$

$$= \frac{1}{9.8} \times (2660 + 4500 + 1000 + 6760 + 3445 + 1620 + 17000 + 8000)$$

$$= 5040\text{kg} \cdot \text{s}^2/\text{m}$$

2）提升废石时：

$$\Sigma M'_{\text{Q}} = \Sigma M_{\text{Q}} - \frac{Q - Q'}{g} = 5040 - \frac{2660 - 2520}{9.8} = 5025\text{kg} \cdot \text{s}^2/\text{m}$$

3）提升平衡锤下放空矿车时：

$$\Sigma M_{\text{c}} = \Sigma M_{\text{Q}} - \frac{Q}{g} = 5040 - \frac{2660}{9.8} = 4765\text{kg} \cdot \text{s}^2/\text{m}$$

（3）力图计算。计算结果见表6-7。

表6-7　力图计算

项　目	单　位	-305 中段提升废石至地面	-305 中段提升平衡锤下放空矿车	-305 中段提升矿石至 -245 中段
提升高度 H	m	320	320	60
有效载重量 Q	kg	2520		2660
总变位质量 ΣM	kg·s²/m	5025	4765	5040
$F'_1 = KQ + Q_{\text{rg}} + q - Q_{\text{c}} + pH + \Sigma Ma_1$	kg	6240		5355

续表 6-7

项 目	单 位	−305 中段提升废石至地面	−305 中段提升平衡锤下放空矿车	−305 中段提升矿石至 −245 中段
$F_1' = (K-1)Q + Q_c - Q_{rg} - q + pH + \Sigma Ma_1$	kg		6060	
$F_1'' = F' - 2ph_1$	kg	6055	5875	5170
$F_2' = F_1'' - \Sigma Ma_1$	kg	2890	2890	1990
$F_2'' = F_2' - 2ph_2$	kg	635	635	1865
$F_3' = F_2'' - \Sigma Ma_3$	kg	− 1535	− 2350	− 1315
$F_3'' = F_3' - 2ph_3$	kg	− 1720	− 2530	− 1500

提升速度图和力图如图 6-13 所示。

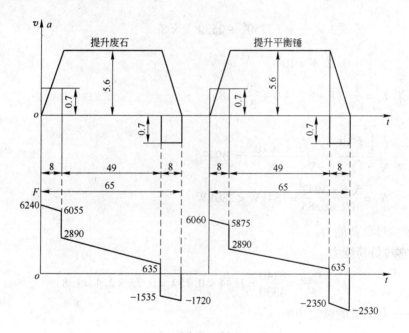

图 6-13 提升速度图和力图

6.4.3 经济效益部分

6.4.3.1 校验电动机

(1) 校验等值功率（减速阶段采用动力制动）。

1) −305 中段提升废石至地面时。

$$\int_0^T F^2 dt = \frac{1}{2}(F_1'^2 + F_1''^2)t_1 + \frac{1}{3}(F_2'^2 + F_2'F_2'' + F_2''^2)t_2 + \frac{1}{2}(F_3'^2 + F_3''^2)t_3$$

$$= \frac{1}{2}(6740^2 + 6555^2) \times 8 + \frac{1}{3} \times (3390^2 + 3390 \times 1135 + 1135^2) \times$$

$$49 + \frac{1}{2} \times (2035^2 + 2220^2) \times 8$$

$$= 6.61 \times 10^8$$

$$T_d = \frac{1}{2}(t_1 + t_3) + t_2 + \frac{\theta}{3} = \frac{1}{2} \times (8+8) + 49 + \frac{20}{3} = 64$$

$$\sqrt{\frac{\int_0^T F^2 dt}{T_d}} = \sqrt{\frac{4.97 \times 10^8}{64}} = 2786$$

$$N_d = \frac{v_m}{102\eta}\sqrt{\frac{\int_0^T F^2 dt}{T_d}} = \frac{5.6 \times 2786}{102 \times 0.85} = 179kW < 280kW$$

2）从 -305 中段提升废石至 -245 中段时。

$$\int_0^T F^2 dt = \frac{1}{2} \times (5355^2 + 5170^2) \times 8 + \frac{1}{2} \times (1990^2 + 1865^2) \times$$

$$3 + \frac{1}{2} \times (2350^2 + 2530^2) \times 8$$

$$= 2.8 \times 10^8$$

$$T_d = \frac{1}{2}(8+8) + 3 + \frac{20}{3} = 18$$

$$\sqrt{\frac{\int_0^T F^2 dt}{T_d}} = \sqrt{\frac{2.8 \times 10^8}{18}} = 3947$$

$$N_d = \frac{5.6 \times 3947}{102 \times 0.85} = 184kW < 280kW$$

（2）校验过负荷能力。

1）正常过负荷能力。

$$\lambda' = \frac{F_{max}}{F_e} = \frac{6240}{4330} = 1.44 < 0.75\lambda = 0.75 \times 2.4 = 1.8$$

式中　F_e——电动机的额定功率。

$$F_e = \frac{102\eta n_e}{v_m} = \frac{102 \times 0.85 \times 280}{5.6} = 4330kg$$

2）特殊过负荷能力。若平衡锤钢丝绳缠绕在死卷筒时，则单独提升平衡锤时的特殊力为：

$$F_t = 1.05(Q_c + pH) = 1.05 \times (6760 + 4.1 \times 320)$$

$$= 8476kg$$

$$\lambda'_t = \frac{F_t}{F_e} = \frac{8476}{4330} = 1.96 < 0.9\lambda = 0.9 \times 2.4 = 2.16$$

式中　λ'_t——过负系数。

由以上验算可知预选电动机能满足要求。

6.4.3.2　电能消耗

（1）-305 中段提升废石至地面时。

$$\int_0^T F\mathrm{d}t = \frac{1}{2}(F_1' + F_1'')t_1 + \frac{1}{2}(F_2' + F_2'')t_2$$

$$= \frac{1}{2} \times (6240 + 6055) \times 8 + \frac{1}{2} \times (2870 + 635) \times 49 = 13.55 \times 10^4$$

$$W = \frac{1.02v_\mathrm{m}\int_0^T F\mathrm{d}t}{102 \times 3600\eta\eta_\mathrm{d}} = \frac{1.02 \times 5.6 \times 13.55 \times 10^4}{102 \times 3600 \times 0.85 \times 0.91} = 2.7\mathrm{kW \cdot h}$$

式中，1.02 为考虑动力制动时向定子输送直流电所增加的电能消耗（估算）系数。

（2）-305 中段提升平衡锤（下放空矿车）时。

$$\int_0^T F\mathrm{d}t = \frac{1}{2}(6060 + 5875) \times 8 + \frac{1}{2}(2890 + 635) \times 49 = 13.41 \times 10^4$$

$$W' = \frac{1.02 \times 5.6 \times 13.41 \times 10^4}{102 \times 3600 \times 0.85 \times 0.91} = 2.7\mathrm{kW \cdot h}$$

6.4.3.3 提升设备效率

-305 中段提升废石至地面的有益电耗。

$$W_\mathrm{y} = \frac{Q'H}{102 \times 3600} = 2.2\mathrm{kW \cdot h}$$

提升废石时设备效率为：

$$\eta_\mathrm{s} = \frac{W_\mathrm{y}}{W + W'} = \frac{2.2}{2.7 + 2.7} \approx 40.7\%$$

6.5 斜井提升实例

斜井提升设备选型计算的原始条件为：主斜井垂高 $H = 150\mathrm{m}$，倾角 $\alpha = 30°$，斜长 $L_\mathrm{T} = 300\mathrm{m}$；矿井设计年生产能力 $A_\mathrm{n} = 10$ 万吨/a；矿石堆密度按 3.1t/m³ 计算；年工作日 $A = 300\mathrm{d}$，每天 3 班，每班 8h；提升方式为平车场单钩串车提升；矿车型号为 YGC1.2(6)，容积 1.2m³；最大载重量 3t，轨距 600mm；外形尺寸（长×宽×高）1900mm×1050mm×1200mm；轴距 600mm，车厢长 1500mm，自重 0.72t。

（1）小时提升量。

$$A_\mathrm{s} = \frac{CA}{t_\mathrm{r}t_\mathrm{s}} = \frac{1.25 \times 100000}{300 \times 18} = 23.15\mathrm{t/h}$$

式中 A_s——小时提升量，t/h；

C——提升不均衡系数，取 1.25；

A——年提升量，t/a；

t_r——年工作日，d/a；

t_s——日工作小时数，h/d。

（2）提升速度。根据《金属非金属矿山安全规程》（GB 16423—2006）规定，选取初加速度 $a_0 = 0.3\mathrm{m/s^2}$，主加速度 $a_1 = 0.5\mathrm{m/s^2}$ 和主减速度 $a_3 = 0.5\mathrm{m/s^2}$，车场内速度 $v_0 = 1.0\mathrm{m/s}$，最大提升速度 3.5m/s，提升速度图如图 6-14 所示。

（3）提升一次时间，见表 6-8。

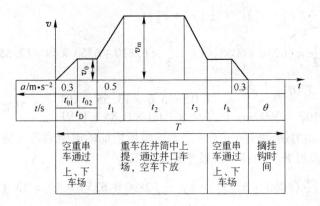

图 6-14　斜井平车场单钩提升速度图

表 6-8　提升一次时间计算表

提升类别	提升距离	提升速度	提升时间	备注
下车场摘挂钩			180s	
初加速提升	$L_{01} = \dfrac{v_0^2}{2a_0} = \dfrac{1.0^2}{2 \times 0.3} = 1.67\text{m}$		$t_{01} = \dfrac{v_0}{a_0} = \dfrac{1.0}{0.3} = 3.33\text{s}$	
下车场等速提升	$L_{02} = L_D - L_{01}$ $= 20 - 1.67 = 18.33\text{m}$	1m/s	$t_{02} = \dfrac{L_{02}}{v_0} = \dfrac{18.33}{1.0} = 18.33\text{s}$	斜井长度300m，下车场长度20m，$t_D = t_{01} + t_{02}$ $= 3.33 + 18.33$ $= 21.66\text{s}$
斜井加速提升	$L_1 = \dfrac{t_1(v_m + v_0)}{2}$ $= \dfrac{5.5 \times (3.5 + 1.0)}{2} = 12.375\text{m}$	3.5m/s	$t_1 = \dfrac{v_m - v_0}{a_1} = \dfrac{3.5 - 1.0}{0.5} = 5.5\text{s}$	
斜井等速提升	$L_2 = 360 - 2 \times (1.67 + 18.33 + 12.375) = 295.25\text{m}$		$t_2 = \dfrac{L_2}{v_m} = \dfrac{295.25}{3.5} = 84.36\text{s}$	$L = L_D + L_T + L_K$ $= 20 + 300 + 40$ $= 360\text{m}$ 上车场长度40m
斜井减速提升	12.375m		5.5s	计算公式同斜井加速提升
上车场等速提升	18.33m		18.33s	计算公式同下车场等速提升
末减速提升	1.67m		3.33s	
上车场摘挂钩时间			180s	
合计			498.68s	提升一次循环时间 138.68×2 + 360 = 637.36s

（4）一次提升矿车数。矿车有效载重量为 $1.2 \times 3.1 \times 0.8 = 2.976t$ （0.8 为装满系数）；小时提升次数为 $3600 \div 637.36 = 5.65$ 次，取 5 次；每次提升量为 $23.15 \div 5 = 4.63t$，因此每次提升矿车数为：

$$4.63 \div 2.976 = 1.56 \text{ 辆}$$

取 3 辆。

（5）选择钢丝绳。

1）钢丝绳的端部荷重。

$$m_{dn} = n(m + m_z)(\sin\alpha + f_1\cos\alpha)$$
$$= 3 \times (1.2 \times 0.8 \times 3.1 \times 1000 + 720)(\sin30° + 0.015\cos30°)$$
$$= 5688\text{kg}$$

式中　α——井筒的倾角；

f_1——提升容器在斜坡运输道上运动的阻力系数，可按具体情况选取，对于矿车串车提升，矿车为滚动轴承时取 0.01，矿车为滑动轴承时取 0.015 ~ 0.02，对于箕斗提升通常取 0.01；

m——单个矿车载货量，kg；

m_z——矿车重量，kg；

n——串车个数。

2）钢丝绳的单位质量。斜井提升钢丝绳的选择计算与竖井基本相同，不同之处只是因斜井井筒倾角小于 90°，作用于钢丝绳 A 点的（见图 6-15）分力包括串车及货车的重力分力 $n(m_1 + m_z)g \cdot \sin\beta$、串车及货车的摩擦力 $f_1 n(m_1 + m_z)g \cdot \cos\beta$、钢丝绳的重力分力 $m_p g L_0 \sin\beta$ 和钢丝绳的摩擦力 $f_2 m_p g L_0 \cos\alpha\beta$。

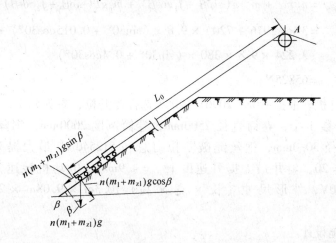

图 6-15　斜井钢丝绳计算图

每米钢丝绳的质量为：

$$m_p = \frac{n(m_1 + m_{z1})(\sin\alpha + f_1\cos\alpha)}{11 \times 10^{-6}\dfrac{\delta_B}{m_a} - L_0(\sin\alpha + f_2\cos\alpha)}$$

$$= \frac{3 \times (2976 + 720)(\sin 30° + 0.015\cos 30°)}{11 \times 10^{-6} \times \dfrac{1550 \times 10^6}{7.5} - 380 \times (\sin 30° + 0.4\cos 30°)} = 2.66\text{kg/m}$$

式中　　L_0——钢丝绳由天轮架到串车尾车在井下停车点之间的斜长，m，$L_0 = 20 + 300 + 60 = 380$m，其中 20 为井底平车场长度，60 为井口车场钢丝绳斜长；

　　　　f_2——矿车运行摩擦阻力系数，此数值与矿井中托辊支承情况有关，钢丝绳局部支承在托辊上取 $f_2 = 0.25 \sim 0.4$；

　　　　f_1——矿车运行摩擦阻力系数，矿车为滚动轴承取 $f_1 = 0.015$，滑动轴承取 $f_1 = 0.02$；

　　　　δ_B——钢丝绳公称抗拉强度；

　　　　m_a——安全系数，取 7.5。

3）选择钢丝绳。选择交互捻 6×7 绳纤维芯，钢丝绳直径 30.0mm、钢丝绳总断面积 337.61mm、重量 3.224kg/m、钢丝绳破断拉力总和不小于 512.89kN。

4）验算钢丝绳安全系数。

$$m_p = \frac{Q_p}{n(m_1 + m_z)g(\sin\beta + f_1\cos\beta) + m_pgL_0(\sin\beta + f_2\cos\beta)}$$

$$= \frac{52300 \times 9.8}{3 \times (2976 + 720) \times 9.8 \times (\sin 30° + 0.015\cos 30°) + 3.224 \times 9.8 \times 380 \times (\sin 30° + 0.4\cos 30°)}$$

$$= 7.8$$

上式计算的数值 7.8 大于 7.5，以上所选钢丝绳可以使用。

最大静张力为：

$$\begin{aligned} F_{jmax} &= n(m_1 + m_z)g(\sin\beta + f_1\cos\beta) + m_pgL(\sin\beta + f_2\cos\beta) \\ &= 3 \times (2976 + 720) \times 9.8 \times (\sin 30° + 0.015\cos 30°) + \\ &\quad\ 3.224 \times 9.8 \times 380 \times (\sin 30° + 0.4\cos 30°) \\ &= 65825\text{N} \end{aligned}$$

（6）选择提升机。根据 GB/T 20961—2007 选择提升机，参数如下：提升机型号 JK-2.5/30A，卷筒个数 1 个，卷筒直径 2500mm，卷筒宽度 2000mm，钢丝绳最大静张力 90kN，钢丝绳直径 30.0mm，钢丝绳破断拉力总和 512540N，最大提升长度（一层）403m，减速比 $i = 20$，斜井最大提升速度 $v_{max} = 4.9$m/s，电动机转速 750r/min、功率 332kW，电压 380V，外形尺寸（长 × 宽 × 高）10.3m × 9.08m × 2.83m，主机重量 30118kg。

（7）地面设施设计。

1）β_1 与 L'' 的确定。

井架高度 H_j 与天轮半径 R_t 之和为：

$$H_j + R_t = \frac{2.5(L_B + L_T + L_A)}{L_B + L_T + L_n} = \frac{2.5 \times (8 + 1.5 \times 3 \times 1.9 + 40)}{8 + 1.5 \times 3 \times 1.9 + 4} = 6.88\text{m}$$

式中　　L_B——井口至阻车器的距离，一般为 $7 \sim 9$m；

L_T——阻车器到摘钩点距离，此值取 1.5 倍串车组长度；

L_A——摘钩点到井架中心的水平距离一般取 40m。

钢丝绳在井口处的牵引角 β_1 为：

$$\beta_1 = \arctan \frac{H_j + R_t}{L_B + L_T + L_A} = \arctan \frac{6.88}{8 + 1.5 \times 3 \times 1.9 + 40} = 6.9°$$

说明：摘钩后的矿车通过下放串车的钢丝绳的下部时，钢丝绳距地面的高度不得小于 2.5m。该点距离摘钩点的距离为 L_n，一般取 4m。为了防止矿车在井口出轨掉道，井口处的钢丝绳牵引角 β_1 要小于 9°。

井口到井架钢丝绳的弦长 L'' 为：

$$L'' = \sqrt{(L_B + L_T + L_A)^2 + (H_j + R_t)^2}$$

$$= \sqrt{(8 + 1.5 \times 3 \times 1.9 + 40)^2 + (5.88 + 1)^2} = 57m$$

2）斜坡游动轮。斜坡游动轮规格（见图6-16）为：游动轮名义直径 1200mm、外径 1340mm，游动距离 1030mm，游动轮 $L = 1200mm$、$A = 270mm$、$B = 210mm$、$H = 90mm$、$h = 45mm$，游动轮质量 320kg。

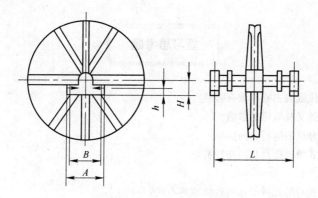

图 6-16　游动轮的结构

井口到井架导轮中心的水平距离 L_p：

$$L_p = T + d + a + L_0 + L_{ZK} + L_g + L_w$$

$$= 3.231 + 1.00 + 3.471 + 5.355 + 12.554 + 2.62 + 4.926$$

$$= 33.164m$$

式中　T——井口竖曲线切线长，3.231m；

d——井口竖曲线切线点至道岔的插入段长度，1.00m；

a——道岔端部至道岔岔心的长度，3.471m；

L_0——轨道警示冲标至道岔岔心的距离，5.355m；

L_{ZK}——矿车组摘挂钩的直线长度，12.554m；

L_g——过卷距离，2.62m；

L_w——水平弯道占据的长度，4.926m。

游动轮井架高度 H_0：

$$H_0 = L_p\tan\beta - 1/2D_1\cos\beta = 800mm$$

式中　　β——钢丝绳牵引角，$\beta = 2°34'25''$。

3）钢丝绳托辊规格（见图6-17）。托辊间距10m，托辊直径130mm，长度200mm，$L = 418mm$，$D = 130mm$，$H = 140mm$，$h = 50mm$，$A = 310mm$，$B = 220mm$，质量14kg。

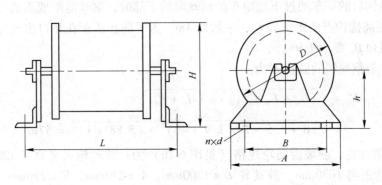

图6-17　托辊

复习思考题

6-1　影响提升机安装位置的主要参数有哪些？

6-2　说明过卷高度的意义及规定的数值。

6-3　偏角的大小对提升机的运行有何影响？

6-4　分析塔式及落地式摩擦提升机的布置特点。

6-5　如何确定主加速度？

6-6　提升机的减速方式有哪几种？如何选择减速方式？

6-7　引入变位质量的目的是什么？变位的原则是什么？

7 矿山其他运输设备

7.1 架空索道运输

架空索道是钢丝绳运输的一种特殊形式，是用架设在空中的钢丝绳作为货车运行的导轨，货车由钢丝绳牵引运输货载。架空索道由于能适应复杂地形、跨越山川、克服地障，因而在冶金、煤炭、化工、建材、水电、林业、农业以及旅游等行业得到广泛应用。

货运索道除可运输货物外，还可用于堆存物料或排弃废料，它不但可运送散装物料而且可运整件或成捆物品。客运索道可以用来运送职工上下班（如在高山作业区、微波站、高台等地），也可以服务于城市公共交通，而将它建在旅游区可以运送乘客登山游览和观海底水下世界，它还是开展冰雪运动的理想运输器械。

7.1.1 架空索道运输的特点

（1）索道对自然地形的适应性强，一般可以直接跨越陡坡、深谷、河流等，无需构筑桥梁、涵洞等，并且具有较大的爬坡能力。单线索道最大爬坡坡度可达 70% 即爬坡角 35°，双线索道最大爬坡角为 24°。索道具有较大的爬坡能力，使运输距离缩短，土石方和建筑工程量减少，不占或少占农田，从而降低基建、经营费用，加快建设速度。

（2）受气候影响较小，在雨、雪、雾天和在八级风以下的情况，均可照常运输。

（3）装、卸设施简单，站房面积较小，站房配置紧凑，支架占地面积更少。

（4）消耗能量少，当向下运输货物时，在一定坡度条件下为制动制运转，还可向电网反馈电能。

（5）两端站间运距最短，尤其在地势险峻的条件下，索道线路长度大大短于公路、铁路，因此作为交通工具大大节省乘客时间。

（6）索道一般都用电力驱动，不污染环境，运行安全可靠，维护简单，容易实现机械化、自动化操作，劳动定员少。

但架空索道也有它的缺点，如生产能力受到限制；设备环节多，维修工作量大；高空作业条件差；换绳比较困难等。

7.1.2 矿山常用架空索道

按用途分，架空索道可分为货运架空索道和客运架空索道。货运架空索道运输散拉物料如矿石、煤、废石等，也可运输成件物品如木材、建筑材料、器材等。客运架空索道用于旅游风景区或矿区运送人员。

按牵引钢丝绳的动作方式分，架空索道可分为循环式架空索道和往复式架空索道。循环式架空索道牵引钢丝绳作无极牵引的连续动作。往复式架空索道牵引钢丝绳作有极牵引的往复动作。

　　按组成索道的钢丝绳数目分，架空索道可分为多线索道、双线索道和单线索道。多线索道由三根或四根钢丝绳组成，应用于客运索道。双线索道具有承载索及牵引索。单线索道只有一根传动索，它既是承载索又是牵引索，矿山多应用这类索道。

7.1.2.1　单绳架空索道

　　单线循环式货运索道（见图7-1）就是用一根呈闭合环状的钢绳，同时起承载和牵引两种作用。其特点是设备简单、管理方便，但承受载荷较小，运距受到一定限制。

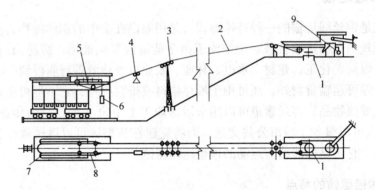

图 7-1　单线循环式货运索道
1—驱动机；2—牵引索；3—托索轮；4—货车；5—拉紧装置；6—拉紧重锤；
7—格筛；8—扁轨；9—旋转式装载机

　　采用四连杆式抱索器的索道，具有对地形适应性强、爬坡能力大的特点，适合于坡陡沟深跨度大的地形。

　　采用鞍式抱索器的索道，抱索器结构简单，造价低，可使牵引索寿命延长，维护简单，运输成本低。但货车爬坡能力较低，所以适合建在平原、丘陵或地形不复杂的地区。

　　采用弹簧式抱索器是近年来将客运索道的成熟技术移植到货运索道上的结果。这类索道货车除具有较大的爬坡能力和对地形适应性较强外，突出的优点是抱索可靠，杜绝掉车事故。

7.1.2.2　双绳架空索道

　　双绳架空索道有循环式和双线往复式。

　　据货车使用的抱索器不同及牵引索相对承载索位置的差别，索道有采用重力式抱索器下部牵引式和水平牵引式及采用螺旋式抱索器的索道。

　　图7-2所示为循环式双线索道。在索道端站（一般为装载站与卸载站）之间，架设两根平行的承载索5，其中一根作为重车运行，另一根为空车返回运行。在承载索进入站内的地方设有偏斜鞍座8，承载索被引向路轨的内侧而以刚性的扁轨9代替，这样扁轨就使两根承载索互相衔接起来形成一条环形通路，供货车运行之用。承载索的一端锚接在特殊的基础上或直接锚接在站房结构的锚接处1上，另一端由拉紧重锤10拉紧于另一站架上。在两端站之间，承载索用单独竖立的支架7支持着。支架设有摇摆鞍座2，承载索自由地放置在摇摆鞍座的索槽内，便于承载索在摇摆鞍座的索道内移动。牵引索6用来拖动货车

4，在线路上牵引索与承载索并行，在装载站与卸载站内牵引索缠绕在驱动机的驱动轮11和牵引索的拉紧滑轮14上。牵引索在支架上则由支架上的托索轮3所支持，牵引索的两个端点被编结起来，这样就形成了封闭绳圈。货车在站内通过接合器12或脱开器13就能与牵引索接合或脱开，达到运输货载的目的。

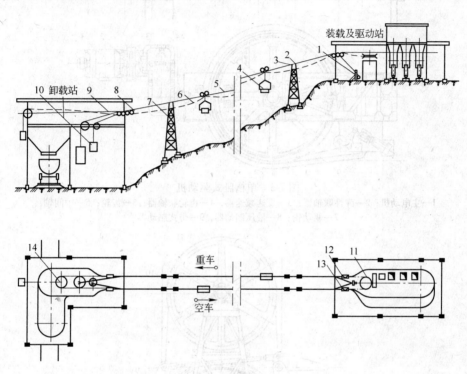

图 7-2 循环式双线索道

1—承载索锚接处；2—摇摆鞍座；3—托索轮；4—货车；5—承载索；6—牵引索；7—支架；8—偏斜鞍座；
9—扁轨；10—承载索拉紧重锤；11—驱动轮；12—接合器；13—脱开器；14—牵引索拉紧滑轮

7.1.3 架空索道的组成

7.1.3.1 驱动机

驱动机按驱动轮配置方式分为立式和卧式；按驱动轮结构分为单槽摩擦轮、双槽摩擦轮和夹钳轮；按牵引特征分为动力型和制动型。

（1）单槽卧式驱动机。单槽卧式驱动机如图7-3所示，它的传动部分由主电动机1、带制动轮的弹性联轴器2、变速减速器3、齿轮联轴器4、双轴承中间轴6、闸轮的驱动轮7以及一对圆锥齿轮5组成，制动部分由高速轴上液压制动器8和主轴上的带式制动器9组成，机座部分由减速器、高速轴液压制动器、装在一个机座上的主电动机、装在另一个机架上的驱动轮和中间轴承组成。

（2）双槽立式驱动机。双槽立式驱动机如图7-4所示，它的传动部分由主电动机1、带制动轮的弹性联轴器2、变速减速器3、齿轮联轴器4、双轴承中间轴6、闸轮的驱动轮7以及一对圆柱齿轮5组成，制动部分由高速轴上液压制动器8、块式制动器9、从动轮

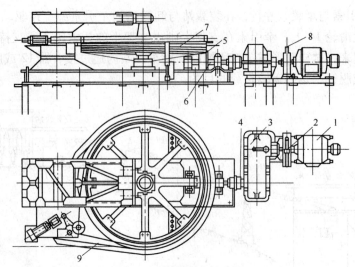

图 7-3　单槽卧式驱动机

1—主电动机；2—弹性联轴器；3—变速减速器；4—齿轮联轴器；5—齿轮；6—中间轴；
7—驱动轮；8—液压制动器；9—带式制动器

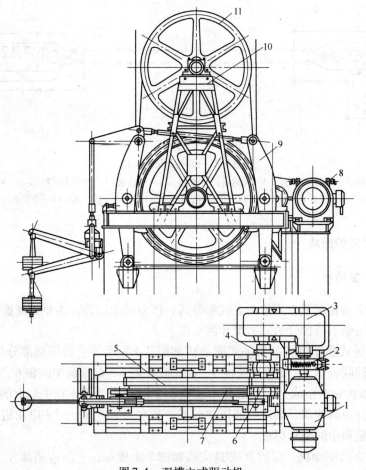

图 7-4　双槽立式驱动机

1—主电动机；2—弹性联轴器；3—变速减速器；4—齿轮联轴器；5—齿轮；6—中间轴；
7—驱动轮；8—液压制动器；9—块式制动器；10—从动轮支架；11—从动轮

11、从动轮支架 10 组成,机座部分由减速器、高速轴液压制动器、装在一个机座上的主电机、装在另一个机架上的驱动轮和中间轴承组成。

(3)夹钳式驱动机。如图 7-5 所示,夹钳式驱动机由两片颊块与弹簧构成。弹簧用来张开夹钳的颊块,随着牵引索逐渐离开驱动机,牵引索对夹钳的径向压力也逐渐减小,在弹簧作用下夹钳逐渐张开,就可使牵引索自由地脱开夹钳。夹钳沿着驱动轮轮缘每隔 5°间隔均匀布置,夹钳可以增加牵引索与驱动轮之间的附着力,以增加驱动轮的牵引力。

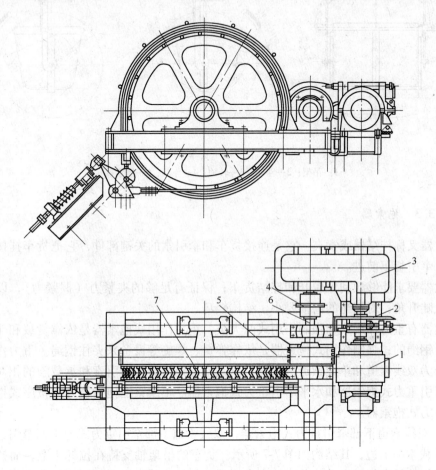

图 7-5 夹钳立式驱动机

1—主电动机;2—弹性联轴器;3—变速减速器;4—齿轮联轴器;5—齿轮;6—中间轴;7—夹钳轮

夹钳式驱动机的优点是传递张力比较大,设备紧凑。其缺点是由于牵引索在夹钳中有相对滑动和夹钳在工作状态时对钢丝绳有挤压作用,因此对牵引索的使用寿命有所影响,并且夹钳轮在工作时噪声很大。

7.1.3.2 货车

货运架空索道货车是运输货载的容器,如图 7-6 所示。货车由特制的抱索器或运行小车、吊架、斗箱及斗闩等组成。货车安装抱索器,可使货车与牵引索挂结或脱开,达到运输货载的目的。

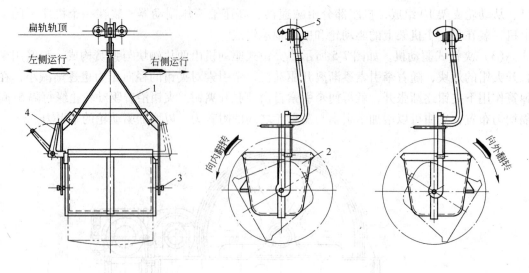

图 7-6　货车
1—吊架；2—斗箱；3—转轴；4—斗闩；5—抱索器

7.1.3.3　抱索器

抱索器又称挂结器或索夹。它是连接货车和牵引索的关键部件，它把货车挂接在牵引索上，以牵引货车前进。

抱索器要求能够顺利地脱开和挂结货车；保证有足够的夹紧力（握紧力），以便克服线路的急陡升角；对钢绳的磨损要小，结构轻巧。

抱索器有重力作用式和强制作用式两大类。重力作用式抱索器是依靠货载和斗箱的重量来夹住钢绳的；强制作用式抱索器是依靠弹簧、螺旋等设备来夹住钢绳。重力作用式抱索器又分为双线索道和单线索道抱索器。双线索道抱索器按牵引索和承载索的相对位置分为下部牵引重力式抱索器和水平牵引重力式抱索器。单线索道抱索器分为鞍座式抱索器和四连杆重力式抱索器。

（1）双线索道下部牵引重力式抱索器。双线索道下部牵引重力式抱索器牵引索的夹钳位置在承载索的下边，其结构如图 7-7 所示。货车的吊架轴支持在拉杆 4 上，而拉杆可以沿小车的焊接导向架 1 滑动，并支持在夹钳活动颊块 3 的末端上。固定颊块 2 则固定在导向架上。在货载和斗箱重量作用下，吊架使拉杆下落，转动活动颊块，使它夹住牵引索。

（2）双线索道水平牵引重力式抱索器。双线索道水平牵引重力式抱索器牵引索的夹钳位置和承载索几乎在同一水平面。它的优点是牵引索上下活动范围小，货车速度均匀，附加压力很小，故承载索使用寿命长。货车一方面支承在承载索上，另一方面夹在牵引索上，货车运行比较平稳。其缺点是抱索器结构复杂。

（3）单线索道四连杆重力式抱索器。四连杆重力式抱索器结构如图 7-8 所示。内抱卡 1 与外抱卡 3 用销轴 9 连在一起，内抱卡的另一端用销轴 2 连接在弯杆 4 上，弯杆可在套筒 5 内滑动，外抱卡的另一端用销轴 6 和抱卡座相连，抱卡座、套筒和吊杆连为一体。当钢绳进入钳口时，斗箱重量通过吊杆 7，使弯杆向下摆动而带动内抱卡绕轴 9 顺时针方向转动，使钳口也靠近钢绳，这样内、外抱卡均产生夹紧力而夹住牵引索。进站时，货车重量通

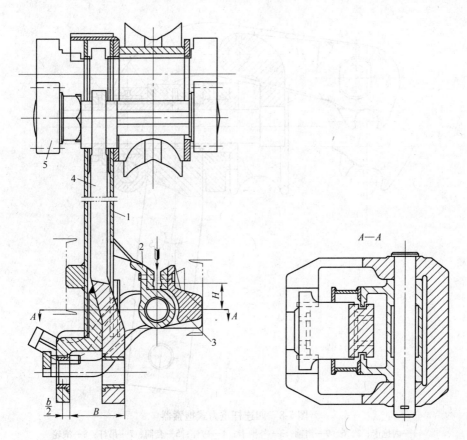

图 7-7　下部牵引重力式抱索器

1—导向架；2—固定颊块；3—活动颊块；4—拉杆；5—脱挂轮

过滚轮 8 支承在扁轨上，使弯杆向上抬起，内、外抱卡钳口松开，牵引索就与货车脱离。

（4）单线索道鞍座式抱索器。鞍座式抱索器结构如图 7-9 所示。它由两个靴形鞍座 2 构成，它们铰接在运行小车的机架 1 上，并可以在垂直平面内自由倾斜，以适应钢绳 3 坡度的变化。在每一个鞍座的内表面上装有一个沿钢绳螺旋方向的卡齿 4，卡齿成对安装，前后齿安装方向根据钢绳的旋向而定。依靠货车的重量和在挂接时鞍座与钢绳的相对滑动，使卡齿嵌入牵引索的绳股间以闸住牵引索。

（5）弹簧式抱索器。弹簧式抱索器是利用弹簧的弹力夹紧钢绳的一种抱索器，有碟形弹簧固定抱索器、螺旋弹簧杠杆脱开式抱索器等（见图 7-10），这种抱索器安全可靠，应用广泛。

7.1.3.4　站房设备

站房设备有装矿设备、卸矿设备。使用的装矿设备有：计重式、计容式装矿设备和回转式等量分配机等。货车在站内运行除自溜滑行外，广泛应用了链式推车机、钢丝绳推车机以及电动小车推车机等。货车复位除采用螺旋复位器外，还有货车重心偏移或加配重进行复位，以及采用胶轮自动复位器等。货车阻、发车装置有气动阻车器和电磁阻车器等。对于这些机械设备，应根据具体条件选用。

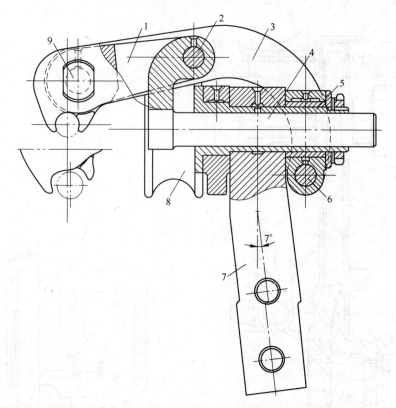

图 7-8 四连杆重力式抱索器

1—内抱卡；2，6，9—销轴；3—外抱卡；4—弯杆；5—套筒；7—吊杆；8—滚轮

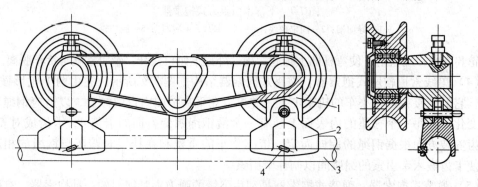

图 7-9 鞍座式抱索器

1—运行小车的机架；2—靴形鞍座；3—钢绳；4—卡齿

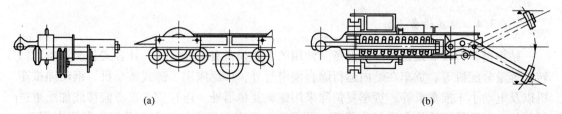

(a)　　　　　　　　　　　　　　(b)

图 7-10 弹簧抱索器

（a）碟形弹簧抱索器；（b）螺旋弹簧抱索器

（1）装矿设备。杠杆计重装矿设施所用的设备有气动扇形闸门、计重杠杆装置、水平式焊接链推车机、定车器、挡车器、单向阻车器等，如图 7-11 所示。

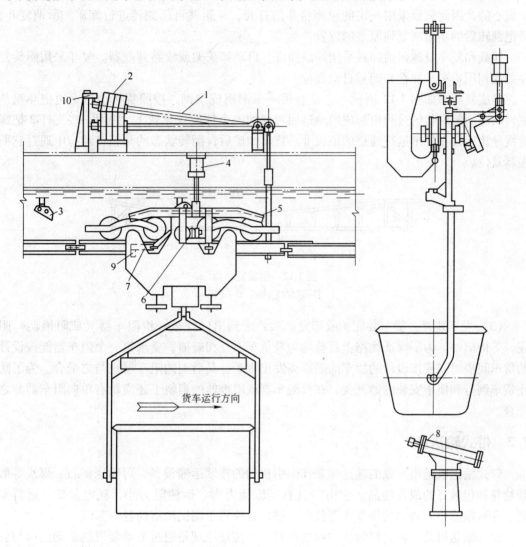

图 7-11　装矿设施
1—计重杠杆；2—配重；3—水平式链推车机的推爪；4—定车器的气缸；5—定车器的抬桥；
6—定车器的弹簧阻块；7—单向阻车器的阻车杆；8—挡车器；9，10—开关

杠杆计重装矿设施的工作过程如下：货车从牵引索脱开后，经自溜减速，然后由推车链条的推爪 3 把货车推到装矿闸门溜口的下面，安装在推爪上的销子，通过定车器抬桥 5 的斜面把推爪上抬，货车脱开推爪的同时，前面车轮也被定车器的弹簧阻块 6 阻住，这时，货车的后车轮也刚通过单向阻车器，并压动连在单向阻车器的阻车杆 7 而触碰开关 9，使挡车器 8 伸长挡住斗箱，然后延时 2s 左右，又使气动闸门打开进行装矿。当货车装到规定的重量时，计重杠杆 1 的配重 2 上抬到最高位置并触碰设在计重杠杆顶上的开关 10，使闸门关闭而停止装矿，同时挡车器 8 缩回原来位置。延时 3s 左右，定车器的抬桥 5 和弹簧阻块 7 同时下放，使推车机的推爪下放而又继续推动货车离开装矿点。货车向站口方向

运行时，途中压动另一开关，使定车器恢复原来的位置，等待下一辆货车前来装矿。

（2）卸矿、复斗设施。索道的货车一般采用斗箱内翻或外翻进行卸矿。斗箱的旋转轴是偏心的，因此只要采用一定的设施将斗门打开，斗箱就自己翻转进行卸矿。所谓复斗，是把翻转后的斗箱恢复到原来的位置。

卸载和复斗设施包括卸载采用卸载挡杆、自动卸矿架或线路卸载器。复斗采用螺旋复斗器或利用货车车厢重心偏移自动复位。

螺旋复斗器如图 7-12 所示。它是利用一根圆钢或型钢，按照货车边行走边把斗箱从翻转状态回复原状的过程中形成的轨迹而弯成的一个螺旋线导轨 1，并用一些支杆 2 把螺旋线导轨架设在货车运行通道的地板上。货车卸矿后，翻转状态的斗箱在运行中通过它而强制复位。

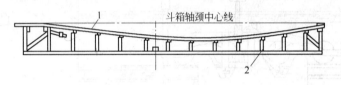

图 7-12　螺旋复斗器
1—螺旋线导轨；2—支杆

（3）发车装置。货车装完矿或卸完矿后，来到出口处被一组阻车器（或阻推器）阻住，等待出站。为了保证线路上载荷均匀及货车不互相碰撞，要求第一个阻车器能按设计的货车间隔时间或按设计的货车间隔距离发出货车，其后面的阻车器也与之配合。为了防止货车倒行和便于安装电器开关，在设阻车器或阻推器的扁轨上还应设有单向阻车器与之配合。

7.2　带式输送机

带式输送机是由承载的输送带兼作牵引机构的连续运输设备，可输送矿石、煤炭等散装物料和包装好的成件物品。它由于具有运输能力大、运输阻力小、耗电量低、运行平稳、在运输途中对物料的损伤小等优点，被广泛应用于国民经济的各个部门。

胶带输送机是一种连续输送物料的机械。其传动原理是通过驱动装置的驱动滚筒与胶带间的摩擦力来传动物料的。随着胶带的移动，不断地向胶带上增添物料并把物料从装料端输送到卸料端，然后将物料卸入特备的容器内或料堆上。胶带输送机广泛用于冶金、煤炭、水电、建材和化工等企业。

一般情况下，矿用胶带输送机有三种：普通胶带输送机、钢绳芯胶带输送机、钢绳牵引胶带输送机。

7.2.1　带式输送机的工作原理

普通胶带输送机的工作原理如图 7-13 所示。

胶带 1 绕经驱动滚筒 2 和换向滚筒 3 构成一个无极环形带。上下两段胶带分别支承在各自的托辊 4 上。拉紧装置 5 可用来调节胶带松紧程度。工作时，驱动滚筒通过它与胶带间的摩擦力带动胶带运行。由装料漏斗连续装卸在上段胶带上的物料，随着胶带的运行，

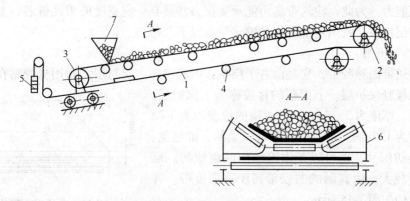

图 7-13 胶带输送机的工作原理

1—胶带；2—驱动滚筒；3—换向滚筒；4—托辊；5—拉紧装置；6—机架；7—装料漏斗

将其输送到前端部卸载。上段胶带借助一组槽形托辊支承，以增加物料断面积。下段胶带由平直形托辊支承。所有托辊均安装在机架 6 上。

7.2.2 带式输送机的组成

带式输送机有多种类型，以适应在不同条件下使用的需要，但其基本组成部分相同，只是具体结构有所区别。其中用得最多的是通用型带式输送机，国内目前采用的是 DT Ⅱ 型固定式带式输送机系列，该系列带式输送机由许多标准部件组成，各部件的规格也都成系列，按不同的使用条件和工况进行选型设计，组合成整台带式输送机。

带式输送机的基本组成部分有输送带、托辊、驱动装置（包括传动滚筒）、机架、拉紧装置和清扫装置。输送带绕经传动滚筒、改向滚筒和拉紧滚筒接成环形，拉紧装置给输送带以正常运行所需的张力。工作时，驱动装置驱动传动滚筒，通过传动滚筒与输送带之间的摩擦力带动输送带连续运行，装在输送带上的物料随它一起运行到端部卸出，利用专门的卸载装置也可在中间部位卸载。图 7-14 所示为带式输送机的结构。

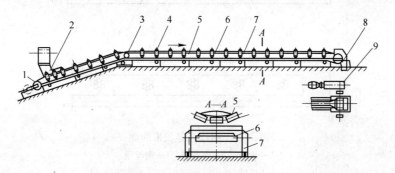

图 7-14 带式输送机的结构

1—拉紧装置；2—装载装置；3—改向滚筒；4—上托辊；5—输送带；6—下托辊；

7—机架；8—清扫装置；9—驱动装置

7.2.2.1 输送带

输送带在带式输送机中既是牵引机构又是承载机构。它不仅应有足够的强度，还要有相应的承载能力。为此，输送带是由能承受拉力并具有一定宽度的柔性带芯、上下覆盖层及边缘保护层构成。我国目前生产的输送带有以下几种。

A　橡胶输送带

橡胶输送带简称胶带，它是由若干层帆布组成带芯，层与层之间用橡胶粘在一起，并在外面覆以橡胶保护层。上面覆的橡胶称为上保护层，也是承载面，厚度为 3～6mm；下面覆的橡胶称为下保护层，厚度为 1.5mm。带芯的帆布可以是棉、维尼龙、尼龙等纤维纺织品，也可以是由混纺织品组成的。尼龙帆布强度较大，由其制成的胶带属于高强度带。普通橡胶带结构如图 7-15 所示。

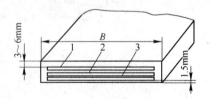

图 7-15　普通橡胶带的结构
1—上保护层；2—帆布层；3—下保护层

橡胶保护层起着保护帆布层的作用，防止外力对帆布层的损伤及潮湿的侵蚀。保护层厚度视所运物料而定。一般上保护层厚度为 4.5～6.0mm，下保护层厚度为 1.5mm 左右。

B　塑料输送带

塑料输送带使用维尼龙和棉混纺织物编织成整体平带芯，外面覆以聚氯乙烯塑料，整芯塑料输送带生产工艺简单、生产率高、成本低、质量好。这种输送带具有耐油、耐酸、耐腐蚀等优点，大多用于温度变化不大的场所，如化工及矿山等工业部门。

C　钢丝绳芯胶带

钢丝绳芯胶带是一种高强度的输送带，其主要特点是使用钢丝绳代替帆布。钢丝绳芯胶带可分为无布层和有布层两种类型。我国目前生产的均为无布层的钢丝绳芯胶带。这种胶带所用的钢丝绳是由高强度的钢丝顺绕制成的，中间有软钢芯，钢芯强度已达到 60000N/cm，其结构如图 7-16 所示。

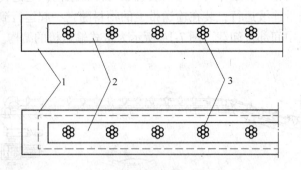

图 7-16　钢丝绳芯胶带断面
1—橡胶；2—绳芯层；3—钢丝绳

输送带限于运输的条件，出厂时一般制成 100m 的带段，使用时，需要将若干条带段连接在一起。输送带的连接方式有机械法、硫化法和冷粘法三种。

机械法连接接头有铰接合页、铆钉夹板和钩状卡三种，如图 7-17 所示。用机械法连接时，输送带接头处的强度被削弱的情况很严重，一般只能相当于原来强度的 35%～40%，且使用寿命短。但在便拆装式的带式输送机上还只能采用这种连接方式。

硫化法是利用橡胶与芯体的粘结力，把两个端头的带芯粘连在一起。其原理是将连接

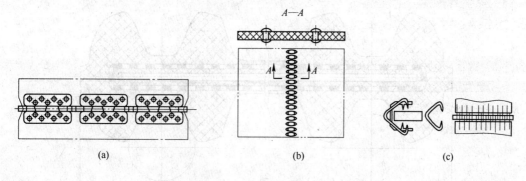

图 7-17　机械方式连接接头

（a）铰接合页接头；（b）铆钉夹板接头；（c）钩状卡接头

用的胶料置于连接部位，在一定的压力、温度和时间作用下，使缺少弹性和强度的生胶变成具有高弹性、高粘结强度的熟胶，从而使得两条输送带的芯体连在一起。为使接头有足够的强度，接头处应将带芯分层错开搭连一定的长度，如图 7-18 所示。两端头钢丝绳搭接方式可有多种，图 7-19 所示为常用的二级错位搭接法。用硫化法连接胶带时，需用专门的胶带硫化器。

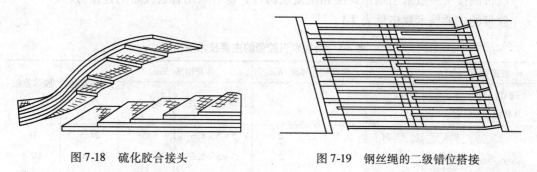

图 7-18　硫化胶合接头　　　　　图 7-19　钢丝绳的二级错位搭接

硫化法的优点是接头强度高，接口平整。硫化法连接的接头静强度可达输送带本身强度的 85% ~ 90%。但该数据是用宽度不大的试件做硫化接头试验得出的，与在输送带上将输送带的全宽进行硫化连接是有差别的，在设计和选型时应充分考虑该因素，留有充足的裕量，保证输送带具有足够的强度及可靠性。

D　钢绳牵引胶带

钢绳牵引胶带在输送过程中，起着承载物料或人员的作用。胶带的结构如图 7-20 所示。它由耳槽 1、帆布层 2、上覆盖胶层 3、弹簧钢条 4 和下覆盖胶层 5 等构成。

弹簧钢条沿胶带纵向以相同的间距横向排列。钢条材质为 60Si2Mn，经热处理后许用弯曲应力为 44.1kN/cm^2，硬度为 50HRC。

耳槽是用来卡夹牵引钢绳，防止胶带从钢丝绳上脱落。一般上、下耳槽间距相同，便于胶带两面都能使用。耳槽用具有耐磨性和韧性的天然橡胶制成。

上、下覆盖胶层均采用天然橡胶。

帆布层一般为两层，分布在钢条上下，主要用来增加胶带的抗拉强度，同时也是胶带之间连接的基础。

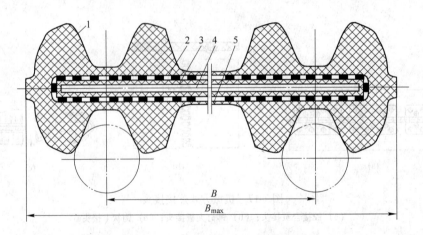

图 7-20　钢绳牵引胶带的结构

1—耳槽；2—帆布层；3—上覆盖胶层；4—弹簧钢条；5—下覆盖胶层

充填层是采用具有弹性的人造橡胶，充填在钢条之间的空隙内，既能使胶带有一定的弹性，又可使胶带中的钢条保持稳定的位置。

胶带的接头一般采用钢条穿接和压接法两种，也有采用普通胶带的连接方法。

胶带的主要技术规格见表 7-1。

表 7-1　钢绳牵引胶带的主要技术规格

胶带宽度/mm		胶带厚度 /mm	覆盖胶层厚度/mm		弹簧钢条/mm		钢绳直径 /mm	胶带重量 /kg·m⁻¹
带宽 （耳槽距）	全 宽		上	下	宽×高×长	间 距		
800	854	13.5	3	2	5×5×826	85	24.5	18
	864	13.5	3	2	5×5×826	85	28，30.5	18.4
	864	13.5	3	2	5×5×826	85	34.5，37	18.6
	870	13.5	3	2	5×5×826	85	40	19.0
1000	1064	13.5	3	2	5×5×1034	40	28，30.5	24.8
	1064	13.5	3	2	5×5×1034	40	34.5，37	25.3
	1070	13.5	3	2	5×5×1034	40	40	25.6
1200	1270	14.5	3	2	6×6×1240	40	30.5	33.1
	1270	14.5	3	2	6×6×1240	40	34.5，37	33.4
	1270	14.5	3	2	6×6×1240	40	40	33.6

7.2.2.2　托辊

托辊是承托输送带，使输送带的垂度不超过限定值以减少运行阻力，保证带式输送机平稳运行的部件。托辊沿带式输送机全长分布，数量很多，其总重占整机的 30% ~ 40%，价值约占整机 20%，所以，托辊质量的好坏直接影响输送机的运行，而且托辊的维修费用已成为带式输送机运营费用的重要组成部分，这就要求托辊运行阻力小、运转可靠、使用寿命长等。因此，托辊的结构形式、材质、润滑及辊径等的改进和提高都是国内外重点研究的内容。托辊按用途不同分为承载托辊、调心托辊和缓冲托辊三种。

A 承载托辊

承载装运物料和支承返回的输送带用，有槽形托辊和平形托辊两种。承载装运物料的槽形托辊多由三个等长托辊组成，两个侧辊的斜角 α 称为槽角，一般为35°；需要时，可设计成更大的槽角，如五托辊组。平形托辊是一个长托辊，主要用做下托辊，支承下部空载段输送带，在装载量不大的输送机上部承载段有时也使用平形托辊，如选煤厂的手选输送带。V 形和倒 V 形托辊主要用于支承下部空载段输送带，在下部空载段采用 V 形和倒 V 形托辊能扼制输送带跑偏。图 7-21 所示是各种承载托辊的结构形式。

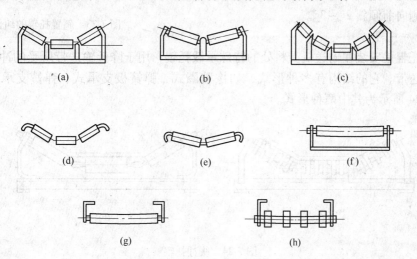

图 7-21 各种承载托辊的结构形式

(a) 三辊式槽形托辊；(b) 二辊式槽形托辊；(c) 五辊式槽形托辊；(d)，(e) 串挂式托辊；
(f) 上平托辊；(g)，(h) 下平托辊

B 调心托辊

调心托辊是将槽形或平形托辊安装在可转动的支架上构成，如图 7-22 所示。当输送带在运行中偏向一侧时（称为跑偏），调心托辊能使输送带返回中间位置。它的调偏过程如下：输送带偏向一侧碰到安装在支架上的立辊时，托辊架被推到斜置位置，如图 7-23 所示。此时，作用在斜置托辊上的力 F 分解成切向力 F_t 和轴向力 F_a。切向力 F_t 用于克服托辊的运行阻力，使托辊旋转；轴向力 F_a 作用在托辊上，欲使托辊沿轴向移动，由于托辊在轴向不能移动，因而 F_a 作为反推力作用于输送带，当达到足够大时，就使输送带向

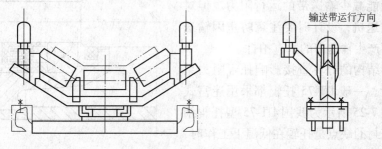

图 7-22 调心托辊

中间移动返回，这时，由立辊的推动使转动支架逐渐回
到原位。这个反推作用，像在船上作用于岸边的撑力使
船离岸一样，力的大小与托辊斜置角度有关。一般在承
载段每隔 10 ~ 15 组固定托辊设置一组调心托辊。

　　斜置托辊对输送带的这种横向反推作用也能用于不
转动的托辊架。如发现输送带由于某种原因在某一位置
上跑偏比较严重时，可将该处的若干组托辊斜置一适当
的角度，就能纠正过来。

　　防止输送带跑偏的另一简单方法是将槽形托辊中两
侧辊的外侧向前倾斜 2° ~ 3°。

　　C　缓冲托辊

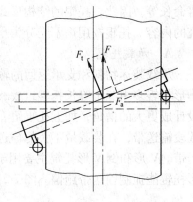

图 7-23　斜置托辊的纠偏作用

　　缓冲托辊是安装在输送机受料处的特殊承载托辊，用于降低输送带所受的冲击力，从
而保护输送带。它的结构有多种形式，如橡胶圈式、弹簧板支承式、弹簧支承式或复合
式，图 7-24 所示为其中两种形式。

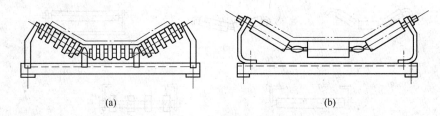

(a)　　　　　　　　　　　　　　　　　　　　(b)

图 7-24　缓冲托辊
（a）橡胶圈式；（b）弹簧板支承式

　　此外，缓冲托辊还有梳形托辊和螺旋托辊。在回程段采用这种托辊，能清除输送带上
的粘料。

　　托辊间距的布置应保证输送带有合理的垂度，一般输送带在托辊间产生的垂度应小于
托辊间距的 25%。上托辊间距 1 ~ 1.5m，下托辊间距一般为 2 ~ 3m，或取上托辊间距的 2
倍。在装载处的托辊间距需要小一些，一般为
300 ~ 600mm，而且必须选用缓冲托辊。大型带
式输送机的托辊间距可以不同，输送带张力大
的部位间距大，输送带张力小的部位间距小。
增大托辊间距能减少输送带的运行阻力。但对
高速运行的输送机，设计时要注意防止因输送
带发生共振而产生输送带的垂直拍打。

　　托辊密封结构的好坏直接影响托辊阻力系
数和托辊寿命。一般 DT-75 托辊都采用迷宫式
密封装置。图 7-25 所示为我国 DT-75 型托辊结
构。迷宫式密封的缺点是托辊在低温下工作时，
其旋转阻力较常温下成倍增加。因此在低温条

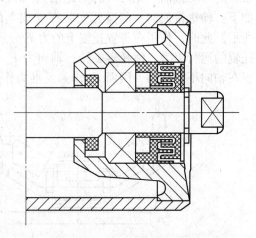

图 7-25　DT-75 型托辊结构

件下工作的托辊，设计和使用时要充分注意温度的影响。

7.2.2.3 驱动装置

驱动装置的作用是将电动机的动力传递给输送带，并带动它运行。功率不大的带式输送机一般采用电动机直接启动的方式；而长距离、大功率、高带速的带式输送机采用的驱动装置须满足下列要求：

（1）电动机无载启动。

（2）输送带的加、减速度特性任意可调。

（3）能满足频繁启动的需要。

（4）有过载保护。

（5）多电动机驱动时，各电机的负荷均衡。

带式输送机采用可控方式使输送带启动，这样可减少输送带及各部件所受的动负荷及启动电流。

一般的驱动装置由电动机、联轴器、减速器和传动滚筒组及控制装置组成。

（1）电动机：常用的电动机有鼠笼式、绕线异步式电动机。在有防爆要求的场合，应选用矿用隔爆型。用于采区巷道的带式输送机，如功率相同，可选用与工作面相同的电机，以便于维护和更换。

（2）联轴器：按传动和结构上的需要，分别采用液力耦合器、柱销联轴器、棒销联轴器、齿轮联轴器、十字滑块联轴器和环形锁紧器。

环形锁紧器在带式输送机中主要用于主动滚筒与轴的连接（代替键连接）和减速器输出轴与主动滚筒轴的连接（代替十字滑块联轴器），如图 7-26 所示。环形锁紧器具有压配合的全部优点，又避免了压配合计算烦琐、公差数值要求严格、装配困难等缺点。环形锁紧器的结构如图 7-27 所示。紧定螺钉 6、前压环 2 与后压环 4 互相贴紧，迫使带开口的外环 3 胀大，内环 5 缩小，从而使轴与轮毂刚性连接。

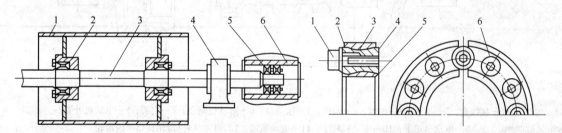

图 7-26 环形锁紧器的安装位置　　　　　图 7-27 环形锁紧器的结构

1—滚筒；2—HS160P 环形锁紧器；3—滚筒轴；4—轴承座；　　1—辅助螺钉；2—前压环；3—外环；

5—HS120P 环形锁紧器；6—减速器低速空心轴　　　　4—后压环；5—内环；6—紧定螺钉

长距离大型带式输送机都采用液力耦合器，尤其是多滚筒驱动的长距离带式输送机更应采用液力耦合器，它能解决功率平衡问题。另外，液力耦合器还能降低运输机启动时的动载荷。

（3）减速器：带式输送机用的减速器，有圆柱齿轮减速器和圆锥-圆柱齿轮减速器。圆柱齿轮减速器的传动效率高，但要求电机轴与输送机垂直，因而驱动装置占地宽度大，井下使用时需加宽硐室，若把电动机布置在输送带下面，会给维护和更换带来困难。所以，用于采区巷道的带式输送机应尽量采用圆锥-圆柱齿轮减速器，使电机轴与输送机平行。

（4）传动滚筒：传动滚筒是依靠它与输送带之间的摩擦力带动输送带运行的部件，分钢制光面滚筒、包胶滚筒和陶瓷滚筒等。钢制光面滚筒制造简单，缺点是表面摩擦因数小，一般用在短距离输送机中。包胶滚筒和陶瓷滚筒的主要优点是表面摩擦因数大，适用于长距离大型带式输送机中。其中，包胶滚筒按表面形状不同可分为光面包胶滚筒、菱形（网纹）包胶滚筒、人字形沟槽包胶滚筒。人字形沟槽包胶胶面摩擦因数大，防滑性和排水性好，但有方向性。菱形包胶胶面用于双向运行的输送机。用于重要场合的滚筒，最好选用硫化橡胶胶面。用于井下时，胶面应采用阻燃材料。

此外，还有一种特殊的传动滚筒称为电动滚筒。电动滚筒将电动机和减速齿轮全安装在滚筒内，其中内齿轮装在滚筒端盖上，电动机经两级减速齿轮带动滚筒旋转。图 7-28 所示是其中一种结构。电动滚筒结构紧凑，外形尺寸小，功率范围为 2.2～55kW，环境温度不超过 40℃，适用于短距离及较小功率的单机驱动带式输送机。

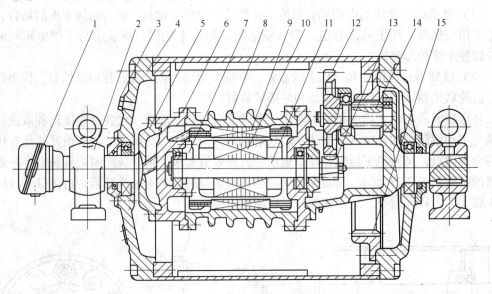

图 7-28　油冷式电动滚筒

1—接线盒；2—支座；3—油塞；4—端盖；5—法兰盘；6—电动机端盖；7—内盖；8—电动机外壳；
9—电动机定子；10—电动机转子；11—电动机轴；12，13，14—齿轮；15—内齿轮

（5）可控启动装置：对带式输送机实现可控启动有多种方式，大致可分为两大类：一类是用电动机调速启动；另一类是用鼠笼式电动机配用机械调速装置对负载实现可控启动和减速停车。

电动机调速启动可用绕线式感应电动机转子串电阻调速、直流电动机调速、变频调速即可控硅调压调速等多种方式。机械调速装置有调速型液力耦合器、CST 可控启动传输及液体黏滞可控离合器三种。

（6）驱动装置的布置：驱动装置的布置按电动机数目分为单电动机驱动和多电动机驱动；按传动滚筒的数目分为单滚筒驱动和多滚筒驱动。图 7-29 所示为 DX 型钢丝绳芯带式

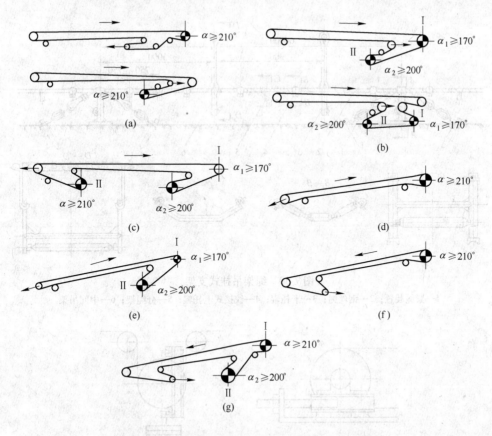

图 7-29 DX 型钢丝绳芯带式输送机的典型布置方式
（a）单滚筒传动（水平输送）；（b）双滚筒传动（水平输送）；（c）三滚筒传动（水平输送）；
（d）单滚筒传动（向上输送）；（e）双滚筒传动（向上输送）；
（f）单滚筒传动（向下输送）；（g）双滚筒传动（向下输送）

输送机的典型布置方式。

7.2.2.4 机架

机架是用于支承滚筒及承受输送带张力的装置，它包括机头架、机尾架和中间架等。各种类型的机架结构不同。

井下用便拆装式带式输送机中，机头架、机尾架做成结构紧凑、便于移置的构件。中间架则是便于拆装的结构，有钢丝绳机架、无螺栓连接的型钢机架两种。钢丝绳机架如图7-30 所示。

7.2.2.5 拉紧装置

拉紧装置的作用在于使输送带具有足够的张力，保证输送带和传动滚筒之间产生摩擦力使输送带不打滑，并限制输送带在各托辊间的垂度，使输送带正常运行。常见的几种拉紧装置如图 7-31 所示。

（1）螺旋拉紧装置：螺旋拉紧装置如图 7-31（a）所示，拉紧滚筒的轴承座安装在活动

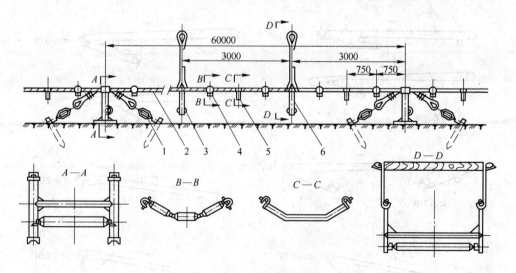

图 7-30 绳架吊挂式支架

1—紧绳装置；2—钢丝绳；3—下托辊；4—铰接式上托辊；5—分绳架；6—中间吊架

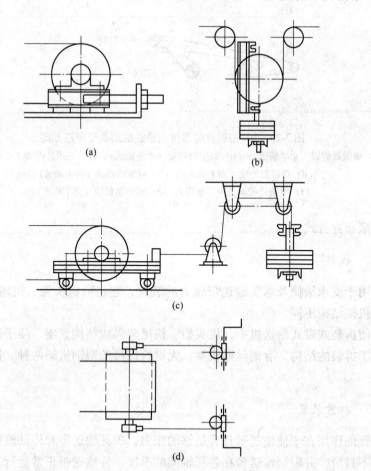

图 7-31 常见的几种拉紧装置

（a）螺旋拉紧装置；（b）垂直拉紧装置；（c）重锤式拉紧装置；（d）钢丝绳绞车拉紧装置

架上，活动架可在导轨上滑动。螺杆旋转时，活动架上的螺母跟活动架一起前进和后退，实现张紧和放松的目的。这种拉紧装置只适用于机长小于80m的短距离输送机。

（2）垂直式和重锤车式拉紧装置：垂直式和重锤车式拉紧装置都是利用重锤自动拉紧，其结构原理如图7-31(b)和(c)所示。这两种拉紧装置拉力恒定，适用于固定式长距离输送机。

（3）钢丝绳绞车式拉紧装置：这种拉紧装置是利用小型绞车拉紧，其结构原理如图7-31(d)所示。其因体积小，拉力大，所以广泛应用于井下带式输送机。

（4）YZL系列液压绞车自动拉紧装置：YZL系列液压绞车自动拉紧装置如图7-32所示，这种自动拉紧装置结构紧凑，绞车不须频繁动作，拉紧力传感器不怕潮湿和泥水的影响，工作可靠。

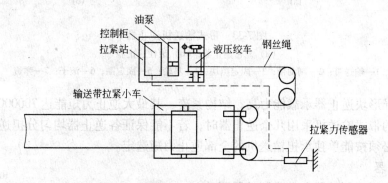

图 7-32 YZL型液压绞车自动拉紧装置

7.2.2.6 制动装置

带式输送机用的制动装置有逆止器和制动器。逆止器是供向上运输的输送机停车后限制输送带倒退用；制动器是供向下运输的输送机停车用，水平运输若需要准确停车或紧急制动，也应装设制动器。

A 逆止器

逆止器有多种，最简单的是塞带逆止器，如图7-33(a)所示。输送带向上正向运行时，制动带不起制动作用。输送带倒行时，制动带靠摩擦力被塞入输送带与滚筒之间，因制动带的另一端固定在机架上，依靠制动带与输送带之间的摩擦力制止输送带倒行。制动摩擦力的大小决定于制动带塞入输送带与滚筒之间的包角及输送带的张力。塞带逆止器的优点是结构简单，容易制造，缺点是必须倒转一段距离才能制动，而输送带倒行将使装载点堆积洒料。由于塞带制动器的制动力有限，故只适用于倾角和功率不大的带式输送机。

滚柱逆止器如图7-33(b)所示。星轮装在双端输出减速器的外端，与输送带滚筒同向旋转。向上运输时，星轮切口内的滚柱位于切口的宽侧，不妨碍星轮在固定圈内转动；停车后，输送带倒转时，星轮反向转动，滚柱挤入切口的窄侧，滚柱愈挤愈紧，将星轮楔住。滚筒被制动后不能旋转。这种逆止器的空行程小，动作可靠。在老式TD型带式输送机中已系列化，有定型产品供选用。但这种逆止器的最大逆止力矩已不能满足大型带式输送机的需要。

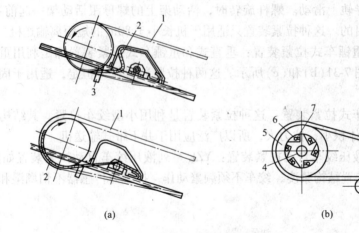

图 7-33　带式输送机逆止器

（a）塞带逆止器；（b）滚柱逆止器

1—输送带；2—制动带；3—固定挡块；4—星轮；5—固定圈；6—滚子；7—弹簧

新式的异形块逆止器承载能力高，结构紧凑，其最大逆止力矩能达 700000N·m。

多驱动的带式输送机采用几个逆止器时，若不能保证各逆止器均匀分担逆止力矩，每个逆止器都必须按能单独承担输送机的全部逆止力矩选定。

B　制动器

制动器有闸瓦制动器和盘式制动器两种。

闸瓦制动器通常采用电动液压推杆制动器，如图 7-34 所示。制动器装在减速器输入轴的制动轮联轴上，闸瓦制动器通电后，由电-液驱动器推动松闸。失电时弹簧抱闸，制动力是由弹簧和杠杆加在闸瓦上的。这种制动器有定型系列产品。闸瓦制动器的结构紧凑，但制动副的散热性能不好，不能单独用于下运带式输送机。

图 7-35 所示是安装在电动机与减速器之间的一套制动装置，称为盘式制动器。其中图 7-35（a）所示是总体布置，图 7-35（b）所示是盘式制动器。盘式制动器由制动盘、制动缸和液压系统组成。制动缸活塞杆端部装有闸瓦，制动缸成对安装在制动盘两侧，闸瓦靠制动缸内的碟形弹簧加压，用油压松闸或调节闸瓦压力。液压系统如图 7-36 所示，由电磁比例溢流阀按控制信号调节进入制动缸的油压。

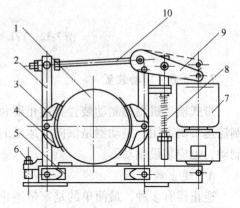

图 7-34　电动液压推杆制动器

1—制动轮；2—制动臂；3—制动瓦衬垫；4—制动瓦块；5—底座；6—调整螺钉；7—电液驱动器；8—制动弹簧；9—制动杠杆；10—推杆

7.2.2.7　清扫装置

清扫装置是供卸载后的输送带清扫表面黏着物之用。最简单的清扫装置是刮板式清扫器，如图 7-14 中的 8 所示，是用重锤或弹簧使刮板紧压在输送带上。此外，还有旋转刷、

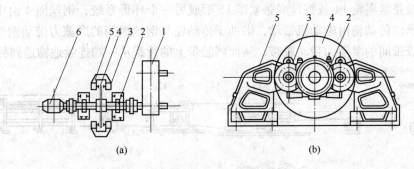

图 7-35　盘式制动器
1—减速器；2—制动盘轴承座；3—制动缸；4—制动盘；5—制动缸支座；6—电动机

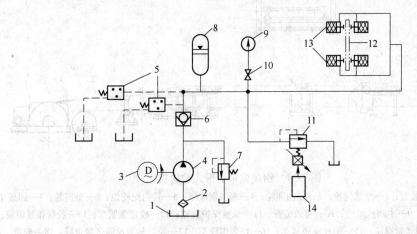

图 7-36　盘式制动器液压系统
1—油箱；2—过滤器；3—电动机；4—泵；5—压力继电器；6—单向阀；7—溢流阀；8—蓄压器；
9—压力表；10—压力表开关；11—电磁比例溢流阀；12—制动盘；13—制动缸；14—控制信号源

指状弹性刮刀、水力冲刷、振动清扫等。采用哪种装置，视所运物料的黏性而定。

输送带的清扫效果，对延长输送带的使用寿命和双滚筒驱动的稳定运行有很大影响，在设计和使用中都必须给予充分的注意。

7.2.2.8　装载装置

装载装置由漏斗和挡板组成。对装载装置的要求是：当物料装在输送带的正中位置时，应使物料落下时能有一个与输送方向相同的初速度；当运送物料中有大块时，应使碎料先落入输送带垫底，大块物料后落入输送带，以减轻对输送带的损伤。

7.2.3　其他带式输送机

7.2.3.1　钢丝绳牵引带式输送机

钢丝绳牵引带式输送机是一种强力带式输送机。这种输送机的特点是以钢丝绳作为牵引机构，胶带只起承载作用，不承受牵引力。钢丝绳牵引带式输送机如图 7-37 所示。胶带 18 自由落地搭在两根并行钢丝绳上，通过两端换向滚筒形成环形系统。而钢丝绳 4 经过传动轮 2 及张紧绳轮 14 或钢丝绳张紧车 15 形成另一个环形系统，钢丝绳 4 由中间拖绳轮组 9 来支承。传动轮由电动机带动，借助于传动轮与钢丝绳间的摩擦力带动钢丝绳，通过钢丝绳与胶带间的摩擦力带动胶带，从而将胶带上的货载从一端连续地输送到另一端。

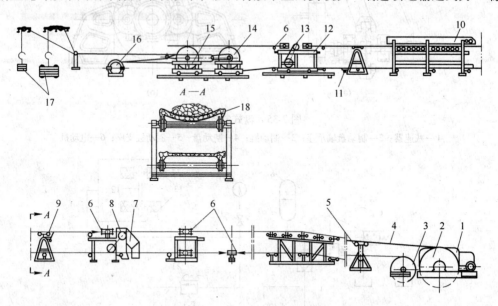

图 7-37　钢丝绳牵引带式输送机

1—钢丝绳驱动装置；2—摩擦绳轮；3—导向绳轮；4—牵引钢丝绳；5—转向绳轮组；6—分绳轮；7—卸载斗；

8—卸载滚筒；9—中间拖绳轮；10—装载装置；11—机械保护装置；12—胶带张紧车；13—胶带张紧滚筒；

14—钢丝绳张紧绳轮；15—钢丝绳张紧车；16—拉紧用绞车；17—胶带和钢丝绳张紧重锤；18—胶带

为了保证钢丝绳具有一定的张力，并使钢丝绳的垂度不超过规定限度，在机尾设有钢丝绳张紧重锤 17。为了拉紧胶带，设有胶带的张紧重锤 17。

分绳轮的作用是在胶带的换向滚筒处将两根平行的钢丝绳间距加大，以使胶带换向时能从两根钢丝绳中间通过。分绳轮有平面分绳轮和立面分绳轮两种。平面分绳轮在胶带张紧车 12 的上部或胶带前，改向滚筒附近，立面分绳轮在机头卸载滚筒 8 的后部。立面分绳轮是一个向外倾斜的歪轮，钢丝绳张紧车的绳轮也是向外倾斜的歪轮。

钢丝绳牵引带式输送机与普通带式输送机相比较，其优点是：

（1）输送距离长，输送能力大。由于胶带只作承载机构，不作牵引机构，胶带所受张力较小，因此输送距离长。国内输送机输送距离已达 2.6km，输送能力已达 1000t/h。

（2）功率消耗少。因牵引钢丝绳支承在托绳轮上，故其运行阻力较小，所以降低了电动机功率消耗。

（3）运行平稳。因胶带本身有横向钢条，故刚性好，在胶带下面又有钢丝绳支撑，胶带运行平稳物料撒落情况减少。

（4）由于单机长度大，转载次数少，操作简单，故便于实现自动化。

其主要缺点是：

（1）设备费用和基建投资高。因为传动装置复杂，且体积大，在井下需占很大的硐室。

（2）胶带工艺复杂，制造成本高，而且有些矿井胶带使用寿命较短。

（3）钢丝绳和托绳轮的寿命短，因而换绳工作量和托绳轮维修工作量很大。

7.2.3.2 中间多驱动带式输送机

中间多驱动带式输送机是长距离带式输送机的一种形式，它是在长距离的机身中。间隔一定距离设置一台短的驱动带，如图 7-38 所示。每条驱动带有自己的驱动装置和拉紧装置。驱动带运行时，依靠它与主输送带之间的摩擦力，带动主输送带运行。还可以在主输送带的两端也设置驱动装置直接带动主输送带。一台这种驱动方式的输送机能达到的运输距离，从原理上讲是没有限制的，只是在多台分散的驱动装置之间，难以保持同步运转。

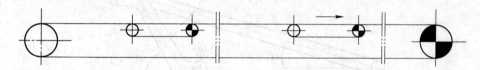

图 7-38 中间多驱动带式输送机

这种输送机的优点是把牵引力分散到各中间驱动部位，使主输送带所受的张力大为降低，在长运距中，可采用低强度的输送带，使初期投资降低。在运输距离分散加长的场合采用这种输送机，可随运距的加长逐渐增加驱动装置，避免在初期设置大功率的驱动装置。

7.2.3.3 圆管式胶带输送机

圆管式胶带输送机是用托辊逐渐把胶带逼成管形，其他部分如滚筒、张紧装置、驱动装置和普通胶带输送机的结构相同。其结构原理如图 7-39 所示。

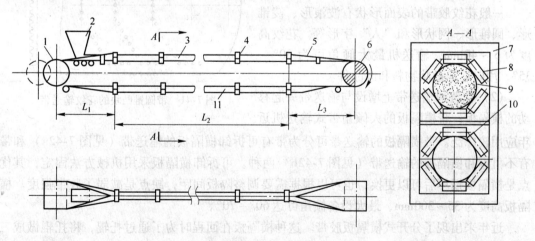

图 7-39 圆管式胶带输送机的原理

1—尾部滚筒；2—加料口；3—有载分支；4—六边形托辊；5—卸料区段；6—驱动滚筒；
7—结构架；8—托辊；9—物料；10—无载分支；L_1，L_3—过渡段；L_2—输送段

从尾部滚筒到皮带卷成管形这段距离称为过渡段，加料口一般设在过渡段之间，在过

渡段后胶带变成圆管形。在输送段皮带同物料一起稳定运行，当达到卸料区段后，胶带同物料一起又从圆管形变成槽形，而到头部滚筒胶带变为平形。在空段（或称回程段）也是如此。有的圆管式运输机上部是圆管形，下部是平形。

由于圆管式胶带输送机物料形成封闭运输，因而减少了环境污染，也减小了占地面积，并能任意转弯和增大物料运输角度。

7.2.3.4　大倾角带式输送机

使用大倾角带式输送机既可减少占地面积又能节省运输费用。实践证明，用大倾角输送机可缩短运距 1/3 ~ 1/2，如图 7-40 所示，既缩短了基本建设周期，又减少了投资。

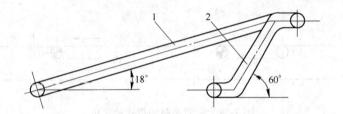

图 7-40　倾角不同的两种运输机械所占面积比较
1—普通带式输送机；2—大倾角带式输送机

大倾角输送机能在超临界角度的情况下运送物料。通常用下面几种措施可使物料不下滑也不向外撒。

（1）增加物料对输送带表面的摩擦力：采用具有花纹的胶带，如图 7-41 所示，具有花纹的胶带表面形状为圆锥凸块。凸块高度为 25mm，运矿时倾角可达 25°。

一般花纹胶带的表面形状有波浪形、棱锥形、圆锥形、网状形和"人"字形等。花纹高度为 5 ~ 40mm，输送机最大倾角可为 30° ~ 35°，用以运送散状物料和成品件。

（2）在普通输送带上增设与输送带一起移动的横隔板：带横隔板的大倾角带式输送机近

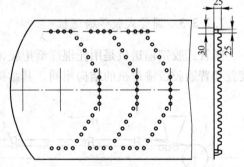

图 7-41　带圆锥凸块的花纹输送带

年应用较广泛。带横隔板的输送带可分为带有可拆卸横隔板的输送带（见图 7-42a）和带有不可拆卸横隔板的输送带（见图 7-42b）两种。可拆卸横隔板采用机械方法固定，其优点是横隔板损坏后可以更换，也可以根据需要调整隔板间距，缺点是减弱了胶带强度。横隔板高度为 35 ~ 300mm，最大设备倾角可达 60° ~ 70°。

近年来出现了分开式横隔板胶带。这种横隔板在回程时为了通过托辊，将托辊做成三个盘形，中间盘形托辊正好通过两块隔板中间。其具体结构如图 7-43 所示。

为了提高输送机的输送能力，产生了一种具有侧挡边和横隔板的大倾角胶带输送机。这种胶带输送机如图 7-44 所示，其输送能力为原来的 1.5 ~ 2 倍，设备倾角可达 60°。这种输送机的缺点是输送带清扫困难，所以不适于运输黏性物料。

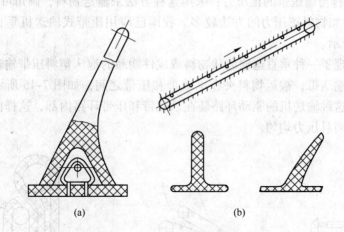

图 7-42 带横隔板的输送带

（a）可拆卸的横隔板；（b）不可拆卸的横隔板

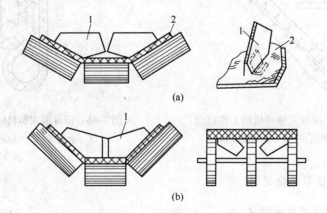

图 7-43 分开式横隔板原理图

（a）空载时；（b）装载时

1—横隔板；2—输送带

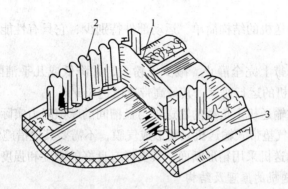

图 7-44 带侧挡边和横隔板的输送带

1—横隔边；2—波形挡边；3—导向边部

（3）增加物料与输送带的正压力：采用这种方法来输送物料，倾角可达 90°，带速可达 6m/s。这种增加物料正压力的方法较多。我国已应用压带式输送机垂直运输物料和行包，如图 7-45 所示。

近年来，出现了一种垂直运输散状物料或成件物品的泡沫塑料压带输送机。这种输送机具有海绵状的输送带，被运物料夹在承载带和压带之间，如图 7-46 所示，它可在任意角度运输货物。这种输送机的驱动环路装在承载带和压带环路内部，这样能保证承载带和压带整个接触，而且压力均匀。

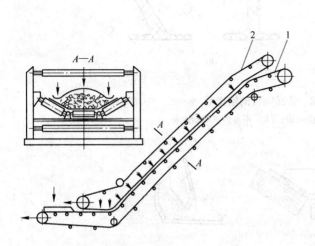
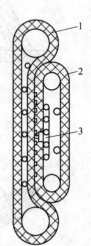

　　图 7-45　压带式输送机的工作原理　　　图 7-46　带有泡沫塑料输送带大倾角输送机
　　　1—输送带；2—辅助输送带　　　　　　　1—承载带；2—压带；3—驱动环路

7.2.3.5　气垫带式输送机

A　气垫带式输送机的特点

气垫带式输送机是将通用带式输送机的支承托辊去掉，改用设有气室的盘槽。由盘槽上的气孔喷出的气流在盘槽和输送带之间形成气膜，变通用带式输送机的接触支承为形成气膜状态下的非接触支承，从而显著地减少了摩擦损耗。理论和实践证明：气垫带式输送机具有下述特性：

（1）气垫带式输送机的结构简单，运动部件特别少，它具有性能可靠和维修费用较低等优点。

（2）物料在输送带上完全静止，减少了粉尘，并降低或几乎消除了运行过程中的振动，有利于提高输送机的运行速度，其最高带速已达 8m/s。

（3）在气垫带式输送机上负载的输送带与盘槽间的摩擦阻力实际上和带速无关，一台长距离的静止的负载气垫带式输送机只要形成气膜，不需要其他措施便能立即启动。

（4）气垫带式输送机采用箱形断面，其支撑有良好的刚度和强度，且易于制造。

B　气垫带式输送机的原理及结构

气垫带式输送机的结构原理如图 7-47 所示。输送带 5 围绕改向滚筒 7 和驱动滚筒 1 运行，输送机的承载带的支体是一个封闭的长形气箱 6。箱体的上部为槽形，承载带由气膜支承在槽里运行，输送带的下分支采用下托辊9支承，但从原理上讲可以和上分支一样用气膜支承。鼓风机10产生所需要的压力空气，空气送入作为承载架的气箱，压力空气沿气箱纵向散布，并通过气孔8进入槽面，从小孔流出的压力空气在输送带与盘槽之间的非接触支撑，使摩擦损耗显著降低，从而使输送机的运行性能得到很大改善。

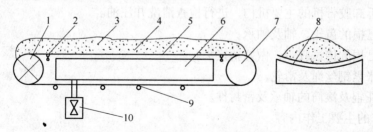

图7-47　气垫带式输送机结构原理

1—驱动滚筒；2—过渡托辊；3—物料；4—气膜；5—输送带；6—气箱；

7—改向滚筒；8—气孔；9—下托辊；10—鼓风机

7.2.4　胶带运输机的日常维护

7.2.4.1　日常维护内容

（1）开车前要检查输送机和胶带是否成一直线，机头和机尾的固定是否稳妥，检修信号的作用是否灵敏及安全可靠。

（2）检查所有供电电缆及接地连线是否安全可靠。

（3）检查通过传动装置的胶带运行是否正常，有无卡、磨、偏等不正常现象。

（4）检查减速器、联轴器、电动机及所有滚筒轴承的温度是否正常。

（5）检查胶带清扫器与胶带的接触是否正常并进行调整。

（6）检查各减速器及液力联轴器是否漏油。

（7）检查胶带接头是否平直良好，连接扣件是否完整无缺。

（8）检查胶带张紧车的运行情况，并清扫轨道上的物料及杂物。

（9）检查拉紧绞车钢丝绳的磨损及滑轮的运转情况。

（10）检查各润滑部位的润滑情况，并按规定及时补充润滑油。

7.2.4.2　检修制度和内容

胶带输送机的检修工作分为小修、中修和大修三种制度，小修工作每2~3个月进行一次，中修工作每12个月进行一次，大修工作每24个月进行一次。各种检修工作的具体工作内容如下。

（1）小修的主要工作内容。

1）全面检查和清扫胶带机的机架、传动装置、储带装置以及其他各转动部分。

2）详细检查各托辊及滚筒的运转情况，并校正支承架的变形。

3）检查机身及各部件的固定情况，拧紧各部位的连接螺栓。

4）检查减速箱内的齿轮啮合情况及轴承的磨损情况。

5）检查张紧车及滑轮的润滑情况，并添加润滑油。

6）检查拉紧钢丝绳的磨损情况，涂油并校正扭曲现象。

（2）中修的主要内容。

1）完成小修的全部工作内容。

2）部分拆卸胶带机的主要机构，进行检查清洗并注油。

3）更换已损的齿轮、轴及轴承。

4）更换已损的传送胶带，做好新接头。

5）更换张紧钢丝绳及滑轮。

6）更换托辊及滚筒的轴承及密封件。

（3）大修的主要工作内容。

1）完成中修的全部工作内容。

2）全部拆卸胶带机的各部件，彻底进行检查和清洗，更换已损零件。

3）各部位全部更换润滑油。

4）解体各拖动电机，并进行清洗和彻底修理。

5）校正机身、胶带架及辊子支承架的变形。

6）对全机进行调直和刷漆。

7）进行整机性能测试。

7.2.5　国内外发展概况

我国大中型冶金露天矿山的开拓运输方式主要是以汽车或铁路为主。据统计，目前我国大型深凹露天矿的矿山成本中，运输费用占 40% ~60%，并且随着开采深度增加，运输距离加大，矿石运输成本不断加大。因此，推广应用高强度胶带输送机对于我国露天矿山的发展具有十分重要的意义。

钢绳芯胶带输送机是高强度胶带输送机中最主要的一种，其胶带承载截面凹成槽形，大大增加了运载能力，是 20 世纪 50 年代兴起的新型运输设备。我国于 1966 年设计和生产钢绳芯胶带，并于 1970 年在凤凰山煤矿成功投产。随后，平顶山煤矿、宁夏白芨沟矿、昆阳磷矿等矿山亦相继使用，并且很快地发展起来。冶金矿山在新的设计中也采用钢绳芯胶带机。1978 年信阳起重运输机械研究所组织冶金、煤炭、化工、交通等各部门的设计研究院所和制造厂 13 个单位，组成了 DX 型钢绳芯胶带输送机设计组，完成了带宽 800 ~2000mm 共 7 种规格的系列产品设计工作。

在世界先进工业国家的行列里，美国和前苏联较早在露天矿山应用高强度胶带输送机。如美国的西里塔和巴格达德露天铜矿于 20 世纪 50 年代开始使用高强度胶带输送机，到 1977 年已分别发展成五条运输线。苏联于 20 世纪 50 年代初就已在克里沃罗格和米哈依洛夫露天铁矿使用钢绳牵引胶带输送机，效果良好。与铁路运输相比，矿岩运输成本降低 10% ~15%。近些年来，国外在高强度胶带输送机设备的制造方面，不断采用新材料、新工艺和新技术。目前使用的钢绳芯胶带输送机的单机最大长度为 20 ~22km，最长的运输线路为 180 ~200km，胶带纵向拉伸强度一般为 60000N/cm，较高的达到 100000N/cm，并且正在研制胶带强度为 200000N/cm 的新设备。

矿（岩）石运输距离较长、运量较大，当采用带式输送机时，均选用高强度胶带输送机：钢绳芯（又称夹钢绳芯）胶带输送机或钢绳牵引胶带输送机。这种高强度胶带输送机为新型的连续运输设备，具有运输能力大、运输距离长、运行可靠、操作简单、易于实现自动化、经济效益显著等优点，因而得到日益广泛的应用和发展。大功率、高速度和自动化是高强度输送机的发展方向。特别是深凹露天矿的运输，更适合采用高强度胶带输送机。

高强度胶带输送机也可制成移动式，用于采场内部，它与其他装载、破碎、运输设备联合使用，可组成半连续运输、连续运输系统，这也是露天矿开拓运输发展方向之一。

7.3 露天用前端装载机

7.3.1 概述

前端装载机（简称前装机）适用于露天矿山、铁路交通和农田水利等工程建设中的装载、推排土、起重和牵引等多种作业。它在小型露天矿山可用来代替挖掘机和汽车作为矿山的主要采、装、运设备；也可与汽车联合作业；在大型露天矿，配合挖掘机在复杂条件下（如选别开采、工作面尽头、爆堆分散、挖掘堑沟等）进行采装工作及其他辅助作业；也可用于坡度较大的工作面进行采、装、运联合作业。

（1）前装机作为主要采装设备：当前装机作为露天矿山的主要采装设备时，其效能取决于与汽车的布置形式和采场工作面尺寸。

（2）前装机作为装运卸设备：当前装机作为装运卸设备时，影响其生产效率的主要因素是运距和坡度。而运距和坡度参数的确定，应该综合考虑矿山生产现场和许多具体条件。

（3）前装机作为辅助设备：由于前装机一机多能，它在现代化大型露天矿的辅助作业中也得到了广泛应用。如爆岩的堆积，工作面及漏斗中不合格大块岩石的挑运、修建和维护道路，转移剥离的岩石、平整采矿场和排土场、给露天设备运送油料及备品备件等。此外，还可用于掘沟工程作业。

三十多年来，我国轮胎式装载机的研制工作进展很快，到 20 世纪末期，这种装载机已经形成系列产品，其性能参数和结构形式都达到世界同类产品水平，能够满足露天矿的选型配套要求，其共同特点是采用液力-机械传动、四轮驱动、铰接式车架及液压传动等。它们在大型露天矿山可与挖掘机配合作业，用来堆集爆破后的矿岩、清理工作面及完成台阶端部挖掘机不易作业的地方完成装载作业等。在中小型矿山，则可作为采装运联合作业设备使用，效果很好。

我国前装机有 GJ 和 ZL 两大系列：GJ 系列是矿山机械行业标准。其中 G 代表前端式装载机，J 代表铰接式，短横线后面的数字表示装载机铲斗的额定斗容（m^3）。ZL 系列是工程机械行业标准。其中 Z 代表装载机，L 代表轮胎式，数字则代表其额定载重量的 10 倍（t），如 GJ-5、ZL-5 等。另外，工程机械行业标准装载机的型号有的加 J 或 D，分别代表铰接式或地下矿用。地下矿用装载机一般称为铲运机，它也可以用在露天矿的矿岩装载及一些辅助作业中。

露天采矿用的前装机有两种基本类型：轮胎式前装机和履带式前装机。露天矿用轮胎式前装机的优点有：（1）轮胎式前装机行走速度快，工作循环时间短，装载效率高。

（2）轮胎式前装机的重量轻。（3）轮胎式前装机爬坡能力强，机动灵活性好，可在挖掘机不允许的斜坡工作面上进行装载作业。（4）轮胎式前装机调度方便，一机多能，在采装作业中可有效地进行铲、装、运、推、排和堆集等多项作业；在中小型矿山可取代电铲和汽车。

露天矿用轮胎式前装机的缺点有：（1）轮胎式前装机比挖掘机挖掘能力小，当爆破质量不好、大块较多时，其工作效率将明显降低。（2）与挖掘机相比前装机的工作机构尺寸较小。（3）前装机的轮胎磨损较快，使用寿命较短。

履带式前装机的牵引力和铲取力较大，越野和爬坡等性能较好，但它速度低、不灵活，转移作业地点有时需要拖车，施工成本较高。因此，露天矿山很少采用履带式。

7.3.2　前装机的结构

前装机由工作机构、液压系统、行走机构组成。

图 7-48 为我国生产的 ZL 系列露天前端式装载机。它主要由柴油发动机 1、液力变矩器 2、行星变速箱 3、驾驶室 4、车架 5、前后桥 6、转向铰接装置 7、车轮 8 和工作机构 9 等部件组成。它采用了液力-机械传动系统，动力从柴油机经液力变矩器、行星变速箱、前后传动轴、前后桥和轮边减速器从而驱动车轮前进。

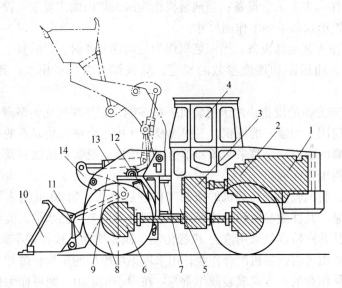

图 7-48　ZL 系列前端式装载机

1—柴油发动机；2—液力变矩器；3—行星变速箱；4—驾驶室；5—车架；6—前后桥；7—转向铰接装置；
8—车轮；9—工作机构；10—铲斗；11—动臂；12—举升油缸；13—转斗油缸；14—转斗杆件

7.3.3　前装机的工作机构

前装机的工作装置是铲装、卸载的机构，如图 7-49 所示，它包括铲斗 1、动臂 2、举升油缸 6、转斗油缸 5、转斗杆件及其操纵液压系统等。

（1）铲斗。前装机的铲斗除作装卸的工具外，运输时还兼作车厢，所以容积较大。前装机铲斗的卸载方式主要有倾翻式（见图 7-50）和底卸式（见图 7-51）两种。

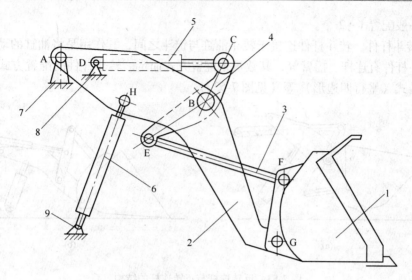

图 7-49　前装机工作装置结构

1—铲斗；2—动臂；3—连杆；4—摇杆；5—转斗油缸；6—举升油缸；
7—动臂支座；8—转斗油缸支座；9—举升油缸支座

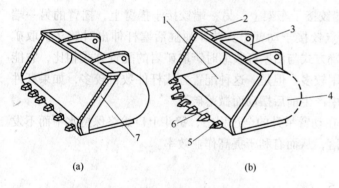

图 7-50　倾翻式铲斗

（a）直线型斗刃；（b）"V"型斗刃

1—斗底；2—防溢板；3—斗耳；4—侧板；
5—斗齿；6—斗刃；7—侧刃

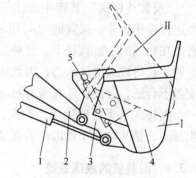

图 7-51　底卸式铲斗

Ⅰ—未卸载状态；Ⅱ—卸载状态；
1—转斗油缸；2—动臂；3—铲斗
托架；4—铲斗；5—开斗油缸

（2）动臂。动臂是铲斗的支撑和升降机构，一般有左右两个（小型装载机可设一个）。动臂的一端铰接于车架上，另一端铰接在铲斗上。动臂多做成曲线形状，使铲斗尽量靠近前轴（见图 7-52）。

（3）举升油缸和转斗油缸。举升油缸的作用是使动臂连同铲斗实现升降以满足铲装和卸料的要求。举升油缸活塞杆铰接于动臂上，另一端油缸则铰接于机架上。一般是一个动臂配置一个举升油缸。

转斗油缸的作用是使铲斗绕着其与动臂的铰接点上下翻转，以满足铲装的卸料要求。

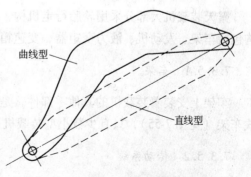

图 7-52　动臂结构形式

转斗油缸一般配置 1~2 个。

（4）转斗杆件。转斗杆件连接于转斗油缸与铲斗之间，其作用是将油缸的动力传递给铲斗。转斗杆件有连杆、摇臂等，其数量依配置方式而定。转斗杆件的配置方式有反转连杆式和正转式（平行四边形）等（见图 7-53）。

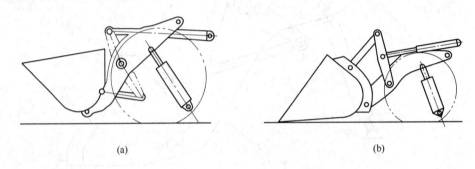

              （a）   （b）

图 7-53 　反转连杆与正转连杆的结构
（a）反转式（转斗连杆与动臂交叉，铲斗与摇杆转动方向相反）；
（b）正转式（转斗连杆在动臂上方，铲斗与摇杆转动方向相同）

"反转连杆式"其转斗油缸一端铰接于车架上，另一端铰接于摇臂上，摇臂的另一端经连杆连于铲斗。摇臂的中间回转点铰接于动臂上。转斗油缸活塞杆伸出时铲斗铲取矿岩。在相同的油缸直径下，这种配置方式与活塞杆收缩时铲取矿岩的配置方式相比，它能使铲斗获得较大的铲取力，因此应用较多。但是，这种配置方式杆件数目较多，如果杆件配置不合适，会使铲斗在举升过程中产生前后摆动而撒落矿石。

正转式（平行四边形）配置，在动臂举升的全过程中，铲斗上口始终保持水平而不发生摆动，铲斗物料不致因举升而撒落，从而有利于提高作业效率。

7.3.4 前装机的液压系统

图 7-54 所示为 ZL 50 型装载机的工作机构液压系统。它由油箱、油泵、多路换向阀、单向顺序阀、举升油缸和转斗油缸等组成。通过操纵多路换向阀完成动臂的升降和铲斗的翻转动作。

7.3.5 前装机的行走机构

露天装载机大部分采用轮胎行走机构，只有少数采用履带式行走机构。轮胎式行走机构包括车架、发动机、液力变矩器、变速箱、驱动桥、行走轮、转向装置和制动装置等。

7.3.5.1 车架

车架上安装着装载机的其他零部件，是装载机的主架。前端式装载机大部分采用铰接式车架（见图 7-55），只有少数小型装载机采用整体式刚性车架。

7.3.5.2 传动系统

露天前端式装载机采用的传动方式一般有液力机械式、静液压式和电传动式三种，单

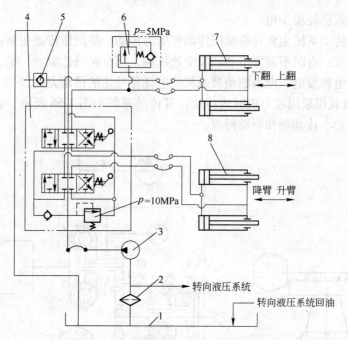

图 7-54　ZL 50 型装载机工作装置液压系统
1—工作油箱；2—过滤器；3—齿轮油泵；4—多路换向阀；5—单向阀；6—单向顺序阀；
7—转斗油缸；8—举升油缸

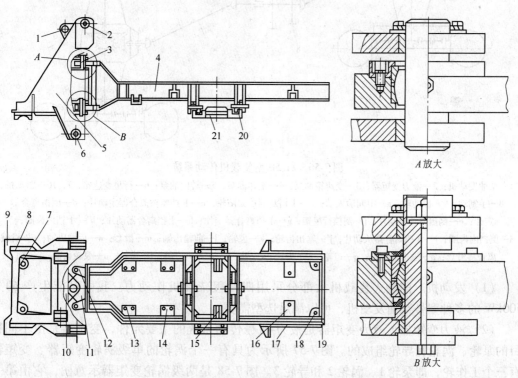

图 7-55　铰接式车架
1—转斗缸耳座；2—动臂耳座；3—铰接销轴；4—后车架；5—车架侧板；6—举升缸耳座；7—转向耳座；
8—前板；9—底板；10—铰接座；11—铰接架；12—转向缸耳座；13—变速箱支架；14—变矩器支架；
15—发动机前支架；16—发动机后支架；17—配重支架；18—连接板；19—后梁；20—轴销；21—悬架

纯的机械传动方式已经很少用。

其他类型的传动系统主要有静液压传动和电力传动。静液压传动主要由液压泵、操纵阀、液压马达组成，有时不需要传动轴和变速机构，用车轮马达驱动。电力传动一般是采用柴油机带动发电机发电，电力驱动装载机的电动轮马达的传动方式。

ZL 系列的装载机采用液力机械式传动，其传动系统如图 7-56 所示，包括发动机、液力变矩器、变速箱、传动轴和驱动桥等。

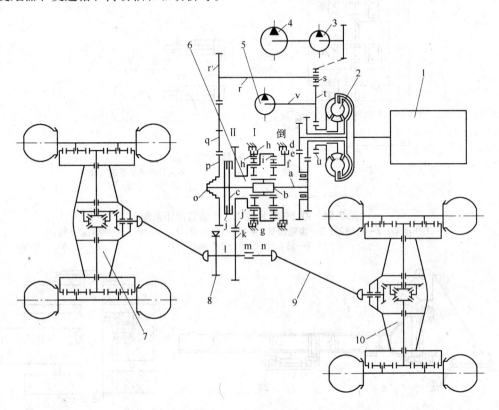

图 7-56　ZL 50 型装载机传动系统

1—柴油发动机；2—液力变矩器；3—变速箱油泵；4—工作油泵；5—转向油泵；6—行星变速箱；7，10—驱动桥；
8—手制动；9—传动轴；a—中间输入轴；b—Ⅰ挡及倒挡太阳轮；c—Ⅱ挡摩擦离合器主动片；d—倒挡离合器
定片；e—倒挡离合器动片；f—倒挡行星架；g—Ⅰ挡离合器定片；h—Ⅰ挡离合器动片；h′—Ⅰ挡内齿圈；
i—倒挡内齿圈；j—Ⅱ挡离合器从动片；j′—输出齿轮；k—齿轮；l—前输出轴；m—滑套；n—后输出轴；o—机械
离合器滑套；p—输出轴齿轮；q—齿轮；r′—齿轮；r—轴；s—超越离合器；t—齿轮；u—泵轮齿圈；v—轴

（1）发动机。前端式装载机大部分采用四冲程柴油机作动力。我国已能生产 60 ~ 500kW 的多种型号柴油发动机，可以满足选型需要。

（2）液力变矩器。液力变矩器是液力-机械传动系统的主要元件，变矩器是由不同数目的泵轮、涡轮和导轮组成的。图 7-57 所示为具有一个涡轮的单级涡轮变矩器。变矩器有三个工作轮，即泵轮 1、涡轮 2 和导轮 3。图 7-58 是两级涡轮变矩器示意图，它由第一涡轮 1、第二涡轮 4、导轮 3 和泵轮 2 等组成。

（3）行星变速箱。ZL 系列装载机的变速箱采用行星变速箱，如图 7-56 所示。它由变速装置、前后桥驱动转换装置及拖发动装置等组成。动力经两级液力变矩器、超越离合器

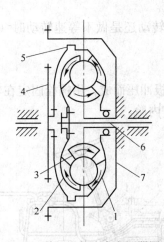

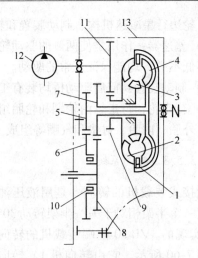

图 7-57 单级涡轮液力变矩器原理

1—泵轮；2—涡轮；3—导轮；4—弹性连接板；

5—罩轮；6—输出轴；7—壳体

图 7-58 两级涡轮液力变矩器

1—第一涡轮；2—泵轮；3—导轮；4—第二涡轮；

5，6，7，8，9，11—齿轮；10—超越离合器；

12—转向油泵；13—壳体

输入行星变速箱。

（4）传动轴。传动轴的作用是传递动力。它由空心钢管、伸缩节和万向节组成。伸缩节的作用是适应车辆在行驶中因轮轴上下跳动而使传动轴伸长或缩短的需要，以免损坏机件。万向节的作用是使传动轴在一定角度范围内仍能很好地传递动力，以适应车辆在转向或桥轴上下跳动（弹性悬挂时）等工作要求。

（5）驱动桥。图 7-59 是 ZL 系列装载机驱动桥结构图，它主要由桥壳、主传动器、差

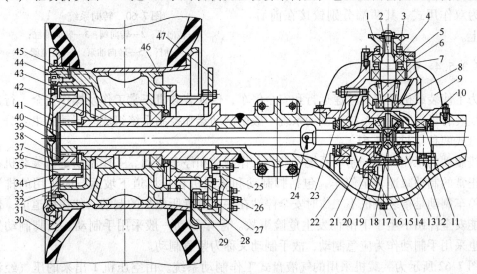

图 7-59 装载机驱动桥结构

1—输入法兰；2—主动螺旋伞齿轮轴；3—油封；4，8，11，29，42—轴承；5—轴承套；6—调整垫片；
7—轴套；9—托架；10—调整螺母；12，14—螺栓；13—差速器右壳；15—半轴齿轮；16—大螺旋伞齿轮；
17—放油塞；18—十字轴；19—差速器左壳；20—行星锥齿轮；21—驱动半轴；22—桥壳；23—止推螺旋；
24—透气管；25—盘式制动器座；26—油封；27—制动块；28—连接套；30—轮胎；31—轮壳轮网总成；
32—行星轮架；33—内齿盘；34—垫片；35—行星齿轮轴；36—钢球；37—滚针轴承；38—行星齿轮；
39—太阳轮；40—挡圈；41—端盖；43，45—O 形密封圈；44—气门总成；46—轮壳；47—制动盘

速器、轮边行星减速机构、制动装置和轮胎等部分组成。

1）差速器：作用是使两侧的驱动轮无论是做等速转动还是做不等速转动时（转弯或路面高低不平）均能保证正常的驱动。

2）制动装置：前后驱动桥均装有工作制动装置。

3）行走轮：行走轮由轮辋和轮胎组成。轮辋由钢板冲压而成，用螺栓固定在轮毂上。轮胎由外胎、内胎、衬垫和气嘴等组成。有的轮胎没有内胎。

7.3.5.3　转向系统

铰接式装载机的转向，是用液压油缸推动其一个半架相对于另一半架转动30°~50°来实现的。ZL 50 前端装载机的转向系统如图 7-60 所示。它由转向机 1、转向阀 2、转向油缸 3、随动杆 4、转向油泵 5 和溢流阀 6 等主要部件组成。

转向机 1 为螺杆螺母循环球式。它的下端串联着转向阀 2，转向机的转向螺杆与转向阀芯连为一体，司机操纵方向盘使转向螺杆旋转而使转向阀芯上下移动，实现对转向阀的控制。在其他型号的前端装载机中，有的将转向机与转向阀分开布置或将转向阀与转向油缸合为一体。转向油缸 3 为双作用式，其两端分别铰接在前后车架上。

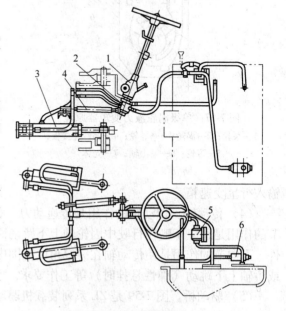

图 7-60　转向系统
1—转向机；2—转向阀；3—转向油缸；
4—随动杆；5—转向油泵；6—溢流阀

7.3.5.4　制动系统

为了使装载机能实现减速运行和安全停车，保证装载机正常工作及操作安全，行走装置必须装有可靠的制动系统。制动系统一般由制动器和控制系统组成。制动器主要分为蹄式和盘式两种（见图 7-61）。

按制动的工作性质，制动系统可分为工作制动和停车制动。工作制动是指装载机在运行中正常的制动减速直至停车，包括脚制动和装载机在长坡道下坡运行时采用的排气制动。停车制动是指装载机不工作时安全停站在一定位置所施加的制动，如在坡道上，使装载机能安全停站不至于下滑而发生危险事故。停车制动一般采用手制动。当脚制动失灵时，也采用手制动作为应急制动，故手制动又称为紧急制动。

图 7-62 所示为装载机采用的气液盘式工作制动系统。由空压机 1 出来的压气经油水分离器 11 处理后，进入储气筒 9，保持 0.7MPa 的气压。制动时，脚踩刹车控制阀 8，压力进入加力罐 7，由加力罐的总泵产生的高压油分别输入前后桥制动器上的油缸 6 内，并顶出活塞，刹住制动盘。加力罐 7 实质上是一个加力器，其作用是将 0.7MPa 的气压转换为 15MPa 以上的油压，并利用高压油进行制动，增加制动力矩。装载机作业时，手开关 4 应处在接通位置，压气通入截断阀 5。刹车时，截断变速箱换挡油路，使变速箱脱开挡位。

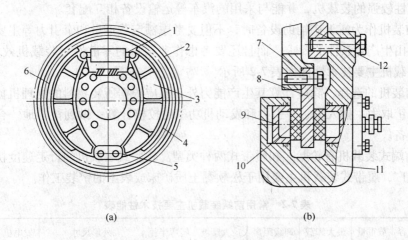

(a)　　　　　　　　　　　　　　(b)

图 7-61　装载机制动器

（a）蹄式制动器；（b）盘式制动器

1—制动分泵；2—制动盘底座；3—制动蹄；4—摩擦片；5—凸轮销；6—制动鼓；7—轮壳；
8—制动盘；9—制动活塞；10—制动衬块；11—钳体；12—桥壳

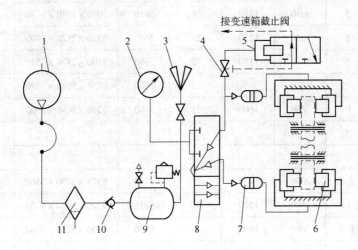

图 7-62　气液盘式工作制动系统

1—空压机；2—气压表；3—气喇叭；4—手开关；5—截断阀；6—制动器；7—加力罐；
8—刹车控制阀；9—储气筒；10—单向阀；11—油水分离器

若在装载机行驶时，则开关 4 处在关闭位置，压气不能进入截断阀 5，变速箱换挡油路畅通，刹车时，变速箱不脱开挡位。截断阀 5 的作用是以压气来控制变速箱换挡油路的开闭。

7.3.6　前装机选型注意事项

（1）选择前装机（轮胎式装载机）应以系列产品为主，并且尽量使设备型号一致，给矿山管理和维修工作提供方便，从而延长前装机的使用寿命、降低运营成本。

（2）前装机作为露天矿主要采装设备时，应进行生产能力计算。要选择铲取力和功率较大、适应性较强的装载机，并能与采用的汽车等运输设备相互配套。

（3）前装机作为露天矿辅助设备时，不但要考虑额定载重量和牵引力等主要技术性能是否适应矿山生产复杂性的要求，而且还要考虑作业项目的零散性对装载机效率的影响。常用前端装载机主要技术性能如表7-2所示。

（4）前装机的选择，除应计算其生产能力外，还应根据所装物料的物理机械性质和工作环境进行铲取力、插入力、牵引力和发动机功率的校核计算；做到科学地、合理地选用矿山生产设备。

（5）前端式装载机有轮胎式和履带式两种类型。轮胎式装载机的行走速度快，机动灵活，应用较广，履带式装载机主要用于松软黏土质矿床或表土的铲装工作。

表7-2　常用前端装载机主要技术性能表

型　号	斗容/m³	载重量/t	最大卸载高度/mm	卸载距离/mm	最大爬坡/(°)	转弯半径/mm	外形尺寸/mm×mm×mm	发电机/kW	备　注
ZL20	1	2	2630	810	25	4600	5660×2150×2700	55	
ZL40	2	4	2800	1120	28	5260	6450×2500×3170	100	
ZL50	3	5	3050	1280	28	5610	7080×2940×3370	163	
WA420	3.5	6	3000	1210	25	5650	8320×2820×3400	167	
ZLM60	3.5	6	3010	1150	30	5960	8100×2870×3550	162	轮胎行走
WA470	3.9	7	3070		25	5820	8850×3010×3490	214	
QJ-5	5	10	3600	1600	25	7480	9360×3660×3900	296	
ZL50C-Ⅱ	3	5			25			162	
ZL30J	1.7	3			25			88	
966D	3.1	5.5	2690	1416	25	6700	8378×3090×3560	150	美国
72-71	4.9	10	3500	1500	30	8010	9200×3480×4030	248	美国
KLD100	5	8.8	3600	1600	25	6750	9400×3250×4000	310	日本
475B	7.6	13.6	4160	1750	30	9040	11890×3900×5020	452	美国
992C	10	18.4	4170	3300	30	9910	13080×4750×5490	530	美国

7.3.7　前装机的日常维护

7.3.7.1　前装机的定期保养

前装机的定期保养分为例行保养、一级保养及二级保养。

（1）例行保养。例行保养在交接班时进行，一般停机1h。保养工作内容包括：

1）清扫机体和齿轮箱盖上的泥沙、粉尘和油污。

2）检查和清扫滤清器和电瓶。

3）清除所有油杯盖、加油嘴、活动销轴、花键轴及凸轮等处的泥沙和灰尘。

4）排除风包和油水分离器等处的积水和油污。

5）检查所有连接件和紧固件有无松动、裂纹和密封不严等现象，做好记录。

6）检查齿轮箱、转向机和液压油箱的油面，以及水箱水位。

7）检查所有仪表、信号及照明装置，及时处理故障。

8）检查三角皮带松紧和轮胎充气压力。

9）按照润滑制度加注润滑油。

（2）一级保养。一级保养每隔大约300h(10d)进行一次，停机一个班。一级保养工作内容包括：

1）彻底清洗空气滤清器、压力油滤清器、机油滤清器、机油管道、机油盖、曲轴箱、发动机外部及其附件、变矩器、变速箱、离合器及操纵装置。

2）测量气缸压力及真空度，检查各部轴承及气门间隙，拧紧气缸盖及各部连接螺丝。

3）检查变速箱油量、制动油缸及轮边减速系统油量，检查机油压力，更换新机油及润滑油，更换损坏的油密封件。

4）检查并调整制动装置，润滑各运动部件。

5）检查并补焊铲斗、动臂、各杆件及机架，向各活动连接部分添加润滑油。

（3）二级保养。二级保养大约每隔1000h(45d)进行一次，停机1～2d。二级保养工作是在一级保养的基础上完成如下内容：

1）拆检气泵、储气罐和分配阀，清除积垢，研磨气门。

2）检查并调整离合器供油压力、变矩器回油压力、方向盘自由转动量及减压阀作用状况等。

3）拆检传动轴、减速器、前后桥牙包、动臂油缸、翻斗油缸、转向油缸等。

4）检查传动油泵、工作装置油泵、转向油泵、清洗分配阀、清洗操纵阀及接头。

5）检查轮胎安装情况，测量外胎花纹磨损程度，解体轮胎总成，调换它们的搭配位置。

6）拆检发电机、启动机、蓄电池和调节器，检查各部仪表、开关、线路接头及插座等。

7.3.7.2 前装机的修理

前装机的修理划分为两级：中修工作和大修工作。

（1）中修工作。中修工作大约每隔2000h（季度）进行一次，停机7～10d，中修工作在完成定期保养工作基础上完成下列内容：

1）拆检和清洗发动机、水箱及供油系统，更换损坏的管件及水门等。

2）解体检查、清洗并调整变矩器和变速箱，更换各部密封圈；检查或更换传动齿轮、拨叉、花键及轴承等。

3）解体检查和修理离合器，选配油封环与轴承盖；检查并调整液压操纵系统的进油压力和工作性能。

4）拆检和处理前后桥、传动轴及轮胎总成。

5）拆检和调整液压系统的滤清器、油泵及分配阀，疏通和清洗油路管道并更换新油。

6）拆检发电机、启动机、调节器、各种仪表及传感元件、各种灯具和全车线路。

7）修补司机棚和靠背座垫；按照机器的规定颜色对全机喷漆。

（2）大修工作。大修工作大约每隔4500h（半年）进行一次，停机15～20d。前装机大修时，除应完成中修工作的各项内容外，还需全部彻底地解体整机各部件，更换和处理全部损坏或失效的零件，以彻底恢复前装机的原有外观、工作能力和技术经济指标。经大修后的前装机，必须进行走合保养才能投入生产使用。

7.4　露天铲运机

露天铲运机铲斗是通过前进进行切土、装料、运输、卸料及撒布物料的拖行或自行设备。在矿山作业中，露天铲运机在松软、松散的土壤中进行表土剥离、挖掘堑沟、平整地面及填筑路堤等工作，也可配合挖掘机、水力开采机械等进行辅助作业。

铲运机按牵引车与铲斗的组装方式，可分为自行式（见图7-63）与拖式（见图7-64）两种。自行式铲运机的牵引车与铲斗具有统一盘，分开后不能独立运行。专用牵引车拉铲斗的称为拖式铲运机，一般它由履带拖拉机牵引，运行速度低、长度大而转向不灵活，多用于运输距离小于600～700m的土方工程中。自行式铲运机运行速度高，运输距离长。

图 7-63　自行式外形　　　　　　　　图 7-64　拖式外形

露天铲运机适用于表土、煤和松软物料的采掘、排弃，并可作覆土回填工作，土壤中不含巨砾石。一般斗容为6～10m³铲运机的运距不大于500～600m；斗容为15m³铲运机的运距不大于1000m；斗容大于15m³铲运机的运距可达1500m。

作业区的纵向坡度，对于用拖拉机牵引的铲运机，空载上坡不大于13°；下坡不大于22°；重载上坡不大于10°；下坡不大于15°。对于自行式铲运机，上坡时不大于9°；下坡时不大于15°。

露天铲运机机动性好，可以用来开采分散的矿体。铲运机以平铲法取土，不仅能开采厚的矿层，对薄的水平或缓倾斜矿层均能适应。能剔除缓倾斜夹层，可按品级分采分运。

铲运机具有采、装、运功能，设备简单；条件合适时，生产成本低，劳动生产率高；对运输道路要求不高，并能在斜坡上作业；还可以将剥离与覆土造田结合起来，无须增加过多费用。

露天铲运机的不足是作业有效性受气候影响较大，雨季和寒冷季节工作效率低；只能挖松软的不夹杂砾石和含水不大的土岩；经济合理的运距有限。

常用铲运机分类见表7-3，标示含义见表7-4，常用铲运机相关性能参数见表7-5。

表 7-3　露天铲运机的分类

分　类	简　图		特　点
拖式		履带式 轮胎式	由履带或轮胎拖拉机牵引，履带拖拉机牵引的经济运距 200～300m，轮胎拖拉机牵引的经济运距 300～800m
半拖式		履带半拖式 轮胎半拖式	铲运机重力的一部分通过牵引装置传至牵引车，增加附着力，改善附着性能；转弯半径比拖式小，机动性高；但在牵引车上必须设置与铲斗牵引架相适应的牵引机构；经济运距 500～1500m
自行式		单发动机式 电动轮式 双发动机式 链板装斗式 螺旋装斗式 履带式铲运推土机	结构紧凑，机动性好，运输速度高，生产率比拖式和半拖式高一倍；适用于大量土方作业，经济运距 1000～2000m；单发动机式，由于牵引力限制，作业时需助铲；电动轮式和双发动机式，加速性能好，牵引力大，爬坡性能强；链板装斗式和螺旋装斗式，作业时无需助铲（装土阻力可减少 60%），但装土时间增加 30%；履带式铲运推土机，接地比压低，附着性能及机动性能好，适用于狭窄地区作业，经济运距在 500m 以内
铲斗串联式		双发动机双铲斗串联式 单发动机双铲斗串联式	由两个或两个以上铲斗串联组成铲运机组，可由单个或两个发动机驱动，生产率高，经济运距 1000～3000m

表 7-4　露天铲运机标示的含义

类	组	型	特　性	代号及含义	主参数	
					名　称	单位
铲土运输机械	铲运机 C（铲）	履带式		C 履带机械铲运机	铲斗几何容量	m³
		履带式	Y（液）	CY 履带液压铲运机		
		轮胎式 L（轮）	Y（液）	CL 轮胎液压铲运机		
		拖式 T（拖）		CT 机械拖式铲运机		
		拖式 T（拖）	Y（液）	CTY 液压拖式铲运机		

表 7-5　常用露天铲运机

型　号	斗容 /m³	切削宽度 /mm	切土深度 /mm	卸土 方式	转弯半径 /mm	外形尺寸 /mm × mm × mm	自重 /t	操纵 方式	备　注
CLA9	11	2700	300	强制	7000	10040 × 3380 × 3050	17.7	液压	郑州宇通
CL-7	9	2700	300	强制	7000	10025 × 3292 × 3000	17.3	液压	
CTY-7	9	2700	300	强制		9400 × 3292 × 2340	8.5	液压	

型　号	斗容 /m³	切削宽度 /mm	切土深度 /mm	卸土 方式	转弯半径 /mm	外形尺寸 /mm×mm×mm	自重 /t	操纵 方式	备　注
CTY2.5	2.75	1900	150	自由		5600×2440×2400	1.98	液压	宣　化
CTY-13	13	2680	300	强制		10000×3152×3120	11	液压	山　东 推　机
CTY-11	14	3000	300	强制		10080×3400×3415	14.37	液压	黄　河
CTY4JN	4	2250	110	自由		6100×2790×2550	3.21	液压	泗　阳
CTX9	9	2800	300	强制		9220×3252×2660	9.6	液压	沈阳桥梁
CT-6	6	2600	300						沈阳矿山
18CS14	13.7	4260		强制					雷诺斯
17E10.5	12.9	3200		强制					排土式
LS-186	6.8	5480							
LSE16	10.6	4870							
15CFB	11.4	4260							
261B	17.6	3213	240						菲亚特阿利斯
161	11.5	2700	300						菲亚特阿利斯
TS24C	26	3390	483						特雷克斯
WS23S	24	3400	900						小　松
262B	16.1	3140	280						菲亚特阿利斯

7.4.1　露天铲运机的工作原理

　　铲运机利用牵引力进行铲、装作业，它在一个作业循环中依次完成铲、装、运、卸和铺土工序。其中自铲自装作业是铲运机的特点。

　　图 7-65(a) 为强制装斗式工作原理。铲运机铲斗利用牵引车的牵引力进行切土并将切下的土屑分层装入铲斗。图 7-65 中序号 1~10 表示土屑进入铲斗的顺序。链板装斗式如图 7-65(b) 所示。

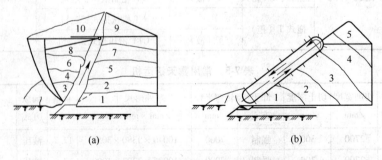

图 7-65　铲运机铲装过程原理
(a) 强制装斗式；(b) 链板装斗式

图 7-66 所示是利用动力驱动的链板将土屑刮进铲斗。链板装斗式铲运机铲、装和卸土及铺土作业情况。

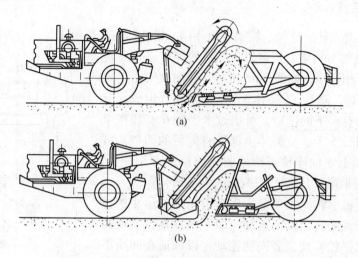

(a)

(b)

图 7-66 链板装斗式铲运机铲、装、卸、铺作业情况
(a) 铲装工作；(b) 卸载铺平工作

7.4.2 自行式铲运机的结构

露天采矿用的自行式铲运机有两种基本类型：轮胎自行式铲运机和履带自行式铲运机。轮胎自行式铲运机合理运输距离较长，运行速度和生产率较高，因此近年来在露天矿应用较广。履带自行式铲运机一般在短距离和松软地面的小规模剥离作业中作短期或定期之用。轮胎自行式铲运机广泛地用于覆盖层的剥离作业。有时也用来给选矿厂装运矿石，其他次要作业是修坝、筑路和修路等。

现以 CL-7 型铲运机（见图 7-67）为例说明自行式铲运机结构。自行式铲运机主要由

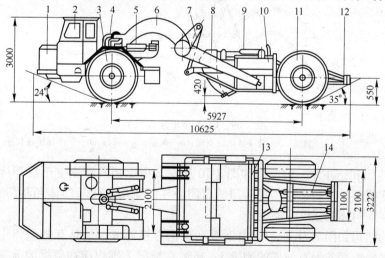

图 7-67 CL-7 型铲运机外形结构
1—发动机；2—单轴牵引车；3—前轮；4—转向支架；5—转向液压缸；6—辕架；7—提升油缸；
8—斗门；9—斗门油缸；10—铲斗；11—后轮；12—尾架；13—卸土板；14—卸土油缸

铲运机工作装置、传动系统、液压系统、制动系统、电气系统及操纵系统等组成。

7.4.2.1　工作装置

工作装置主要由转向支架、辕架、前斗门、铲斗体与尾架组成。

（1）转向支架与辕架。铲运机工作装置即铲运斗靠转向支架与牵引车相连接，如图7-68所示。转向支架由上立轴（未画出）、下立轴1、支架体3、水平轴6等组成。支架体3的下部带有向下的凹口，可通过水平轴6安装在牵引车后部的牵引梁5上。支架体上部带有向后的凹口，可通过下立轴1和上立轴连接着辕架曲梁前端的牵引座2。这样，就使铲运斗和牵引车呈铰接状态，利于转弯。

自行式铲运机靠转向支架来实现牵引车与铲运斗的连接，可实现二者两个自由度的运动，即一个垂直铰实现转向运动，一个水平铰实现二者间的摆动，以保证在凹凸不平的工地作业时，铲运机的四轮同时着地。

水平铰介于牵引车与转向支架间，垂直铰介于转向支架和铲运斗之间，后者具有上、下铰点。因此，牵引车可相对于铲运装置在垂直面内左右摆动各20°，在水平面内左右转动各90°。

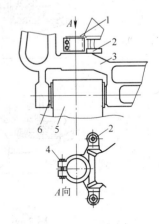

图7-68　转向支架
1—下立轴；2—辕架牵引座；
3—支架体；4—紧定螺栓；
5—牵引车的牵引梁；6—水平轴

辕架的结构如图7-69所示。辕架由钢板卷制或弯曲成形后焊接而成。曲梁2为整体箱形断面，其后部焊在横梁4的中部。臂杆5亦为整体箱形断面，按等强度原则作变断面设计，其前部在横梁4的两端。因此辕架横梁4在作业时主要受扭，故作圆形断面设计。连接座6为球形铰座。

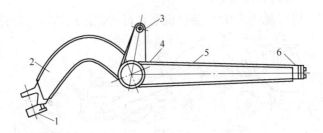

图7-69　CL-7型铲运机辕架
1—牵引座；2—曲梁；3—提斗液压缸支座；4—横梁；5—臂杆；6—铲斗球销连接座

（2）前斗门和铲斗体。前斗门如图7-70所示。由钢板及型钢变形后焊接而成。前斗门可绕球销连接座2转动，以实现斗门的启闭。斗门侧板9将斗门体和斗门臂10连为一体，又可加强斗门体的强度和刚度。

铲斗体的结构如图7-71所示，由钢板和型钢焊接而成，是具有侧壁和斗底的箱形结构。左、右侧壁中部各焊有前伸的侧梁3，铲运斗横梁2则焊接在侧梁的前端，横梁两边焊有提斗液压缸支座1。斗门臂球销支座5、斗门液压缸支座6和辕架臂杆球销支座7均焊接在斗体侧壁8上。两侧壁内侧上方焊有导轨4，以引导卸土板滚轮沿轨道滚动，进行

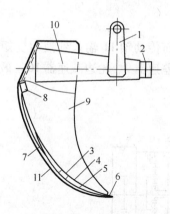

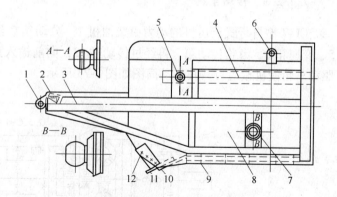

图 7-70 CL-7 型铲运机的前斗门
1—斗门液压缸支座；2—斗门球销连接座；
3，8—加强槽钢；4—前壁；5，7—加强板；
6—扁钢；9—侧板；10—斗门臂；11—前罩板

图 7-71 CL-7 型铲运机的铲斗体
1—提斗液压缸支座；2—铲斗横梁；3—侧梁；4—内侧轨道；
5—斗门臂球销支座；6—斗门液压缸支座；7—辕架臂杆球销支座；
8—斗门侧壁；9—斗底；10—刀架板；11—前刀片；12—侧刀片

正常的卸土作业。

（3）尾架。尾架由卸土板和钢架两部分构成，如图 7-72 所示。

卸土板为铲运斗的后壁，与左、右推杆 9，上滚轮 12 和下滚轮 8 及导向架 3 焊为一体，可以在液压缸的作用下，前后往复运动，以完成卸土动作。四个限位滚轮 5 的支架焊在导向架 3 的后端，卸土时沿尾架上的导轨滚动。上滚轮 12 沿铲斗侧壁导轨滚动，下滚轮 8 沿斗底滚动。

钢架 2 为一立体三角架，与铲斗体后部刚性连接，铲运机的后轮支承在钢架上。钢架后端的顶推板 4 可供其他机械助铲用。两只卸土液压油缸安装在前推座 7 和支座 6 之间，以实现卸土板前后方向的推移，完成卸土。

7.4.2.2 液压系统

CL-7 型铲运机液压系统包括液压转向系统和工作装置液压系统。

（1）液压转向系统：CL-7 型铲运机采用铰接式车体转向，利用液动四连杆机构靠液压缸驱动，液压转向系统由转向机及臂、转向分配阀组、双作用安全阀组、换向阀组及液压缸等组成。

（2）工作装置液压系统：由两个铲斗升降液压缸、两个斗门开闭液压缸、两个卸土板进退液压缸、多路换向阀伞、液压泵及管路等组成。

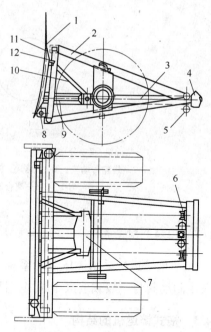

图 7-72 CL-7 型铲运机的尾架
1—卸土板；2—钢架；3—导向架；4—顶推板；
5—限位滚轮；6—液压缸后支座；7—液压缸
前推座；8—下滚轮；9—左、右推杆；
10—上推杆；11—推板；12—上滚轮

7.4.2.3 传动系统

CL-7 型自行式铲运机的动力由柴油机 1、分动箱 2 经前传动轴 11 输入到液力变矩器 5、变速箱 6、齿轮传动箱 7 再经过传动轴 12，向前输入到差速器 9、轮边减速器 10，最后驱动车轮使机械运行，其传动简图如图 7-73 所示。

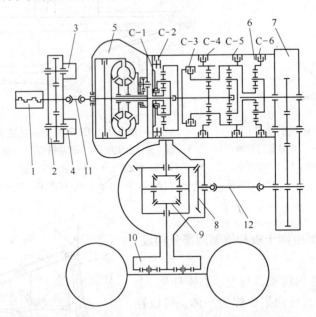

图 7-73　CL-7 型自行式铲运机传动系统

1—柴油机；2—分动箱；3—工作油泵；4—转向油泵；5—液力变矩器；6—变速箱；

7—齿轮传动箱；8—主传动；9—差速器；10—轮边减速器；11，12—传动轴；

C-1，C-3—离合器；C-2，C-4，C-5，C-6—制动器

7.4.2.4 制动系统

CL-7 型铲运机采用气压制动系统，主要部件如空气压缩机、油水分离器、压力控制器及主制动阀与一般载重汽车通用，且作用原理相同。

7.4.3 拖式铲运机的结构

拖式铲运机自身没有动力，需要由履带式拖拉机牵引。它是由牵引装置、工作装置（铲运斗）、行走装置和操纵系统等组成，如图 7-74 所示。

(1) 牵引装置。牵引装置由拖杆和辕架组成。拖杆是连接铲运机和拖拉机的部件，两端都是铰接。辕架起支承作用，后部铰接在铲斗两侧，前端则铰连在前轴的中央。

(2) 工作装置。工作装置由斗门、铲斗及卸土板三部分组成一封闭斗形。铲斗前缘装有四块刀片，中间两块向前突出，可减少铲土阻力。铲斗的后下部通过两根半轴支撑在两个后轮上。当铲土时可适当控制斗门的开度，使土铲得更满并挡住土不向外掉。卸土时将斗门打开，向前推动将土卸出斗外。在铲斗的后部装有尾架，尾架上装有四联定滑轮和有

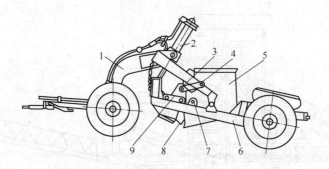

图 7-74　拖式铲运机外形结构

1—辕架；2—液压缸；3—油门踏板；4—铲斗连杆；5—铲斗；6—斗架；7—销轴；8—斗门；9—斗门连杆

四组弹簧的弹簧管，其后装有蜗形器，它们共同执行卸土板的回位动作。尾架末端安装缓冲铁块，以便推土机助铲时使用。

（3）行走装置。它是由带有两根半轴的两个后轮和带有一根前轴的两个前轮组成。车轮采用充气轮胎，并通过滚柱轴承装在轴颈上。

（4）操纵系统。操纵系统有钢丝绳操纵和液压操纵两种。

1）钢丝绳操纵。它是由钢丝绳滑轮系统组成，包括铲斗提升和卸土操纵两部分。铲斗提升由一根钢丝绳单独操作，用来控制斗门的提升和卸土板的移动。在卸土操纵部分，斗门提升钢丝绳和两根卸土板回位钢丝绳都和卸土板钢丝绳联动，由另一根操纵钢丝绳控制。这两根操纵钢丝绳都卷绕在拖拉机后面的双卷筒动力铰盘上面。

2）液压操纵。它是由拖拉机上输出的压力油，通过辕架上的液压缸，使铲运机完成装、运和卸土动作。作业时，操纵液压缸活塞使机架前端下降，铲斗前的刀片触到地面，斗门稍开，铲运机开始铲装土方。当液压缸活塞再继续使机架前端下降时，斗门大开可进行大量装土。装满后只要将机架前端抬升，铲斗也就随着机架上升，斗门就自动关闭，这时就可进行运土作业。卸土时，可操纵液压缸活塞，使机架前端抬升到顶点，铰接连杆系统会使斗门打开，此时斗底和水平面成55°~60°的角度，铲斗便向前翻转而卸土。

7.5　矿山破碎转载设备

7.5.1　露天矿破碎机站

露天矿山破碎机站按固定程度分为移动式、半固定式和固定式三种形式。

7.5.1.1　移动式破碎站

移动式破碎站是将移动破碎机组安放在露天采场工作水平上，随着采剥工作面推进和向下开采延伸到一定距离，用履带运输车等牵引设备将移动破碎机组进行整体迁移。移动式破碎站有给料、破碎和卸料装置。其工艺流程是：采剥工作面爆破后，矿岩用挖掘机装入汽车，运至采场移动破碎站卸入给料装置，再进入破碎机系统进行粗碎，碎后的合格矿、岩装入胶带机运往选厂和排弃场，如图7-75所示。

露天移动式破碎机站可分为自行式和可移式。自行式又分为液轮式、轨轮式、轮胎

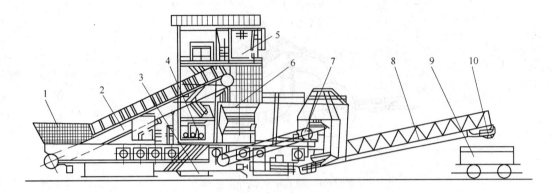

图 7-75　移动式破碎站

1—装料斗；2—上料带式输送机；3—行走机构；4—液压站；5—监控室；6—破碎机；
7—中间输送机；8—末端输送机；9—运输车辆；10—装车料斗

式、履带式、迈步式。可移式又分为半移动式和半固定式。

（1）自行式移动破碎机。其本身具有行走机构，它在采掘工作面内工作，由装载设备（如挖掘机）直接给料，当采矿工作面向前推进时，它随着装载设备一起向前移动。破碎机的移设频率，取决于装载设备的推进速度。由于破碎机移动频繁，因而需要配置具有高度灵活性的带式输送机系统。

按行走方式分，自行式移动破碎机有液轮式、轨轮式、轮胎式、履带式和迈步式。在选用时应综合考虑矿山的地质条件、行走机构承受的负荷、行走的频繁性、道路坡度、开采工作面位置和开采进度等因素。1）液轮自行式破碎机组的车轮支腿上均装有液压伸缩机构，每个轮子上都有各自的液压驱动马达。2）轨轮式适用于单向进路采矿和坡度小于3%的场合，其承载能力和运行不受气候条件的影响。3）轮胎式移动破碎机组的搬迁移动需借助牵引车、拖拉机或推土机牵引。4）履带式行走机构结构坚固，对地面不平度的适应性强，对地压力低（约为轮胎式的1/3），行走速度约达轮胎式的1/3，道路坡度可达10%。5）迈步移动式破碎机组多采用液压机构拖动，类似迈步式索斗挖掘机的行走机构。

（2）可移式破碎机。可移式破碎机本身不能自行，需要为其配备专门的移动设备——履带运输车或轮胎运输车。运输车可行驶到破碎机下面，用液压装置将破碎机顶起，并将其移至新的地点。

移动式破碎机机组一般由三个互相独立的部分组成，即破碎机、给料装置和卸料装置，另外还包括维修系统、运输车。这三部分各成独立系统，分别借助运输车移动。可移式破碎站一般只有设备和金属结构构件，没有混凝土及其基础工程。

移动式破碎机采用的破碎机有颚式、旋回式、颚旋式、锤式、反击式和辊式等。选择破碎机时要综合考虑矿山生产能力、矿岩性质、要求的产品粒度等。一般破碎硬岩选用颚式破碎机和旋回式破碎机；破碎中硬矿岩多用旋回式、颚旋式、颚式、锤式和反击式；破碎软岩多用辊式破碎机。通常旋回式和颚旋式多用于可移式破碎机上，锤式、反击式、辊式多用于自行式破碎机上，因而生产能力较小，多用于石灰石矿和煤矿等非金属矿山。大型金属矿山大部分采用以旋回破碎机为主体的机组。

给料装置包括给料设备和受料设备。给料设备一般为重型板式给矿机、带式输送机、链式给矿机、圆盘给矿机等。就使用量而言，重型板式给矿机约占80%，带式输送机约占14%。受料设备一般为受料仓和漏斗，卸料装置最常用的为带式输送机。

露天采场移动破碎站主要用于连续运输工艺和半连续运输工艺。

（1）连续运输工艺。连续运输工艺系统构成为装载机—移动式破碎机—移动式胶带机—固定式胶带机。采剥工作面装矿设备，如挖掘机、前装机等将矿岩运载到移动式破碎机，经破碎后矿岩转载至移动式胶带机，完成采场工作面内部运输；再经转载至固定在边坡的输送机，运至矿仓。由挖掘机—移动式破碎机—可移转载胶带机—移动式胶带机—固定式胶带机也可构成连续运输工艺。

（2）半连续运输工艺。半连续运输工艺又称间断—连续运输工艺。它的系统构成为挖掘机—汽车—半固定式破碎机—固定式胶带机。

挖掘机装汽车，汽车完成露天采场内部的水平运输，将矿石运至边坡的半固定式破碎机，经破碎转载至斜坡胶带输送机。

目前移动破碎机组的主要发展方向是大型化、系列化和提高自动化水平，进一步优化破碎机的破碎腔形状。为适应露天矿大型化发展的需要，要发展特大型可移式破碎机；在移动方式、破碎机类型、配套设备等方面向多样化发展；向提高设备的可靠性和寿命，降低生产成本的方向发展；向遥控、监测、诊断、控制，实现破碎过程自动化的方向发展；向注重环境效益，控制噪声和粉尘方向发展。

7.5.1.2　半固定式破碎系统

半固定式破碎站通常由破碎机和胶带机的给矿设备组成。在二者之间还设有缓冲矿仓，高度约30m。破碎站安装在混凝土基础上。将机组移至新的位置时，需要将其拆解，由运输车分别运输各个独立部件，并在新的位置重新组装。一般移设时间不超过10a，移设工作约几周时间。半固定式破碎站安设于露天采场内的非工作平台上。主要优点是采场内汽车运距缩短一些（与固定式破碎站对比），增加了产量，提高了劳动生产率。主要缺点是破碎站要随采场开采下降而移设，破碎站每隔若干年要移设一次，此系统建设周期长，工程量大，移设困难，需要专门配备履带运输车拖曳。其结构如图7-76所示。

7.5.1.3　固定式破碎系统

固定式破碎站在露天矿整个服务年限内位置一直不动，它大多设在露天采场的边帮或地表，也有的设在露天采场的底部，在溜井硐室内安装破碎机。固定式破碎站需要开凿井下破碎硐室及构筑大量的混凝土基础，并有一段胶带斜井工程，施工时间长，费用高，并且随着采场延深，汽车运距又不断加大，导致汽车运费增加。

7.5.2　常用破碎机及辅助设备

移动式破碎站包括破碎机、平台、控制塔和液力碎石机、起重机等辅助设备。移动破碎机组的主体设备是破碎机。矿山破碎机主要有颚式破碎机和旋回破碎机。

矿山常用破碎机技术性能见表7-6。

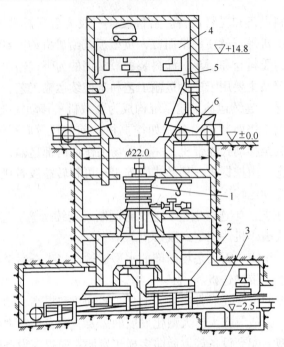

图 7-76　半固定式破碎站

1—旋回式破碎机；2—板式给料机；3—带式输送机；4，5—桥式起重机；6—自卸汽车

表 7-6　矿山常用破碎机

型号规格	进料口尺寸 /mm × mm	最大进料粒度 /mm	排料口范围 /mm	自重 /t	电动机 /kW	外形尺寸 /m × m × m	破碎方式
PE-60 × 100	600 × 100	45	3 ~ 10	0.116	1.1		颚式破碎
PEX-100 × 160	100 × 160	80	17 ~ 21	0.9	7.5		颚式破碎
PEV-430 × 650	430 × 650	380	40 ~ 100	5.1	45		颚式破碎
PEJ900 × 1200	900 × 1200	750	100 ~ 180	62	110	7.3 × 7.2 × 3.3	颚式破碎
PEF250 × 400	250 × 400	200	20 ~ 80	2.8	17	1.4 × 1.3 × 1.4	颚式破碎
PE150 × 250	150 × 250	125	10 ~ 40	1.063	5.5	0.92 × 0.74 × 0.93	颚式破碎
PJ900 × 1200	900 × 1200	650	150 ~ 180	55.363	110	7.4 × 7.2 × 2.7	颚式破碎
PXZ0506	500 × 60	420	60 ~ 75		130		旋回破碎
PXQ0710	700 × 100	580	100 ~ 120		145		旋回破碎
PXF5474	1372 × 152	1150			400		旋回破碎
PX500/75	宽 500	400	75	43.5	130		旋回破碎
PYY-BT0913	900 × 135	115	15 ~ 40	8.4	75		单缸液压圆锥破碎
PYB-600/75	600 × 75	65	12 ~ 25	5.5	30		弹簧圆锥破碎
PYZ-900/70	900 × 70	60	8 ~ 20	9.6	55		弹簧圆锥破碎
PYD-600/40	600 × 40	35	3 ~ 13	9.7	55		弹簧圆锥破碎
PCK-1413		≤80			520		锤式破碎
PC-M1316		< 300	0 ~ 10		200		锤式破碎
PC-S1616		≤350	≤20		480		锤式破碎
PF-M0705		< 80	< 3 占 80%	2.66	30		反击式破碎
PYB1200	1200 × 170	145	20 ~ 50	25	110	5.1 × 5.3 × 2.4	圆锥破碎
PYZ1200	1200 × 115	100	8 ~ 25	24.7	110	5.1 × 5.3 × 2.2	圆锥破碎

续表 7-6

型号规格	进料口尺寸 /mm × mm	最大进料粒度 /mm	排料口范围 /mm	自重 /t	电动机 /kW	外形尺寸 /m × m × m	破碎方式
PYYB1200/190	1200 × 190	160	20 ~ 45	20	95	3.95 × 1.9 × 3.2	圆锥破碎
PXZ700/100	700 × 100	580		92	145	3.4 × 3.4 × 4.4	液压旋回破碎
PXZ1600/230	1600 × 230	1350		480	700	6.3 × 6.3 × 10	液压旋回破碎

移动破碎机组的核心设备是破碎机，它对破碎机组的生产能力起着决定性作用。选择破碎机时要综合考虑矿山采场的生产能力、矿岩性质、原矿块度和所要求的产品粒度等。在一般情况下，破碎硬岩多选用颚式破碎机和旋回破碎机，这两种类型的破碎机适宜的破碎比为 3~6，粗碎原矿块度可达 1200~500mm，产品粒度在 400~350mm 以下。破碎中等硬度矿岩可选用旋回破碎机或反击式破碎机。破碎软岩可选用锤式破碎机或辊式破碎机。颚式破碎机和旋回破碎机又各有其优缺点，故在选择设备时还要根据具体情况而定，一般矿山规模较小时宜采用颚式破碎机。

7.5.2.1 常用破碎机

（1）颚式破碎机。颚式破碎机的破碎工作是靠两个破碎面进行的，这两个破碎面是在可动齿板向固定齿板迅速地冲撞而进行破碎的。

矿石从破碎机上面给矿口进入破碎腔，可动齿板向前推进时即破碎矿石，齿板后退时矿石则由上向下移动，经几次冲撞便从下部排出。常用的颚式破碎机如图 7-77 所示。少数采用复摆颚式破碎机，如图 7-78 所示。

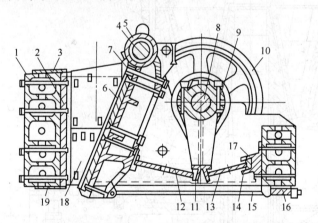

图 7-77 900mm × 1200mm 简摆型颚式破碎机

1—机架；2，6—衬板；3—压板；4—心轴；5—动颚；7—楔铁；8—偏心轴；9—连杆；
10—带轮；11—推力板支座；12—前推力板；13—后推力板；14—后支座；
15—拉杆；16—弹簧；17—垫板；18—侧衬板；19—钢板

（2）旋回破碎机。旋回破碎机由于处理能力大和能耗低而被广泛采用。旋回破碎机的构造特点是由两个截面圆锥体形成愈向下愈小的环形破碎腔；外壳被称为固定锥，动锥是悬挂于搭在固定锥上口的横梁上，当破碎机下部的偏心轴套旋转时，就使动锥沿圆锥面偏心回旋破碎矿石。一般旋回破碎机的构造如图 7-79 所示。

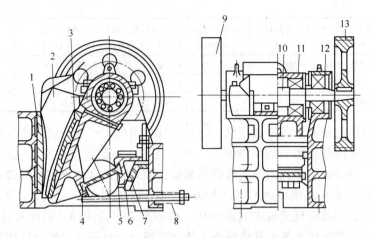

图 7-78　250mm×400mm 复摆型颚式破碎机

1—固定颚衬板；2—侧衬板；3—动颚衬板；4—推力板支座；5—推力板；6—前斜铁；
7—后斜铁；8—拉杆；9—飞轮；10—偏心轴；11—动颚；12—机架；13　带轮

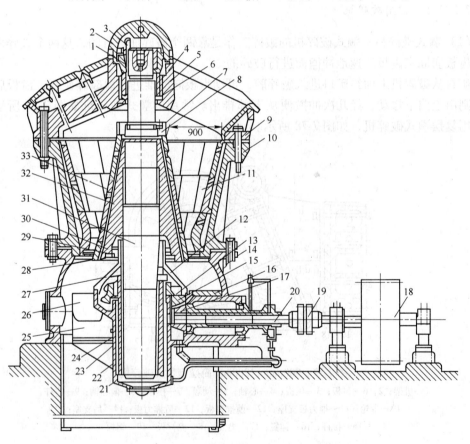

图 7-79　中心排料式 900/160 旋回破碎机

1—锥形压套；2—锥形螺母；3—楔形键；4，23—衬套；5—锥形衬套；6—支承环；7—锁紧板；
8—螺母；9—横梁；10—固定锥（中部机架）；11，33—衬板；12—挡油环；13—青铜止推圆盘；
14—机座；15—大圆锥齿轮；16—护板；17—小圆锥齿轮；18—带轮；19—联轴节；
20—传动轴；21—机架下盖；22—偏心轴套；24—中心套筒；25—筋板；
26—护板；27—压盖；28~30—密封套环；31—主轴；32—破碎锥

进行破碎作业时，动锥会反向旋转，因为矿石和动锥工作面间的摩擦力比偏心轴套和轴之间的摩擦力大得多。旋回破碎机与颚式破碎机不同，由于可动锥是偏心回转，趋近于固定锥面而破碎矿石，工作是联系不断的、均匀的，冲击振动较轻。

（3）液压破碎机。如图7-80所示，液压旋回破碎机在外形结构上与同规格的旋回破碎机相同，只是增加了一套液压装置和进行了一些局部改变。液压系统的作用是可以很容易地调节破碎机的排矿口，并且可以自动过载保护破碎机不致损坏。即当金属物体随矿石进入破碎机的破碎腔时，破碎机的液压活塞受到高于常压的压力，所增加的压力通过油压缩储油罐内的气体，油即流入储油罐，扩大了排矿口，保持破碎机正常工作。

（4）反击式破碎机。如图7-81所示。当物料进入机壳内板锤作用区时，受到板锤高速冲击而破碎，同时被抛向安装在转子上方的反击板进行再次破碎，然后又从反击板弹回到板锤作用区被重新破碎。这个过程反复进行，直到物料被破碎至所需粒度而排出机外，反击式破碎机有单转子和双转子两种结构。

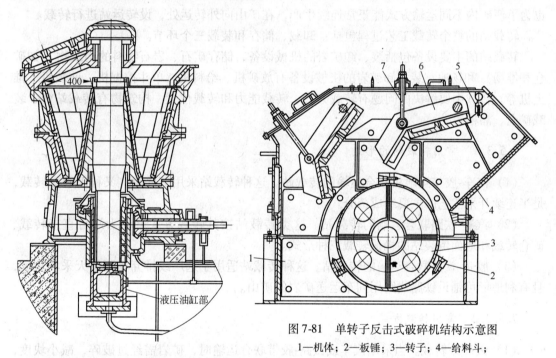

图7-80　PXZ1400/170型液压旋回破碎机

图7-81　单转子反击式破碎机结构示意图
1—机体；2—板锤；3—转子；4—给料斗；
5—链幕；6—反击板；7—拉杆

有些矿山移动破碎机组还采用了圆锥破碎机、锤式破碎机和辊式破碎机。

7.5.2.2　辅助设备

移动破碎机组除主体设备破碎机之外，还包括给料装置、卸料装置、维修系统和运输车等。

（1）给料装置包括给料设备和受料设备。给料设备一般为重型板式给矿机、带式输送机、链式给矿机、圆盘给矿机等，破碎机组的受料设备一般为受料仓和漏斗。

（2）卸料装置最常用的是带式输送机，其次使用较多的是板式输送机，也有的移动破碎机组选用了刮板输送机。

（3）维修系统主要包括起重设备、拆卸设备和其他维修专用设备。

（4）运输车一般采用履带式行走装置。

7.5.3　露天矿运输转载

转载站是联合运输系统中的一个组成部分，也是生产工艺中一个重要环节，用以衔接两种不同运输方式。在下列情况下需进行转载：

（1）地面运输采用联合运输系统时，运输各环节所用设备不同，为保证相邻环节的运输设备均能正常连续运转，减少设备和相邻两个工序间的相互影响，在相邻运输设备的交接处，需进行转载。

（2）为减少采选两个部门因生产不均匀、工作制度不同等因素对生产的影响，需进行转载。

（3）原矿或产品向外运输时，为保证矿山、运输部门、用户间的彼此生产互不影响，也为了使矿内不同运输方式能正常连续生产，在矿山向外转运处，设转运站进行转载。

转载站的整个转载工艺过程包括：卸载、储存和装载三个环节。

转载站的主要设备包括装、卸矿岩的机械设备，储存矿石、岩石物料的构筑物（如矿仓和堆场）和场地。装、卸矿岩的机械设备有放矿机、给料机、单斗挖掘机、前装机、推土机等。转载中要解决的问题有转载方式、转载能力和转载位置。构筑物有转载站台、装载矿仓、溜槽等。

7.5.3.1　常用转载站的形式

（1）汽车-胶带运输机联合运输的转载站。这种转载站采用破碎机，又称破碎站转载，是半连续开采工艺的主要组成部分。

（2）汽车-铁路联合运输的转载站。这类转载站按其转载方式可分为站台直接转载、矿仓转载和地面倒装站的机械转载三种形式。

（3）胶带-铁路联合运输的转载站。这种转载站适用于选厂或排弃场距露天采场较远，且有利地形可铺设铁路线路用列车运送矿岩的矿山。

7.5.3.2　常用转载方式

（1）破碎站转载。当采用汽车或铁路-胶带联合运输时，矿岩需经过破碎，减小块度，才能转载，破碎转载需要破碎设备和占用一定的场地，但它的转载能力较大。

破碎站又称破碎转载平台，是半连续生产工艺中的一个重要组成部分，是矿石或岩石转载、汽车调车和布置破碎机的重要场地。合理确定破碎站的空间位置、平台平面尺寸和破碎站的移设步距，是合理确定露天矿的公路-破碎站-胶带机联合开拓运输系统，使其充分发挥矿山综合生产能力和降低矿石运营成本的重要途径。

按转载矿岩物料种类破碎站转载分为矿石转载系统和废石转载系统。按破碎机固定程度分为固定式、半固定式和移动式三种。固定式破碎站服务时间长，半固定式破碎站服务时间一般为 5~6a。为克服固定式破碎站转载建设周期长、移设安装工作量大、投资费用高、运输成本随着开采水平延深而逐渐增加的缺点，移动式破碎站正逐步得到推广应用。

（2）站台直接转载。站台直接转载又包括汽车-铁路直接转载和汽车-箕斗转载。汽车-

铁路直接转载是用汽车在倒装站台的上面向下面铁路车辆直接卸料（矿石或岩石）。站台直接转载一般只适用于转载量不大的小型露天矿。当汽车载重量大于 20t 时，不宜使用站台直接转载。

汽车-箕斗直接转载是用自卸汽车将矿岩物料直接向箕斗卸载，这种卸载方式无需设储存物料的箕斗矿仓，但汽车与箕斗要互相等待，影响了汽车和箕斗的生产能力，增加了汽车数量。

（3）矿仓转载。矿仓转载是露天矿联合开拓运输的一种转载形式，料仓有斜坡式、高架式、半地下式和地下式等多种形式。料仓要有一定的容积，可起到转载和一定的储存双重作用，仓底必须配备有效的给料设备，如板式给矿机、振动给矿机和多种不同的闸门等。

（4）机械转载。使用挖掘机、前装机等装载设备，将采场运来的矿石或废石进行二次倒装，装入运输车辆或胶带运输机。将矿石或废石分别运往选矿厂或排废场。

复习思考题

7-1 简述露天开采常用其他运输方式。

7-2 简述架空索道运输的特点。

7-3 简述架空索道的组成，各部分的作用。

7-4 简述调心托辊的纠偏原理。

7-5 为什么井下使用功率较大的下运带式输送机，不能在高速时直接用闸瓦制动？

7-6 简述前端装载机在露天矿的应用。

7-7 简述前端装载机的组成部分。

7-8 简述露天铲运机的特点。

参 考 文 献

[1] 朱嘉安. 采掘机械和运输[M]. 北京：冶金工业出版社，2007.

[2] 王云敏. 中国采矿设备手册[M]. 北京：科学出版社，2007.

[3] 编委会. 采矿设计手册（矿山机械卷）[M]. 北京：中国建筑工业出版社，1988.

[4] 编委会. 采矿设计手册（矿床开采卷）[M]. 北京：中国建筑工业出版社，1988.

[5] 编委会. 采矿手册[M]. 北京：冶金工业出版社，2007.

[6] 洪晓华. 矿井运输提升[M]. 徐州：中国矿业大学出版社，2007.

[7] 陈国山. 采矿概论[M]. 北京：冶金工业出版社，2008.

[8] 李仪钰. 矿山机械[M]. 北京：冶金工业出版社，2007.

冶金工业出版社部分图书推荐

书　名	作　者	定价(元)
冶金通用机械与冶炼设备(第2版)(高职高专教材)	王庆春	56.00
冶金企业安全生产与环境保护(高职高专教材)	贾继华	29.00
地下采矿设计项目化教程(高职高专教材)	陈国山	45.00
高职院校学生职业安全教育(高职高专教材)	邹红艳	25.00
液压气动技术与实践(高职高专教材)	胡运林	39.00
现代转炉炼钢设备(高职高专教材)	季德静	39.00
采掘机械(高职高专教材)	苑忠国	38.00
型钢轧制(高职高专教材)	陈　涛	25.00
冷轧带钢生产与实训(高职高专教材)	李秀敏	30.00
地下采矿技术(行业培训教材)	陈国山	36.00
露天采矿技术(行业培训教材)	陈国山	36.00
轧钢工理论培训教程(行业培训教材)	任蜀焱	49.00
冶金液压设备及其维护(行业培训教材)	任占海	35.00
冶炼设备维护与检修(行业培训教材)	时彦林	49.00
轧钢设备维护与检修(行业培训教材)	袁建路	28.00
起重与运输机械(高等学校教材)	纪　宏	35.00
控制工程基础(高等学校教材)	王晓梅	24.00
机械优化设计方法(第4版)(本科教材)	陈立周	42.00
矿石学基础(第3版)(本科教材)	周乐光	43.00
炼铁设备及车间设计(第2版)(本科教材)	万　新	29.00
金属矿床地下开采(第2版)(本科教材)	解世俊	33.00
固体废物处置与处理(本科教材)	王　黎	34.00
环境工程学(本科教材)	罗　琳	39.00
矿产资源开发利用与规划(本科教材)	邢立亭	40.00